Introduction to Computer Science

計算機概論

－數位傳真

（第九版）

胡昭民 著

電腦科技與現代生活 ◇ 電腦硬體 ◇ 數字系統與資料表示
多媒體應用 ◇ Windows 10軟體速學 ◇ 資訊系統應用 ◇ 通訊網路概說
Wireless & Mobile Network ◇ Internet通訊與社群溝通 ◇ 網路應用與瀏覽器
電子商務與網路行銷 ◇ 資訊安全 ◇ 資訊倫理與法律

博碩文化

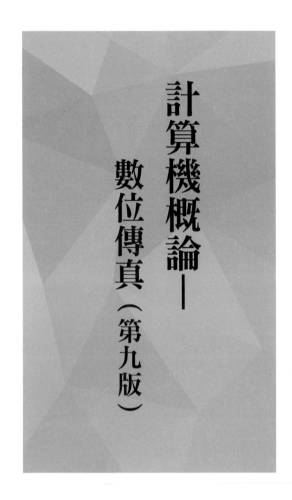

計算機概論—
數位傳真
（第九版）

作　　　者：胡昭民
責任編輯：Cathy

發　行　人：詹亢戎
董　事　長：蔡金崑
顧　　　問：鍾英明
總　經　理：古成泉

出　　　版：博碩文化股份有限公司
地　　　址：221 新北市汐止區新台五路一段 112 號 10 樓 A 棟
　　　　　　電話 (02) 2696-2869　傳真 (02) 2696-2867

發　　　行：博碩文化股份有限公司
郵撥帳號：17484299　戶名：博碩文化股份有限公司
博碩網站：http://www.drmaster.com.tw
讀者服務信箱：DrService@drmaster.com.tw
讀者服務專線：(02) 2696-2869 分機 216、238
（周一至周五 09:30 ～ 12:00；13:30 ～ 17:00）

版　　　次：2016 年 4 月初版

建議零售價：新台幣 490 元
Ｉ Ｓ Ｂ Ｎ：978-986-434-107-8 (平裝)
律師顧問：鳴權法律事務所 陳曉鳴律師

本書如有破損或裝訂錯誤，請寄回本公司更換

國家圖書館出版品預行編目資料

計算機概論：數位傳真 / 胡昭民作 . -- 九版 . -- 新北市
：博碩文化，2016.04
　　面；　公分

ISBN 978-986-434-107-8 (平裝)

1.電腦

312　　　　　　　　　　　　105005630

Printed in Taiwan

博 碩 粉 絲 團

歡迎團體訂購，另有優惠，請洽服務專線
(02) 2696-2869 分機 216、238

序 PREFACE

　　計算機概論的領域相當廣，慎選主題才可以符合作為基礎課程的需求，本書的架構相當完整，內容上著重廣度，但卻保有一定的深度，所以是一本難易適中的教學用書。為了提高閱讀性，本書介紹以基礎概念為主，實作為輔，循序漸進，輔以表格及圖說，清楚表達重要觀念。

　　本書參考資訊相關科系老師的教學經驗所設計編撰，專為大專院校商管、多媒體或通識教育課程等相關科系之「計算機概論」教學用書。為了符合教學上的需求，本書著重專業的表達，配合大量實體照片、軟體操作畫面及精美的示意圖，來講述電腦科學相關的知識。

　　電腦基礎篇中會與各位談論最新電腦科技與現代生活、電腦硬體、數字系統與資料表示法、電腦軟體、資訊系統及多媒體等。網路篇則以通訊網路概說、無線網路與行動通訊、網際網路通訊與社群實務、瀏覽器與全球資訊網、最新 Web 上的網際網路應用、電子商務與網路行銷、資訊安全實務、雲端時代的資訊倫理與著作權探討為介紹單元。

　　另外，本書強化了資訊的發展與延伸，加入最新熱門的科技議題，例如：工業 4.0 機器人、3D 列印、新媒體、App Store 與 Google Play、協同商務、物聯網、行動支付、網路電視、雲端服務、Web 3.0、1111 光棍節及淘寶風潮、個人資料保護法、創用 CC 授權…等。

　　這次改版的重點除了資訊及軟體更新外，在章節的安排也作了一些幅度的更動，除了許多網際網路上新資訊的補充外，各章安排了大量的習題及實作，期許學生可以學以致用，希望可以更符合教學上的需求。

目錄 CONTENTS

PART 1 電腦基礎篇

Chapter 01 最新電腦科技與現代生活

Chapter 02　電腦硬體入門

Chapter 03　數字系統與資料表示法

Chapter 04 電腦軟體

Chapter 05　現代資訊系統的理論與應用

PART 2 　網路篇

Chapter 06 　通訊網路概說

Chapter 07　無線網路與行動通訊

Chapter 08　網際網路通訊與社群實務

Chapter 09 全球資訊網與瀏覽器

Chapter 10 Web 時代的網際網路應用

Chapter 11 電子商務與網路行銷

Chapter 12 資訊安全實務

Chapter 13 雲端時代的資訊倫理與著作權探討

1 PART

電腦基礎篇

電腦基礎篇中會與各位談論最新電腦科技與現代生活、電腦硬體、數字系統與資料表示法、電腦軟體、認識資訊系統及多媒體等。

本篇將從認識電腦在現代生活中的種種應用談起，接著介紹電腦的基礎知識，包括：電腦的發展史、特性、種類及未來趨勢，然後會談到電腦資料表示法及數字系統。

除了這些基本概念，我們還會探討電腦硬體的組成，而在電腦軟體的單元，除了介紹軟體的基礎概念外，也會舉例各式各樣的應用軟體。其他如程式語言、多媒體、資訊管理、資料庫及資訊系統…等，也都是本篇介紹的重點。

01 最新電腦科技與現代生活

　　西元 1981 年 IBM 首度推出了個人電腦，從此開創了 PC 時代，從最早期一台執行速度只有 4.77MHz 的個人電腦 Apple II，到現在 Intel Core2 Duo 等級的執行速度幾乎到了 2.6 GHz 以上，不止機械效能大幅提升，連其外觀也更符合時尚流行及人體工學原理。

聯強 Lemel 風雲盟主四核心電腦

圖片來源：http://www.synnex.com.tw/

宏碁 AspireL360 高優質電腦

圖片來源：http://www.acer.com.tw

TIPS ↘

MHz 是 CPU 執行速度（執行頻率）的單位，是指每秒執行百萬次運算，而 GHz 則是每秒執行 10 億次。至於電腦常用的時間單位如下：

· 毫秒（Millisecond, ms）：千分之一秒
· 微秒（Microsecond, us）：百萬分之一秒
· 奈秒（Nanosecond, ns）：十億分之一秒

到了西元 2007 年對電腦業而言更是極具關鍵意義的一年。這一年蘋果成功推出搭載 iOS 作業系統的 iPhone 系列，Google 也強力推出了 Android 作業系統，這段期間從 PC 產業的積極轉型，到一般人的科技使用行為改變，未來的電腦科技將不再以個人電腦為主流，電腦業從此進入後 PC 時代。

隨著後 PC 時代的來臨，過去升級換機曾經是 PC 市場快速成長的原動力，取而代之的是消費者追求「行動上網」與「雲端服務」的新趨勢。平板電腦興起的熱潮更是一發不可收拾，以蘋果電腦 iPad 為首的平板電腦大軍可說是這個潮流下代表產品，不但經得起消費者多變的需求考驗，更做到了一些傳統 PC 產品不可能實現的任務。

功能卓越的宏碁平板電腦

圖片來源：http://www.acer.com.tw

永遠創新流行的蘋果平板電腦

圖片來源：http://store.apple.com.tw

1-1 電腦的演進史

從歷史演進的軌跡來看，我們可以發現電腦的發展與創新往往與當年的時代潮流有密不可分的關係。隨著電腦的造型不斷改變，早期龐然大物般的體積，已轉換為可以放在膝上的筆記型電腦，甚至於人手一機掌握在股掌之間的智慧型手機，變化之大簡直讓人瞠目結舌。

談到電腦的演進史，也就是人類最早具備有計數觀念的工具開始，可以從史前時期的結繩記事，到中國古代的籌算（算盤），進而演變成算盤流傳至今。算盤可說是世界上最早的計算工具，利用代表數字的算珠，就可輕易執行加減乘除的四則運算，運算效率絲毫不輸給現代化的電子計算機，不過這仍然還是屬於人力操作型態的工具。

　　然而自從十七世紀以來，陸陸續續有許多科學家投入改良與研究。1642 年法國數學家巴斯卡發明了有八個刻度盤的齒輪運作加法器（adder），可進行至八位數的加法運算，此時真正進入機械計數的時期。到了 1832 年，英國劍橋大學教授巴貝基發明了差分機，不過由於齒輪的數量過於龐大（約莫四千），以致於差分機所計算出的成果並不精確。

算盤與差分機

　　後來巴貝基又與他的兒子共同完成了分析機，而分析機的構想正是電腦架構的設計雛形，包括了輸入、輸出、處理器、控制單元及儲存裝置等五大部門，巴貝基因此被後代尊稱為電腦之父。

　　到了十九世紀末，美國統計學家赫勒里斯利用打孔卡片儲存人口調查資料，並設計製造卡片處理機器。接著於 1944 年，哈佛大學教授艾肯根據巴貝基差分機的原理，研製出一部自動順序控制計算器，則是史上第一部電動式計算機。以上這段時期也可視為是電腦發展史上的機械運作時期。至於真正使用到現代電子元件技術的角度來區隔，又可分為以下五個階段：

1-1-1　第一代電腦（1951-1958）：真空管時代

　　在電腦初期的發展中，由於使用大量的真空管作為其記憶體，導致運作時產生大量的熱能，而由於真空管的體積龐大，這一代的電腦簡直是龐然大物，再加上這個時候所使用的電腦語言是採用 0 與 1 組合而成的機器語言，編寫上相當複雜難懂，所以第一代電腦的大部分時間都在維修真空管或程式除錯中渡過。

　　西元 1946 年，世界上的第一台電子計算機－「ENIAC」，基本設計的雛形還是沿用機械計算機的概念，只是將所有的機械元件換成真空管元件。隨後英國劍橋大學依照范紐曼的概念製造了全球第一台內儲式電腦－ EDSAC，這也是目前現代所有電腦的藍圖，而隨後製作的真空管電腦－ UNIVAC，則是世界第一部商業電腦。

真空管外觀圖

1-1-2　第二代電腦（1959-1964）：電晶體時代

　　為了解決第一代電腦真空管的故障問題，貝爾實驗室於 1947 年發明了電晶體（Transistor），改變了電腦傳統的製程。電晶體是一種用來控制電流訊號傳輸通過的微小裝置，與真空管相比，大小只有二十分之一。耗電量也小，不容易產生過熱的問題，所以使用電晶體架構的第二代電腦，可靠性也大幅提升。

　　到了 1954 年，美國貝爾實驗室完成第一部以電晶體為主的第二代電腦（TRADIC），此外一些高階程式語言也在這時期發展出來，取代了原本所使用的機器語言。例如：1954 年科學用途的 Fortran，與 1959 年商業用途的 COBOL，都是將組合語言賦予更類似人類語文文法般的指令，至此程式設計才變得語法明瞭。

1-1-3　第三代電腦（1965-1970）：積體電路時代

　　積體電路是將電路元件，如電阻、二極體、電晶體等濃縮在一個矽晶片上。而在 1964 年，由美國 IBM 公司使用積體電路設計的 IBM SYSTEM-360 型電腦推出後，開啟了積體電路電腦的時代。

積體電路外觀

　　早期的積體電路技術稱為小型積體電路（Small scale integrated circuit，簡稱 SSI），約可容納 10-20 個電子元件，發展到中期稱之為中型積體網路（Medium scale integrated circuit，簡稱 MSI），約可容納 20-200 個電子元件，到了後期的大型積體電路（Large scale integrated circuit，簡稱 LSI）時代更可容納高達 5000 個電子元件，而超大型積體電路（VLSI）則是高達 10000 個以上的電子元件，至此許多企業正式將電腦進入商業化過程。

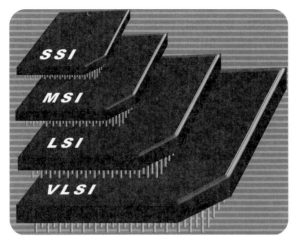

積體電路尺寸比較圖

1-1-4 第四代電腦（1971-2000）：微處理器時代

這一代的電腦可以說是延續第三代積體電路電腦，隨著電子工業技術的不斷進步，到了 1971 年，英特爾公司首次宣布單片 4 位微處理器 4004 試製成功，正式開啟了微處理器與個人電腦蓬勃發展的新時代。所謂微處理器就是指中央處理器（Central Processing Unit，簡稱為 CPU），例如：從早期的 8088 CPU 至今天的奔騰（pentium）級 CPU 電腦，都是微處理器電腦。

這一時期的電腦使用微處理器晶片，製程技術是超大型積體電路（Very large scale integrated circuit，簡稱 VLSI）的延伸，但微處理器速度的爆發性成長更讓人吃驚。因為硬體的突飛猛進，此期的軟體發展更是呈現百花齊放的狀態，其中最顯著的改變莫過於使用者介面的視窗圖形化，讓電腦的使用者不需再用繁複的指令操作，而是以舒適的圖形來作為與電腦溝通的橋梁，實是使用者的一大福音。

1-1-5 第五代電腦－人工智慧與機器人

由於電腦技術仍然不斷地持續發展，可以預見未來新一代的電腦，將會以人工智慧（Artificial Intelligence，簡稱 AI）應用為主流。人工智慧就是指電腦能夠具有人類所特有的自然語言能力與辨識能力，也就是人工智慧型電腦。人工智慧電腦的研究可說是目前與未來舉足輕重的議題，人工智慧的定義相當廣泛，從具有人類的思考模式到行為能力都可以歸類在人工智慧的研究範圍，但總離不開將電腦具有人腦般智能的研究計畫的範疇之內，所以人工智慧的終極目標就是開發出能學習、思考，進而創造的電腦。

　　人工智慧型電腦所走的路線是專注於電腦與人類彼此之間的溝通能力，以目前來說，特別注重於提高電腦對人類語言的辨識能力，不過也有許多研究者將智慧型電腦的重點擺在如何讓電腦擁有解決問題的能力上。例如：醫學上的智慧型電腦來說，它能夠在輸入一連串的檢驗報告之後，診斷出患者所罹患的疾病。

電影中的鋼鐵人與變形金剛將來都可能真實出現在我們身邊

　　在工商業發達的今日，各行各業均普遍使用電腦設備及技術來增加工作效能，或者提升競爭力。「機器人」（robot）就是人工智慧電腦的一種應用，一般的機器人主要目的用於高危險性的工作，如火山探測、深海研究等，也有專為各種用途所研發出來的機器人，不但執行精確，而且生產力更較一般常人高許多。例如：自動焊接汽車的機器人、陪您打球的機器人與幫您處理簡單家務的家事機器人等等。

TIPS ↘

人工智慧應用的領域涵蓋了類神經網路 (Neural Network)、機器學習 (Machine Learning)、模糊邏輯 (Fuzzy Logic)、影像辨識 (Pattern Recognition)、自然語言瞭解 (Natural Language Understanding)…等，其中類神經網路是模仿生物神經網路的數學模式，具有高速運算、記憶、學習與容錯等能力，可以利用一組範例，透過神經網路模型建立出系統模型，可用於推估、預測、決策、診斷的相關應用，例如：擊敗南韓圍棋九段棋手李世石的 AlphaGo 超級電腦，致勝關鍵是背後一套神經網路系統及深度強化學習 (Deep Q-Learning, DQN) 技巧的人工智慧技術。

1-2 電腦的基本功能

許多人總是對於電腦科技所完成的成果感到驚訝，電腦今天已經融入家庭、學校及社會當中，幾乎每個人都有機會接觸到電腦。基於這個理由，很多人認定電腦一定很難瞭解和使用。事實不然，電腦其實只是由一些極小的塑膠方塊、金屬圓柱筒和各種陶製電子元件而製成，不過卻擁有了四種讓人驚奇的基本功能。

工廠生產線與大樓自動化保全管理

電腦斷層診斷系統與罕見疾病藥物研發

1-2-1 精確運算能力

電腦本身並不會出錯，只有操作者使用電腦不當才會造成結果錯誤。因為電腦的動作完全是由程式控制，也就是說電腦是根據使用者給它的設定，一個指令執行一個動作。例如：遠在外太空中人造衛星的航道計算及洲際飛彈的試射，透過電腦精準的監控，可以精密計算出數千公里以外的軌道與彈著點，而且誤差範圍在數公尺以內，還有讓駕駛人不論是上山下海，都能清楚自己所在位置的衛星導航系統（Global Positioning System, GPS）等，或者是用來攻擊恐怖份子的無人機，都是拜電腦精確運算能力所賜。

　　電腦在現代人醫療保健方面的應用更為廣泛，包括電腦斷層掃描儀器為診病醫生提供病人器官的三度空間影像圖，讓診斷能夠更為精確，例如：達文西機器手臂融合電腦的精確計算能力來控制機器手臂，使得外科手術達到前所未有的創新與突破，而電腦於醫療教學與研發的應用更是廣泛，包括電腦診斷系統、罕見疾病藥物研發、基因組合等。

電腦控制的無人機系統與醫學專用達文西手臂

1-2-2　大量儲存能力

　　電腦的記憶單元除了本身的主記憶體外，還包含了許多不同的輔助儲存裝置來儲存資料，例如：磁帶、磁碟、光碟、硬碟等。電腦的儲存能力和目前文件的紙張版面比起來是大得太多了，幾乎可認為是沒有容量限制。無論是大英百科全書或是康熙大辭典的全部內容，甚至於整間博物館的館藏，只要薄薄的幾片光碟片就可以輕鬆容納，這都足以證明電腦儲存能力的驚人之處，例如：最新推出的氦氣硬碟，採密封式設計，利用惰性氦氣來儲存，容量更可高達 10TB。

戶政事務所電腦內存放大量戶籍資料

> **TIPS** ↘
>
> 常用的儲存單位有 KB（Kilo Byte）、MB（Mega Bytes）、GB（Giga Bytes）等等，這些單位的換算關係如下：
> - 1KB（Kilo Bytes）= 2^{10} Bytes = 1024Bytes
> - 1MB（Mega Bytes）= 2^{20} Bytes = 1024KB
> - 1GB（Giga Bytes）= 2^{30} Bytes = 1024MB
> - 1TB（Tera Bytes）= 2^{40} Bytes = 1024GB

1-2-3 快速執行能力

「電腦」可說是 20 世紀高科技產業的代表作，同時也被認為是促進現代商業生產力的幕後推手，尤其電腦所講究的是速度與效能，也就是無與倫比的快速執行能力，就以 IBM 推出的藍基因（BlueGene）超級電腦，每秒可操作 70.72 萬億次計算。由於現代電腦的快速執行能力已經遠遠超越過去人類的想像，因此也造就了電腦應用的無限可能空間。

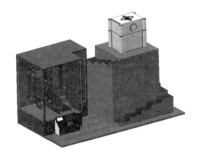

CAD 快速設計的精彩成果

圖片來源：http://brand.autodesk.com.tw

例如：像 UPS 這樣的全球性運輸公司，數以億計的信件與包裹服務都使用電腦化的終點站來幫助全球發送者排定送貨日期、定位出取貨與交貨處，並即時產生發票和追蹤包裹位置，又或者透過「電腦輔助設計」（Computer Aided Design, CAD）軟體的協助，以往需要耗費時日的設計過程，現在則可快速設計出橋梁、房屋、隧道、大廈等複雜的建造圖。

1-2-4 通訊連結能力

當電腦剛開始出現在企業界，軟體設計只用於單一使用者。但隨著電腦在企業界的普遍使用，許多機構很快得知電腦通訊連結能力的重要性，以數位化傳輸兩部電腦資料

的資料通訊，就成為網路發展的開始。相信許多人一生中第一次接觸電腦都是由電玩遊戲開始，而時下年輕人所瘋狂的網咖，也因為網路的發達，而展開各式 3D 或是多人連線遊戲的對戰，當然還可以在網上消費、購物與學習，這都是拜電腦具有通訊連結能力所賜。

透過電腦通訊連結能力可以隨時隨地玩遊戲與購物

1-3　電腦的種類

　　早期電腦都屬於類比式電腦（Analog Computer），多半是機械式設備，可用來處理頻率、振幅等連續性的資料，例如：測定環境中的溫度和壓力。至於在本書中所討論的電腦，則是目前處處可見的數位式電腦（Digital Computer），這也是從類比式電腦演進而來。這種電腦使用高低電位來表示 0 和 1，可處理離散且不連續的資料，使得電腦在處理資料時準確率高，不容易出錯。

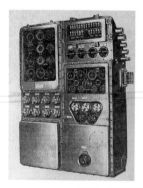
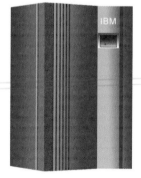

類比式電腦與數位式電腦

以上是從處理訊號的不同來區分，但是如果根據電腦內部的複雜程度不一，則可以針對我們生活上不同的應用來加以區隔。小至個人的智慧型手機（Smart Phone），大至武器研發或是全世界的天氣預測所使用的超級電腦，都有不同類型的電腦屬性來滿足需求。

1-3-1　超級電腦

超級電腦（Supercomputer）就是世界上速度最快，價值最高的電腦，每秒甚至可執行超過數十兆的計算結果。超級電腦的基本結構是將許多微處理器以平行架構的方式組合在一起，其主要使用者為大學研究單位、政府單位、科學研究單位等等。例如：「人類基因解讀計畫」（Human Genome Project, HGP），目的在於解讀所有人類基因體的DNA 序列，繪製完整的人類基因藍圖。這個計畫的成果將可用於研究治療每一種已知或未知的疾病，以及開發相關藥品之類的各式研究，而超級電腦在此更扮演著關鍵決定性的角色。目前全世界最快的超級電腦則是位於中國國防科技大學的的超級電腦天河二號（Tianhe-2）。

2016 年 3 月南韓圍棋棋王李世石與谷歌公司（Google）開發 AlphaGo 超級電腦世紀對決 5 場比賽，AlphaGo 以 4:1 勝出，就是超級電腦結合人工智慧的重大成就。

天河二號超級電腦

1-3-2　企業電腦

企業或組織中所使用的電腦往往必須具備較高的速度與處理能力，如在 70 年代從大型主機轉型到迷你電腦時期，迪吉多與王安電腦獲得竄升為龍頭的機會，迷你電腦成為企業電腦的主流。然而誰也沒想到，越來越強大的個人電腦出現後，造成了這兩家企業與迷你電腦的沒落。工作站（Workstation）則是特殊專業用途使用的電腦，也是企業電腦的一種。功能介於個人電腦及迷你電腦之間，價格高出個人電腦許多，常供專業人士使用，例如：美術設計、工程設計、網頁伺服器等。

宏碁功能強大的商用電腦

圖片來源：宏碁電腦

1-4　個人電腦

個人電腦（Personal Computer, PC）或稱微電腦（Microcomputer）是目前最為普及的電腦，包含電腦主機、螢幕（映像管型與液晶顯示型）、鍵盤、滑鼠、喇叭等基本配備。早期的電腦多半是當時少數精英使用的技術工具，直到在 70 年代中期，賈伯斯（Stephen Jobs）和沃茲（Steve Wozinak）成立蘋果電腦公司，建置了一台含有顯示器、內建鍵盤及磁碟儲存器的個人電腦，並命名為「Apple」電腦，是個人電腦史上第一台功能完備和具親和力的電腦。

APPLE II 電腦

　　不過真正突破個人電腦發展瓶頸，並讓個人電腦大受歡迎的關鍵，並非技術上有任何改進，而是 IBM 公司推出它自己的第一台個人電腦「IBM　PC」，並做成製造電腦的零組件可允許由不同供應商來製造的市場決策。當 Apple 公司持續保護它的設計專利權時，IBM 的開放政策鼓舞了相容於 IBM PC 的建造，也成功建構 IBM 相關軟體和硬體的發展標準。到了 80 年代初期，IBM 正式推出了以 8088 微處理器為主的 16 位元電腦，此時個人電腦的使用也因此大放異彩。

　　不過蘋果電腦公司也不落人後，於 1984 年推出具有革命性圖形化界面的麥金塔（Macintosh, Mac）個人電腦系列，電腦硬體構造與 PC 家族相容，只是作業系統平台不同，當時就深受專業人士的喜愛。作業系統 MacOS 是一種極具親和力的圖形導向作業系統，優雅精緻的多功能桌面設計，更是讓使用者愛不釋手的主要原因。

圖片來源：http://store.apple.com.tw

　　除了以上所介紹的「桌上型電腦」（Desktop PC）外，個人電腦因為可攜帶性、功能性及品牌區隔，又可區分為以下幾種：

1-4-1　筆記型電腦 /OLPC/Ultabook

　　以攜帶性優先為主題的個人電腦，原先的理念是以筆記簿 8.5*11 英吋的大小來設計，所以稱為筆記型電腦，而一般使用者因經常放置於膝上操作，故又稱膝上型電腦（laptop computer），筆記型電腦的第二個優點為功能強大，無論在處理器的速度上、硬碟的儲存量上，都早已逼近桌上型電腦，而廣為消費者所喜愛。

性能卓越與外型優雅的宏碁與華碩筆記性電腦

Eee PC

　　OLPC 又稱百元筆電，是由麻省理工學院多媒體實驗室發起的一個非營利組織，希望能夠生產一款約 100 美元的筆記型電腦，並供給支持這項計劃的開發中國家的兒童使用，以期達到每個孩子一台筆記型電腦。

圖片來源：http://tw.asus.com/

　　Eee PC（易 PC）是由主機板大廠華碩電腦為因應聯合國 OLPC 推動「百元筆電」計畫後，首款推出低價筆記型電腦產品，並定名為 Eee PC（易 PC，取用了「容易學（Easy to Learn）、容易操作（Easy to Work）以及容易玩（Easy to Play）的三個 E字」，這項產品擁有寬廣舒適的大畫面與大容量內部儲存空間，相當受到消費者的喜愛。

Ultrabook

近來相當流行的 Ultrabook，則是由 Intel 所提出的一種全新概念輕薄型筆記型電腦，它試圖將筆記型電腦定義成「有鍵盤的平板電腦」（超筆電）。Ultrabook 適合需要長時間隨身攜帶筆電的商務人士所使用，機身厚度不超過 0.8 吋，價格低於 1000 美元，除了支援 USB 3.0 和 Thunderbolt 傳輸技術等多項新規格外，最重要特性是在保有效能的同時，擁有長達 5 小時的電池續航力，讓使用者可以在不充電的情況下，有更長的時間來完成工作，並搭配讓資料存取速度更快的固態硬碟（SSD）及全新超快速啟動技術，加快電腦從休眠到甦醒的時間與休眠狀態也可進行資料內更新。

1-4-2　平板電腦

平板電腦（Tablet PC）是一種無須翻蓋、沒有鍵盤，但擁有完整功能的迷你可攜式電腦，也是下一代移動商務 PC 的代表。簡單來說，筆記型電腦在輸入上主要是使用滑鼠與鍵盤設備，而平板電腦則是使用觸控筆，可讓使用者選擇以更直覺、更人化性的手寫觸控板輸入或語音輸入模式來使用。隨著電子書的流行，平板電腦不但可以儲存大量電子書（e-Book），特別是透過電子書強大的搜尋引擎，就能輕易達到全文檢索的功用。

蘋果最新推出的平板電腦 - iPad mini4

圖片來源：http://www.apple.com/tw/ipad

iPad 是一款由蘋果公司於 2010 年 1 月 27 日發表的平板電腦，功能定位介於蘋果的智慧型手機 iPhone 和筆記型電腦產品之間。平板電腦旋風能夠席捲全球，最大原因是簡單好上手不僅可以瀏覽網頁、播放音樂和視訊，更具有精準的衛星技術和豐富的街景圖庫，透過 Maps 就能輕鬆搜尋鄰近地區的重要地標，特別是隨身語音助理 siri 能透過強大的語音辨識功能，以各位的聲音來傳送訊息與設定提醒事項。

1-4-3　智慧型手機

2012 年 9 月蘋果公司正式發佈了 iPhone 5 觸控式螢幕智慧型手機，造成了世界性的搶購熱潮，它是蘋果公司繼 iPhone 4s 之後，發行的新款智慧型手機。iPhone 5 比 iPhone 4s 更薄了 18%、更輕了 20%，並內建雙核心 A6 晶片，速度較 A5 晶片快達兩倍，並且擁有 4 吋 Multi-Touch 視網膜觸控螢幕及 Retina 顯示器、800 萬像素的 iSight 攝錄鏡頭、120 萬畫素視訊鏡頭。目前新一代的 iPhone 6s 系列不但新增了玫瑰金款式，採用最新的 iOS 9 作業系統，機殼更首度導入全新 3D Touch 技術，可以透過手指不同程度的按壓力道做更多的操作，將是手機遊戲應用的新體驗，讓眾多蘋果迷們愛不釋手。

蘋果最新推出的 iPhone 6s 手機

圖片來源：http://www.apple.com/tw/ipad/

　　台灣的知名品牌宏達電（HTC）所研發的智慧手機也相當獲得消費者的青睞，HTC
是以 Andriod 系統為主搭配自家的 SENCE 介面，這和 iPhone 所使用蘋果設計的 iOS
系統不同，優點是使用者對於手機桌面的更換自由度高，機種的選擇很多，價格也很廣
泛，例如：蝴蝶機與新 htc one 就是目前相當受歡迎的智慧型手機。

HTC 的手機機種多，功能也十分齊全

圖片來源：http://www.htc.com

1-5 電腦與網際網路的結合

　　網路最簡單的說法就是各種電腦網絡的連結，並且可為這些網路提供一致性的
服務。網路的一項重要特質就是互動，乙太網路的發明人包博‧美特卡菲（Bob
Metcalfe）就曾說過網路的價值與上網的人數呈正比，如今全球已有數十億上網人口。
由於網際網路（Internet）的蓬勃發展，帶動人類有史以來最大規模的資訊與社會變動，
更與電腦科技的高度發展配合，無論是民族、娛樂、通訊、政治、軍事、外交等方面，
都引起了前所未有的新興革命。

經由網路的連線，電子化政府讓民眾能夠上網辦裡各項的業務

1-5-1　雲端運算

　　「雲端」一詞泛指「網路」，係由工程師對於網路架構圖中的「網路」，習慣用雲朵來代表不同的網路。「雲端運算」（Cloud Computing）的功用就是讓使用者利用簡單的終端設備，獲取分散在網路中眾多伺服器上的資源。簡單來說，只要跟雲端連上線，就可以存取這一部超大型雲端電腦中的資料及運算功能。

雲端運算應用示意圖

　　例如：現在的網路服務（Web Service），就是將網路視為一個巨大的作業平台，所有的程式都可以在網路下載安裝，所有的服務都可由網路上的網站自動連結完成。隨著網際網路急邃發展，加上寬頻上網的快速普及，這是一個網際網路服務、應用程式與作業

系統的整合式處理概念，如果將這種概念進而衍伸到利用網際網路的力量，讓使用者可以連接與取得由網路上多台遠端主機所提供的不同服務，就是「雲端運算」的基本概念。

1-5-2　大數據的浪潮

　　近年來由於電腦 CPU 處理速度與儲存性能大幅提高，因此漸漸被應用於即時處理非常大量的資料。大數據（Big Data）處理指的即是對大規模資料的運算和分析，例如：網路的雲端運算平台，每天是以數 quintillion（百萬的三次方）位元組的增加量來擴增，所謂 quintillion 位元組約等於 10 億 GB，尤其在講究資訊分享的這個時代，資料量很容易就達到 TB（Tera Bytes），甚至上看 PB（Peta Bytes）。

　　所謂大數據（又稱巨量資料、大資料、海量資料，Big Data）是指在一定時效（Velocity）內進行大量（Volume）且多元性（Variety）資料的取得、分析、處理、保存等動作。大數據分析技術已經顛覆傳統的資料分析思維，是一套有助於企業組織大量蒐集、分析各種數據資料的解決方案。大數據相關的應用，不完全只有那些基因演算、國防軍事、海嘯預測等資料量龐大才需要使用大數據技術，甚至橫跨遊戲行銷、電子商務、決策系統、醫療輔助或金融交易…等。

　　例如：相當火紅的「英雄聯盟」（LOL）遊戲，就是一款免費的多人線上遊戲，美國遊戲開發商 Riot Games 非常重視大數據分析，每天會透過連線針對全球所有的比賽以大數據來進行分析與研究全球玩家數據，不僅可以即時監測所有玩家的動作與產出網路大數據分析，並瞭解玩家最喜歡的英雄，像是只要發現某一個英雄出現太強或太弱的情況，就能及時調整相關的遊戲平衡性，然後再集中精力去設計最受歡迎的英雄角色。Riot Games 利用大數據隨時調整遊戲情境與平衡度，是英雄聯盟能成為目前最受歡迎遊戲的重要因素。

英雄聯盟的遊戲畫面

1-5-3　社群網路服務

今日我們的生活已離不開網路，而與網路最形影不離的就是「社群」，甚至已經從根本撼動我們現有的生活模式了。社群網路服務（Social Networking Service, SNS）是 Web 2.0 體系下的一個技術應用架構，是基於哈佛大學心理學教授米爾格藍（Stanely Milgram）所提出的「六度分隔理論」（Six Degrees of Separation）運作，是說在人際網路中，要結識任何一位陌生的朋友，中間最多只要透過六個朋友就可以。從內涵上講，就是社會型網路社區，即社群關係的網路化。

網路社群的觀念可從早期的 BBS、論壇、一直到近期的部落格、噗浪、微博或者 Facebook。由於這些網路服務具有互動性，因此能夠讓網友在一個平台上，彼此溝通與交流。從 Web 1.0 到 Web 3.0 的時代，隨著各類部落格及社群網站的興起，網路傳遞的主控權已快速移轉到網友手上，以往免費經營的社群網站也成為最受矚目的集客網站，帶來無窮的商機。

微博是目前中國最流行的社群網站

1-5-4　隨選視訊

　　隨選視訊（Video on Demand, VOD）是一種透過串流技術來傳輸的即時、互動視訊選擇系統，透過隨選視訊，使用者可不受時間、空間的限制，不需要等候檔案下載完，透過網際網路，讓客戶可以用遙控器從電視機上隨時點選使用這些服務，功能包括了有電影點播、新聞點播、家庭購物、電腦遊戲、遠距教學、股市理財與隨選卡拉 OK 等功能。

透過串流技術在網頁上可以挑選自己喜歡的數位電視節目

圖片來源：http://www.im.tv/vod/

TIPS↘

串流技術是一種建構在網際網路上的應用，為瞭解決網路多媒體資訊傳遞所研發出來的一種即時傳輸影音技術，具有直播與隨選傳播的特性。使用者不需等到整個影片傳送完就可以觀賞，幾乎不需要花費太多時間等待，還可讓用戶像使用家中的電視或錄放影機一樣方便的隨按隨看。

　　例如：MOD（Multimedia On Demand，多媒體隨選視訊或數位互動電視）是由中華電信推出的多媒體內容傳輸平台服務，這個服務會在用戶的家庭中安裝一台機上盒，相較於目前的有線電視，MOD 的使用者擁有許多類型的節目資訊，可以隨時按照喜好點播，又因 MOD 必須透過寬頻提供服務，故也稱為寬頻多媒體服務。

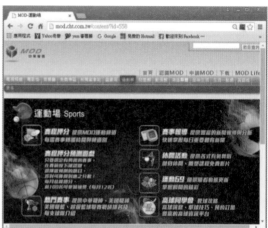

中華電信 MOD 提供更多元化的節目欣賞

1-5-5　智慧家電的流行

近年來由於網路頻寬硬體建置普及、行動上網也漸趨便利，加上各種連線方式的普遍，似乎都預告著智慧家電已變成消費性電子品牌的一股流行。所謂「智慧家電」（Information Appliance）是從電腦、通訊、消費性電子產品 3C 領域匯集而來，也就是電腦與通訊的互相結合，未來將從符合人性智慧化操控，能夠讓智慧家電自主學習，並且結合雲端應用與節能省電的發展，所有家電都會整合在智慧型家庭網路內，並藉由管理平台連結外部廣域網路服務。

目前智慧家電已經具備了網路資訊存取能力且能與其他裝置互動，加上其簡單易用的特色，在未來的家庭生活中將會扮演非常重要的角色。例如：家用洗衣機也可以直接連上網路，用 APP 控制洗衣流程，甚至用 Line 和家電系統連線，馬上就知道現在冰箱庫存，就連人在國外，手機仍可隔空遙控家電，輕鬆又省事，或者智慧電視結合了電視與網路功能，各位只要在家透過智慧電視就可以上網隨選隨看影視節目，或是登入社交網路即時分享觀看的電視節目和心得，也可以看到 YouTube 上來自世界各地五花八門的影片。

透過手機就可以遠端遙控家中的智慧家電

圖片來源：http://3c.appledaily.com.tw/article/household/20151117/733918

工業 4.0 機器人

鴻海推出的機器人 -Pepper

德國政府 2011 年提出第四次工業革命（又稱「工業 4.0」）概念，做為「2020 高科技戰略」十大未來計畫之一，工業 4.0 浪潮牽動全球產業趨勢發展，雖掀起諸多挑戰卻也帶來不少商機，面對製造業外移、工資上漲的難題，力求推動傳統製造業技術革新，以因應產業變革提升國際競爭力，特別是在傳統製造業已面臨轉型的今日，如何活化製造生產效能，工業 4.0 智慧製造已成為刻不容緩的議題。

例如：為了因應全球人口老齡化、少子化現象、勞動人口萎縮問題，間接也帶動智慧機器人需求及應用發展，隨著人工智慧快速發展，面對當前機器人發展局勢，未來市場需求將持續成長。面對台灣代工模式的困境和大陸紅色供應鏈崛起，台灣在工業與服務型機器人兩大範疇，都具有不錯的潛力與發展空間。國內知名的世界級代工廠鴻海與日本軟體銀行、中國阿里巴巴共同推出全球第一台能辨識人類聲音及臉部表情的人型機器人 -Pepper，就是認為未來缺工問題嚴重、產品製造日趨精密所致，並結合三方產業優勢，深耕與擴展全球市場規模，看好機器人產業發展將會超越汽車工業，號稱未來將要建立百萬機器人大軍。

一、選擇題

( ) 1. 下列何者不是電腦的三大特性之一？ (A) 可以處理中文 (B) 快速運算能力 (C) 記憶容量大 (D) 正確性高。

( ) 2. 以往大學中的資訊科系大都稱為「電子計算機科學系」，請問此處的電子計算機指的是 (A) 計算器〔Calculator〕 (B) 算盤 (C) 電腦〔Computer〕 (D) 計數器〔Counter〕。

( ) 3. 電子計算機〔Computer〕又稱作 (A) 積體電路 (B) 電晶體 (C) 智慧型家電 (D) 電腦。

( ) 4. 下列敘述何者錯誤？ (A) 電腦運算速度快，適合執行複雜繁瑣的工作 (B) 電腦的用途僅供娛樂 (C) 電腦的儲存媒介包含記憶體、硬碟、磁片以及光碟 (D) 電腦產生錯誤的原因大部分來自人為因素。

( ) 5. 下列哪一項是正確的？ (A) 電腦可以提昇人們的工作效率 (B) 電腦可以幫忙儲存資料卻無法篩選有用資訊 (C) 電腦的資料來源僅從光碟片來取得 (D) 當電腦輸出錯誤的資料代表電腦已經故障該換一台新的了。

( ) 6. 下列關於電腦演進的敘述，何者正確？ (A) 第四代電腦只能執行第四代電腦語言 (B) 第四代電腦比第三代電腦更耗電 (C) 美國蘋果電腦公司的 APPLE II 屬於第二代電腦 (D) 直到第四代電腦才開始使用微處理器。

( ) 7. 將電路的所有元件，如電晶體、電阻、二極體等濃縮在一個矽晶片上之電腦元件稱為： (A) 真空管 (B) 電晶體 (C) 積體電路 (D) 中央處理單元。

( ) 8. 機械時期的電腦代表是 (A) IBM 709 (B) MARK-I (C) CDC 3600 (D) ENIAC。

( ) 9. 電腦的發展可分為四個時期 a. 積體電路時期 b. 機械時期 c. 電晶體時期 d. 真空管時期；其發展順序依序為 (A) abcd (B) badc (C) bdca (D) cabd。

( ) 10. 人類最早使用，由中國人所發明的正式計算工具為：(A) 加法器 (B) 計算器 (C) 算盤 (D) 減法器。

( ) 11. 我們將電腦分成第一代、第二代、第三代、第四代等等，請問劃分的依據為何？ (A) 用途 (B) 使用之電子元件 (C) 功能與速度 (D) 發展的年代。

( ) 12. 下列關於電腦演進的敘述，何者正確？ (A) 第四代電腦只能執行第四代電腦語言 (B) 第四代電腦比第三代電腦更耗電 (C) 美國蘋果電腦公司的 APPLE II 屬於第二代電腦 (D) 直到第四代電腦才開始使用微處理器。

( ) 13. 將電路的所有元件，如電晶體、電阻、二極體等濃縮在一個矽晶片上之電腦元件稱為： (A) 真空管 (B) 電晶體 (C) 積體電路 (D) 中央處理單元。

( ) 14. 機械時期的電腦代表是 (A) IBM 709 (B) MARK-I (C) CDC 3600 (D) ENIAC。

二、問答題

1. 何謂 OLPC（One Laptop Per Child, OLPC）？何謂 Eee PC（易 PC）？

2. 請問智慧型電話（Smart Phone）的功用。

3. 隨選視訊的功用為何？

4. 個人電腦因為可攜帶性、功能性及品牌區隔，又可分為幾種？

5. 試說明「六度分隔理論」（Six Degrees of Separation）運作。

6. 請簡述 iPad 的功用。

7. 什麼是工業 4.0？

8. 何謂互動裝置？試簡述之。

9. 請說明大數據的內容與相關應用。

10. 試簡介雲端運算的功用。

11. 何謂電子書？

12. 試簡述人工智慧與人工智慧型電腦。

13. 試簡述未來電腦的特性。

02

電腦硬體入門

一部完整的電腦包含了各式各樣的內部電路與電子零件,除了電腦的主體設備外,現代化的電腦還包括了許多實用的周邊設備。例如:輸入裝置可接受外界所輸入的指令或資料,並將外部資料的資料碼或訊號轉成電腦所辨識的內碼(Internal Code),包括了滑鼠(mouse)、軌跡球(trackballs)、觸控板(touchpads)、掃描器(scanners)、數位相機(digital cameras)和麥克風(microphones),至於輸出裝置可以顯現電腦處理後的結果,最主要的輸出工具就是電腦螢幕、印表機、喇叭、繪圖機等設備。

2-1　電腦系統單元

當打開主機機殼後，首先看到的就是電腦運作的核心，也就是系統單元，包括了中央處理器、主機板與記憶體等單元。主機殼內的大多數元件是安裝在印刷電路板上。由於印刷電路板使用鋁或銅製的金屬線取代傳統的線路，並將這些金屬線路印製在塑膠平板上，不但減少了手工焊接零件接頭，也大大降低電腦製造時間和成本。

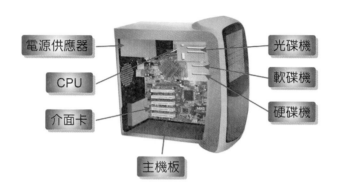

2-1-1　主機板

主機板（Mainboard）就是一塊主要的印刷電路板（Printed Circuit Board, PCB），其材質大多由玻璃纖維製成，用以連接 CPU、記憶體與擴充槽等基本元件，以達到整合電腦系統的目的，又稱為母板（Motherboard）。

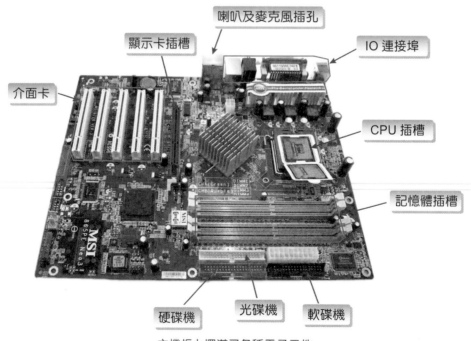

主機板上擺滿了各種電子元件

主機板的運作原理是依據電腦元件中送出的電流、資料和指令來回應，即使這個元件並沒有直接安裝在主機板上，都可經由「匯流排」來溝通與聯繫。各位可以將匯流排看做是日常生活中的大馬路，其主要作用便是負責主機板上晶片組與周邊之間的資料交換。過去考量選購主機板的主要考量因素是使用者所搭配的 CPU 種類，不過由於目前桌上型電腦的內部架構劃分越趨精密，例如：CPU、晶片組（Chipset）或記憶體在搭配上都有一定的規則及限制。

T I P S ↘

晶片組（chipset）是主機板的核心架構，通常是矽半導體物質構成，上面有許多積體電路，決定了主機板的主要功能，可負責控制主機板上的所有元件與安排 CPU 所作的工作，包含北橋晶與南橋晶片，北橋晶片掌管控制 CPU、記憶體和顯示卡的整合與資料交換，南僑晶片則負責 IDE、SATA 等硬碟輸入 / 輸出（I/O）裝置的資料流通。

我們選購主機板時，除了本身需求與價格的基本因素外，包括記憶體規格、CPU 架構、傳輸介面與晶片組品牌都是考量因素，晶片組與廠牌的好壞當然是優先考量，例如：華碩或技嘉都是不錯的選擇。簡單來說，買電腦主要先考慮 CPU，然後才選主機板，只要針腳規格符合就可裝機，例如：Core 2 Duo 之 CPU 最好搭配 Intel P965 晶片組之主機板。

2-1-2 CPU

當我們將電腦電源開關打開之後，通常第一個接觸到的就是鍵盤，藉由打字的方式產生訊號，此時會由電腦裡的軟體，將這些資訊編譯成由 0 和 1 構成的機械語言傳送給中央處理器。

中央處理器（CPU）的角色就像電腦的大腦一般，是用來組織並執行來自使用者或軟體的指令，是由許多極小的電子電路所蝕刻而成的矽片材質所組成（稱為晶片），中央處理器中包含了電腦的「控制單元」（Control Unit）與「算術與邏輯運算單元」（Arithmetic/Logic Unit），就是我們俗稱的 CPU（Central Processing Unit）。

CPU 主要是負責整個電腦系統各單元間資料傳送、運作控制、算術運算（例如：四則運算）與邏輯運算（例如：AND、OR、NOT）的執行。目前 PC 上的 CPU 的主流產品有 Intel 的 Core i7/i5/i3 系列和 AMD 的 FX、A10/A8/A6/A4 系列，行動裝置上也有專屬的處理器，例如：iPhone 6s 的 Apple A9 處理器。

多核心架構

Intel 與 AMD 最新微處理器外觀

　　目前主流的 CPU 產品大都採取 64 位元的架構，並且工作時脈也都在 2GHz 以上。如果以生產廠商來區分的話，主要還是以美商英特爾（Intel）與超微半導體（AMD）兩大龍頭為主。多核心架構是 CPU 發展的趨勢，也就是使用更多的 CPU 來處理電腦的工作。例如：在同一晶片內放進兩個處理器核心，讓相同體積的 CPU 晶片，可以容納兩倍的運算能力，並且在單一晶片上使用兩個核心來分擔工作量，可避免資源閒置，有效運用資源，更提高了數位娛樂應用領域的效能。

　　近來市面上陸續推出了英特爾與 AMD 的 8 核心 CPU 主機板，也就是在目前中央處理器上封裝 8 個系統核心，使得效能提升不再靠傳統的工作時脈速度，而是平行運算處理。

CPU 的性能

每次 CPU 執行指令時，都會採取一系列的步驟，所花費的時間則稱為 CPU「機器週期」（machine cycle）。也就是說，對於 CPU 所執行的任何工作，都是不斷進行擷取、解碼、執行與儲存的四種動作。事實上，CPU 的性能時常就是以每秒鐘百萬個指令（millions of instructions per second, MIPS）或 MFLOPS（每秒內所執行百萬個浮點指令數）所能處理的量去衡量。

每一部電腦內都有一個系統時鐘（system clock），該時鐘是由石英水晶來驅動，而電腦就是利用系統時鐘內的石英振動來測定運算過程的時間。CPU 的執行速度全繫於系統時鐘的速度，假如電腦的時脈速度（clock speed）800MHz（Megahertz, 百萬赫茲），也就是每秒「滴答」（tick）800 百萬次，而「十億赫茲」（Gigahertz, GHz），就是每秒執行十億次。例如：3.2GHz 的執行速度即為每秒 3.2GHz，等於每秒 3200MHz（每秒 3200 百萬次）。

例如：Pentium 4、3.8G，表示內頻為 3.8GHz，另外當 CPU 讀取資料時在速度上需要外部周邊設備配合的資料傳輸速度，速度比 CPU 本身的運算慢很多，這稱為外頻（或稱為匯流排時脈）。

> **TIPS** ↘
>
> 倍頻係數則是內頻與外頻間的固定比例倍數。其中：
> CPU 執行頻率（內頻）= 外頻 * 倍頻係數
> 例如：以 Pentium 4、1.4GHz 計算，此 CPU 的外頻為 400MHz，倍頻為 3.5。

字組長度

CPU 一次處理或搬動資料的長度，稱為一個字組（Word），我們俗稱的 CPU 位元數也就是字組長度，字組越大，電腦處理一組資料的速度就越快。而字組長度與暫存器大小息息相關。例如：常聽到的「64 位元處理器」或「64 位元電腦」，就是指擁有 64 位元的暫存器。

> **TIPS** ↘
>
> 暫存器（register）是在 CPU 晶片上用來暫時存放正在執行中的指令或資料儲存區。快取記憶體（Cache）則是記憶體層次最高，速度最快，可用來儲存剛被參考（reference）的資料或指令，由於主記憶體傳輸速度慢，快取記憶體可減少對主記憶體的存取次數，進而提升運算的效率。目前的快取記憶體分為三種，分別是 L1、L2、L3，存取速度 L1>L2>L3，現在玩家口中的快取記憶體多半是指 L3。

2-1-3　記憶體

　　記憶體的構造與存取方式大致相同，都是以許多微小的電晶體所組成，這些微小的電晶體只能有兩種狀態，在不充電的狀態下為 0，在充電的狀態下為 1。例如：動態記憶體在未充電的狀態下，所有的電晶體都代表著 0，而每個電晶體都必須具有兩個參數值，一個參數值代表的是電晶體的位置，另一個則代表此電晶體所擁有的數值（0 或1），而電晶體彼此之間是由可通電的線路相互連接。請參閱下圖：

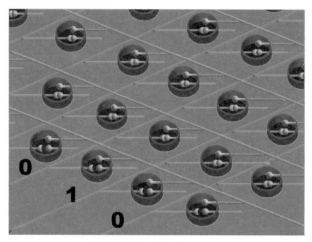

記憶體的內部結構示意圖

　　電腦中的記憶體可區分為「隨機存取記憶體」（Random Access Memory，簡稱RAM）及「唯讀記憶體」（Read-Only Memory，簡稱 ROM）兩種。

隨機存取記憶體

　　隨機存取記憶體（RAM）就是一般電腦玩家口中所稱的「記憶體」，屬於一種揮發性記憶體。越多的 RAM 意味著電腦能夠使用容量更大、功能更強大的程式，而且那些程式可以存取更大的資料檔案。當電腦開啟前，RAM 記憶體還處在空白狀態。可是當電腦開始工作，會從磁碟讀取資料執行或者建立運算，將電腦關閉後，存在 RAM 記憶體裡的任何資料也會隨之消失。各位如果試著增加電腦中的 RAM 時，可提供兩個好處：第一，它比你能夠做的任何形式電腦升級都還要便宜。第二，即使不能大量改善電腦執行速度，但也不會造成任何傷害。

　　RAM 的種類可分為「動態隨機存取記憶體」（DRAM）與「靜態隨機存取記憶體」（SRAM）。一般說來，DRAM 的速度較慢，必須保持持續性的充電狀態，但價格低廉可廣泛使用。至於 SRAM 存取速度較快，但由於價格較昂貴，也不需要週期性充電來保存資料，一般被採用作為快取記憶體。

RAM 技術的進展一直伴隨著電腦的發展腳步而提升，SDRAM 全名為同步動態隨機存取記憶體（Synchronous DRAM），作用是讓 DRAM 內部的工作時脈和主機板同步，進而提高存取的速度。DDR SDRAM 是前幾年很流行的主流產品，過去 184-pin DDR（Double Data Rate, DDR）SDRAM 相當普遍，所謂 DDR，是指資料傳輸時脈不改變，將一個工作時脈切分成兩份，但是資料傳輸的頻寬增大為兩倍的技術。

後來則被接腳數為 240-pin 的 DDR2 SDRAM 取代，因為擁有更高的工作時脈與更大的單位容量，特別是在高密度、高功效和散熱性（1.8V 電壓設計）的傑出表現。DDR3 是以 DDR2 為起點，性能是 DDR2 的兩倍，最低速率為每秒 800Mb，最大為 1,600Mb。DDR3 針腳的設計和 DDR2 或 DDR 完全不同，如果想換 DDR3 的話，就只能連主機板一起換，因此 DDR3 記憶體模組只適用於支援 DDR3 記憶體的主機板。

目前最新的記憶體規格 DDR4 所提供的電壓由 DDR3 的 1.5V 調降至 1.2V，傳輸速率更有可能上看 3200Mbps，採用 284pin，藉由提升記憶體存取的速度，讓效能及頻寬能力增加 50%。

唯讀記憶體

唯讀記憶體（ROM）是一種只能讀取卻無法寫入資料的記憶體，而且所存放的資料也不會隨著電源關閉而消失。屬於韌體（Firmware）的一種，如主機板的 BIOS ROM。

> **TIPS**
>
> 基本輸入 / 輸出系統（BIOS）可掌握電腦各種元件，同時也是作業系統和硬體各式元件間溝通時的重要橋梁。「互補性氧化金屬半導體」（CMOS）也是 ROM 的一種，使用一個小的電池來保存電腦硬體設定的相關資料，當電腦關機時也不會消失。

2-1-4　介面卡

介面卡是一種佈滿電子電路的卡片，就是一種電腦與其他周邊設備間的橋梁，必須連接到主機板擴充槽的電路板，例如：顯示卡、音效卡、視訊擷取卡、網路卡等。以下分別為各位介紹如下：

音效卡

音效卡亦是一種擴充卡，其能將類比式的聲音訊號從麥克風傳送至電腦並轉成數位訊號，使電腦能夠儲存並加以處理。相對的也能將數位訊號轉回成類比訊號供傳統式喇叭播放。現今音效卡由於內建處理器強大，能做各種音效處理，最廣為人知的莫過於電腦合成音樂（Midi）。

音效卡與網路卡

網路卡

　　網路卡的功用是負責將電腦連接到網路上，讓電腦能夠在網路上互相用來連接 ADSL 數據機或區域網路，有線的網路卡會有一個 RJ-45 的插孔，提供網路線連接連線設備，傳輸速率則有 10Mbps（Mega Bits Per Second）及 100Mbps 兩種。網路卡以前是作為擴充卡插到電腦匯流排上的，目前許多主機板廠商都直接將網路卡內建於主機板中了，就不需要額外購買網路卡來安裝了。

顯示卡

　　顯示卡（Vedio Display Card）主要是負責接收由記憶體送來的視訊資料再轉換成電子信號傳送到螢幕，以形成文字與影像顯示之介面卡。顯示卡性能的優劣與否主要取決於所使用的顯示晶片，以及顯示卡上的記憶體容量，記憶體的功用是加快圖形與影像處理速度，通常高階顯示卡，往往會搭配容量較大的記憶體。PCI（Peripheral Component Interconnect）顯示卡被使用於較早期或精簡型的電腦中，後來的顯示卡幾乎是以針對高速圖形顯示而設計的 AGP（Accelerated Graphics Port）介面為主，由於它的傳輸速率較快，較適合大量的 3D 運算和貼圖。PCI Express 顯示卡（亦稱 PCI-E）則用來取代 AGP 顯示卡，並提供更高頻寬的最新 I/O 介面，是目前最新的電腦周邊連結標準，Intel 是 PCI Express 匯流排規格的主導者，它擁有更快的速率，幾乎可取代全部現有的內部匯流排（包括 AGP 和 PCI）。

AGP 介面的顯示卡

2-1-5　傳輸介面與連接埠

　　傳輸介面是電腦與多媒體周邊設備間傳送資料的介面標準，而連接埠則是與周邊設備連接的插座 / 插孔，以下列表整理如下：

傳輸介面名稱	功 能 介 紹 與 說 明
ISA	ISA 是由 IBM 所建構的電腦標準匯流排，其能夠傳輸處理器與外部裝置間 8 位元與 16 位元的資料，資料傳輸率最高為 16.66 Mbps（Bits Per Second，每秒可達的位元數，簡稱 bps）。現已幾乎被市場所淘汰。
IDE	IDE 介面常用於硬碟、光碟、磁帶及其他設備，也稱為 ATA（AT Attachment），通常主機板上內建兩個 IDE 介面插槽，每條排線可連接兩個周邊裝置，共可接 4 個，目前最新的 IDE 介面為 ATA100 及 ATA133，每秒的理論上最高傳輸值可達 133MB。硬碟安裝簡單，不需另外購買介面卡，而且價格便宜，是一般個人電腦中最常採用的形式。
PCI	一種由英特爾公司所提供電腦匯流排的標準，用來互相傳輸處理器與外部裝置之間的資料流，一般 PCI 介面為 32 位元，64 位元的 PCI 則是運用於較高階的伺服器類型。
PCI Express	簡稱 PCIe 或稱 PCI-Ex，是 PCI 電腦匯流排的一種，支持熱插拔，擁有更快的速率，幾乎取代現有的內部匯流排（包括 AGP 和 PCI），為目前內部匯流排的主流。
ATA	或稱「增強性整合型磁碟電路介面」（E-IDE），為一種儲存媒體最常見的匯流排介面，個人電腦裏的光碟、硬碟大都採用此種介面，EIDE 的傳輸速度發展至今已可達到 133Mbps。
SATA	SATA（Serial ATA ）匯流排介面是計畫用來取代 EIDE（enhanced IDE）的新型規格，除了傳輸率的優勢外，SATA 的傳輸線相較 IDE 的排線更為細長。它可縮小化快速應用在小型電腦，再加上它的傳輸速度高，非常適合於儲存設備。而且 SATA 可支援熱插拔，十分適合做為外接式硬碟，並具備高速、低壓的省電規格。至於 SATA II 原本是制定 SATA 規格的組織名稱，現在已改名為 SATA-IO，不過也可以當作是 SATA 的第二代規格表，SATA II 的介面速度為 300MB/s，而新的 SATA III 規格可達到 600MB/s。eSATA 埠（external 埠）將內建式 SATA 標準延伸至外接式裝置，亦即連電腦的介面不一樣了，由 USB 換成 eSATA，會提供比 USB 或 Firewire 介面方案快六倍以上的效能。
SCSI	為 ANSI 所制定的匯流排，已有長久的使用歷史，因其傳輸速度快，故發展至今已產生許多種類的延伸規格，大部分使用在硬碟介面上。不過 SCSI 硬碟以擁有高效能的傳輸速率，以及高穩定性著稱，因此常用於伺服器型的電腦上。SCSI 介面的規格中，每一個通道上可以支援 7 個至 15 個周邊，以充分達到優良的擴充性。轉速可達 15000 轉，目前最新的 SCSI 介面為 Ultra-320 SCSI，每秒的理論上最高傳輸值可高達 320MB。

傳輸介面名稱	功能介紹與說明
SAS	串列式傳輸介面技術（Serial Attached SCSI, SAS）是新一代的 SCSI 技術，和 SATA 硬碟相同，都是採取序列式技術以獲得更高的傳輸速度，速度更快是其特色，持續提升其資料傳輸速率與功能，可達到 3Gb/s 資料傳輸率，硬碟機同時具有傳送與接收的全雙工功能，SAS 可以串接更多的設備，與 SATA 介面的設備相容以及支援熱插拔技術。
1394	IEEE1394 是由電子電機工程師協會（IEEE）所提出的規格，又稱為 Firewire，是一種高速串列匯流排介面，適用於消費性電子與視訊產品。最高傳輸速率為 800Mbits/s，可連接 63 個周邊與熱插拔功能，IEEE-1394 的發展原意主要是整合所有數位化的家庭電器，適用於高容量的傳輸，例如：燒錄器、數位相機、掃描器、DV 等。
USB	Universal Serial Bus，中譯為「通用序列匯流排」，為 INTEL、Compaq、Microsoft、IBM、DEC、NEC、Northern Telecom 等 7 家廠商共同制訂的硬體標準，用來作為周邊裝置傳輸介面的規格，這是一種新的匯流排科技，能夠同時連結 127 個相同介面的裝置，並匯整於同一輸入介面中，這是一種全球統一的匯流排，目的在於制定所有電腦周邊規格的統一化，現已十分普及，USB 1.1 的規格可以達到 12Mbps 的傳輸率，而 USB 2.0 的規格則可以達到 480Mbps，估計將可取代大部分舊有的匯流排。從 USB 1.1、USB 2.0 到最新的 3.0 版本，其中最大的差別在於數據傳輸速率的改變，與原來的四線式纜線已無法提供速度躍升所需的電氣特性，因此再外加 6 條信號線做為超速模式專用的資料傳輸通道，共 5 個信號。例如：USB 2.0 的傳輸速度約 480Mbps，而 USB 3.0 的速度是 USB 2.0 的 10 倍，最高可達 4.8Gbps，可向下相容 USB 1.0、USB 2.0，具備體積小、省電、傳輸速度快的特性，堪稱是目前市面上進展最快、最具成長潛力的超高速傳輸介面。
USB 3.1	USB 3.1 則是基於 USB 3.0 改良推出的 USB 連接介面的最新版本，連接速度可達 10Gbps。例如：基於 USB 3.1 規範全新設計的 USB Type-C，外觀上最大特點在於用戶不必再區分 USB 正反面，兩個方向都可以插入，而且支援更高的電源充電能力。
平行埠	為一種常用來連結電腦與印表機的連接埠，所以一般又稱為印表機埠。
序列埠	是一種常見的電腦匯流排介面，可以提供四個裝置的串聯，在電腦系統中稱這四個接頭為 COM1、COM2、COM3、COM4。最常用來使用在滑鼠與數據機的連接。
PS/2 連接埠	可連接 PS/2 規格的滑鼠或鍵盤等單向輸入設備，無法連接其他雙向輸入設備。

2-2 輸入裝置簡介

假如 CPU 可以看成是電腦的大腦,那麼輸入裝置肯定就是眼睛及耳朵。輸入裝置不但可接受外界所輸入的指令或資料,還能將外部資料的資料碼或訊號轉成電腦所辨識的內碼。最常使用的輸入裝置是鍵盤及滑鼠,其他受歡迎的常見輸入裝置則有軌跡球、觸控板、遊戲操縱桿、掃描器、數位相機和麥克風。

2-2-1 鍵盤

無線鍵盤外觀

鍵盤是第一個與電腦一起使用的周邊設備,它也是輸入文字及數字的主要輸入裝置。最基本的鍵盤模式有 104 個按鍵,包含主要輸入鍵、數字符號鍵、功能鍵、方向鍵與特殊功能鍵。電腦鍵盤類似打字機的鍵盤,按鍵的排列方式亦有一定規則可循,主要是方便使用者可以同時雙手操作。

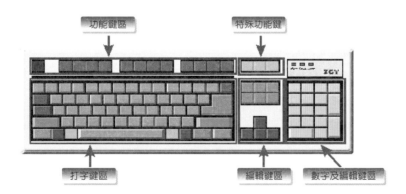

從標準鍵盤中也延伸出許多變形鍵盤,例如:無線鍵盤、光學鍵盤等等。大部份鍵盤改良設計的主要目的是為方便性或降低需要經常大量輸入的使用者的重複性壓迫傷害,目前鍵盤已發展出人體工學鍵盤。

2-2-2　滑鼠與軌跡球

　　滑鼠是另一個主要的輸入工具，它的功能在於產生一個螢幕上的指標，並能讓您快速的在螢幕上任何地方定位游標，而不用使用游標移動鍵，您只要將指標移動至螢幕上所想要的位置，並按下滑鼠按鍵，游標就會在那個位置，這稱之為定位（pointing）。滑鼠如果依照工作原理來區分，可分為機械滑鼠、光學機械滑鼠、光學滑鼠、雷射滑鼠四種。

　　「機械式滑鼠」底部會有一顆圓球與控制垂直、水平移動的滾軸。靠著滑鼠移動帶動圓球滾動，由於圓球抵住兩個滾軸的關係，也同時捲動了滾軸，電腦便以滾軸滾動的狀況，精密計算出游標該移動多少距離。「光學式滑鼠」則完全捨棄了圓球的設計，而以兩個 LED

造型新穎的光學式滑鼠

（發光二極體）來取代。當使用時，這種非機器式的滑鼠從下面發出一束光線，內部的光線感測器會根據特殊滑鼠墊所反射的光，來精密計算滑鼠的方位距離，靈敏度相當高。

　　如果以滑鼠接頭區分，可以分為序列埠（早期）、PS/2 與 USB 三種。不過隨著使用者的要求提高，目前市面上也推出了滾輪滑鼠、無線滑鼠、軌跡球、軌跡板等功能與造型特殊的變形滑鼠設備。其中無線滑鼠是使用紅外線、無線電或藍牙（Bluetooth）取代滑鼠的接頭與滑鼠本身之間的接線，不過由於必須加裝一顆小電池，所以重量稍微重了一些。

　　軌跡球看起來有點像顛倒的滑鼠的指向裝置。只將姆指放在曝露球體之上，其他手指則放在按鈕上，想在螢幕上到處移動指標，就請用姆指滾動該球體，部份使用者較喜歡軌跡球大於滑鼠。軌跡球受到歡迎主要是膝上型電腦的到來，它最普遍地使用在膝上或工作區沒有足夠放滑鼠的表面。

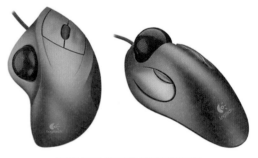

羅技的軌跡球造型新穎好看

2-2-3　掃描器

　　掃描器的原理就是以光學辨識的方式，將圖片或文字轉變成電腦能處理的數位訊號，也就是使用電荷耦合裝置（CCD）來解決問題，CCD 是一列感光二極體，當它暴露在一條多變光的路徑時，就像從書頁反射的那樣，每個感光二極體就會將它所收到的光轉成相對應的電壓，將感應到的文件、相片等轉換成電子訊號傳送至電腦，如果搭配適

當的「光學文字辨識系統」（Optical Character Recognition，簡稱 OCR）軟體，還可以成為另類的文書輸入工具。

Epson 生產的掃描器系列

掃描器是以 DPI（Dot Per Inch）作為解析度的單位，代表每一英吋長度內的點數，DPI 值越高則代表解析度越高，影像越清晰，有 300 DPI、400 DPI、600 DPI 或 1200 DPI 等多種規格。除了對解析度的要求外，對於每一個「點」（Dot）的分色能力也很重要，分色能力愈強，相對能辨識更多的顏色。目前常見的掃描器型式大都以平台式為主，少部分為掌上型或饋紙式的機種。另外市面上還流行一種「多功能事務機」，整合了掃描、列印、傳真及影印等功能，相當適合於小型辦公室中使用。

2-2-4　數位相機

攜帶型數位相機與單眼型相機

　　數位相機與傳統相機最大不同之處，是傳統相機用來紀錄影像的膠捲底片，必須透過化學處理的方式來顯相，而數位相機則是一種藉由感光晶片將光影明暗度轉換為數位訊號的相機，如此一來可以減少資源浪費，對環保是一大貢獻，此外，在拍攝後亦可以立即藉由液晶螢幕觀看成果，不須等待沖印的時間。

數位相機一直是最熱門 3C 產品

　　數位相機主要以 CCD 感光元件來進行拍攝，CCD 的判斷原理是以圖形中心相鄰的亮度區域為基準，沿著分界線，相鄰像素之間會有低反差情形。因此「像素」（Pixel）的多寡，便直接影響相片輸出的解析度與畫質。例如：我們常聽見的「1000 萬像素」、「1200 萬像素」等，就是指相機的總像素。數位相機所拍攝的影像主要是儲存在記憶卡中，使用的記憶卡採用 Flash ROM，可以重複使用，至於數位相機中記憶卡的相片通常都是透過 USB 連接方式傳送進電腦儲存。如果各位是第一次購買數位相機，建議您可以從選擇自己較為信任的品牌開始，通常類似傳統相機的單眼型相機體積較大，但拍出來的畫質較好，攜帶型相機則輕巧方便操作。

2-3 輔助儲存裝置

　　隨著個人電腦的不斷發展，最新一代的個人電腦也比以前提供更多的隨機存取記憶體，但不斷驚人成長的資料儲存需求，必須有輔助的儲存裝置來補足系統內建記憶體的不足。輔助儲存裝置的好處就是即使是在電腦關機的狀態下也能保存資料，並包含寫入資料與讀出資料的功能。

2-3-1　硬碟機

　　磁性儲存裝置（如磁碟機、硬碟機、高容量磁碟機與磁帶機）都是使用像氧化鐵這樣磁性感應物質加以覆蓋，正如電晶體以「開」或「關」表示二進位資料，磁場方向也可以用來表示資料。這些儲存裝置的讀寫磁頭包含電磁體（electromagnet），讀寫磁頭藉由電磁體中交換電流方向來紀錄一連串的 1 和 0。

　　硬碟（Hard Disk）是目前電腦系統中主要的儲存裝置，包括一個或更多固定在中央軸心上的圓盤，像是一堆堅固的磁碟片。每個圓盤上面都佈滿了磁性塗料，而且整個裝置被裝進密室內。對於各個磁碟片（或稱磁盤）上編號相同的單一的裝置。相關說明如下：

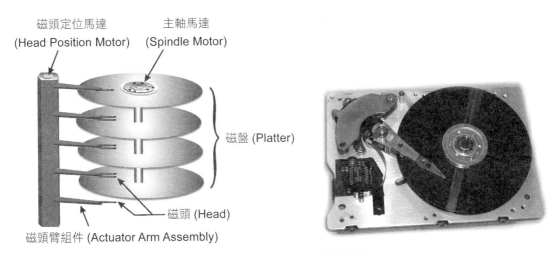

硬碟機器組件剖面與內部外觀圖

　　磁頭是一個可以暫時磁性化的物質，當電流通過時線圈會產生磁場變化，並同時將磁盤上的物質磁化，因而將磁盤上的物質進行不同的排列，就可以達到紀錄資料的作用，這就是資料寫入的基本原理。至於讀取資料時，藉由磁盤的轉動，而發生感應電流，藉由感應電流的不同，就可以讀取磁盤上所紀錄的資料。

目前市面上販售的硬碟尺寸，是以內部圓型碟片的直徑大小來衡量，常見的 3.5 吋與 2.5 吋兩種。其中 2.5 英吋，多用於筆記型電腦及外置硬碟盒中，個人電腦幾乎都是 3.5 吋的規格，而且儲存容量在數百 GB 到數 TB 之間，價格相當便宜。以硬碟傳輸介面區分為 IDE、SCSI 與 SATA 三種規格來說，目前主流為 IDE 跟 SATA，其中 SATA 匯流排介面是採用序列式資料傳輸而得名，計畫用來取代 EIDE 的新型規格，除了傳輸率的優勢外，又可支援熱插拔，並具備高速、低壓的省電規格。

> **TIPS** ↘
>
> 「RPM」（Revolutions Per Minute）則是表示轉速的單位，表示「每分鐘多少轉」的意思。多數個人電腦中硬碟轉速為每分鐘 3,600 轉、7,200 轉或 10,000 轉，有些高性能硬碟每分鐘轉速可以高達 15,000 轉（15,000 rpm），磁碟旋轉的速度是整個磁碟性能的要素。

2-3-2　SSD 硬碟

固態式硬碟（Solid State Disk, SSD）是一種新的永久性儲存技術，屬於全電子式的產品，完全沒有任何一個機械裝置，重量可以壓到硬碟的幾十分之一。SSD 主要是透過 NAND 型快閃記憶體加上控制晶片作為材料製造而成，跟一般硬碟使用機械式馬達和碟盤的方式不同，沒有會轉動的碟片，也沒有馬達的耗電需求。

SSD 硬碟除了耗電低、重量輕、抗震動與速度快外，也不會有機械式的往復動作所產生的熱量與噪音，由於完全以電壓控制的內部運作方式，自然不怕碰撞的問題。缺點是單價比一般硬碟貴約數十倍，並且一旦損壞後資料將難以修復。傳統式硬碟的最大問題是重量經常讓筆記型電腦的整體重量降不下來，因此目前許多可攜式電子產品（如 Ultrabook 系列筆電）已經不再使用傳統硬碟（HDD），改用 NAND 型快閃記憶體形成的固態硬碟（SSD）。

2-3-3　可攜式隨身碟

以 USB 為介面的隨身碟，外型相當輕巧，是使用快閃記憶體做為儲存媒介。使用者只要將它插入電腦的 USB 插座中，即可存取其中的資料內容，而且不需要將電腦重新開機或關機。現在許多外接式儲存裝置可以接在 USB 埠、Firewire、SCSI，甚至還可以直接安裝在並列埠或串列埠。

2-3-4 光碟與燒錄機

　　光碟機是電腦的基本設備，可用來讀取光碟上的各種資料，其原理主要就是利用光碟片上佈滿著「平面」（Land）與「凹洞」（Pit）。這些凹凸不平的光碟表面經過光碟機的雷射光照射後，就會產生不同的反射結果。而這些不同的反射結果，就是 0 與 1 的二進位訊息也就是資料內容。通常一般的燒錄光碟片（CD-ROM）在經過高能量的雷射光照射後，其表面的凹凸狀態即無法再次改變，而我們所常稱的光碟機多半是指 CD-ROM。接著來介紹幾種常見的光碟片：

CD 規格	特色與說明
CD-ROM 光碟	不易受到刮傷及灰塵的影響。直徑約為 12 公分，播放時間約 74 分鐘，容量約 650-720MB，就像書本後面所附的光碟，資料是無法任意刪除及重複寫入。
CD-R 光碟	CD-R 技術可以將資料寫入專用的光碟片內，可是在同樣位置只能寫入一次，但寫入後的資料是不能更改及刪除。
CD-RW 光碟	可重複寫入及抹除光碟資料的光碟片，必須使用 CD-RW 光碟燒錄器及專門燒錄軟體才可執行寫入抹除的動作，使得光碟片上資料可自由更改及刪除，使用壽命可達一仟次的範圍。
VCD 光碟	是一種壓縮過的影像格式，指的是影音光碟，可以在個人電腦或 VCD 播放器與 DVD 播放器中播放，通常 90 分鐘以上的電影需要兩片 VCD 來收錄。

　　DVD（Digital Video Disk）這種數位儲存媒介是以 MPEG-2 的格式來儲存視訊，稱為數位視頻光碟或數位影碟，外觀、大小與一般所常使用的光碟片無異，也是繼 CD 發展後的另一個數位儲存裝置的重大突破。通常一片 CD 光碟片最多只能儲存 640MB 的資料，但是若以 DVD 來儲存，其最大容量高達 17GB，相當於 26 張 CD 光碟片的容量。由於 DVD 的規格也十分多樣化，以下將為各位介紹常用的幾種：

DVD 規格	特色與說明
DVD-ROM	是一種可重複讀取但不可寫入的 DVD 光碟片。由於 DVD 光碟片的容量相當大，單張光碟即可儲存 4.7GB-17GB 以上的資料。
DVD-R	可寫入資料一次的 DVD 光碟片，其構造與 CD-R 類似，可用於高容量資料儲存，僅能進行一次的燒錄，而無法重複執行。
DVD-Video	數位影音光碟，DVD 最為大家所熟知的格式就是 DVD-Video 光碟，廣泛應用在電影領域，也就是我們使用在 DVD 光碟機所播放影片的光碟。
DVD-Audio	數位音響光碟，是一種新的音樂光碟格式，此種 DVD 光碟在單一區段內含有資料和音軌，可用來取代 CD。

DVD 規格	特色與說明
DVD-RAM	重複讀寫數位多功能光碟，DVD-RAM 是早期可複寫式的代表產品，本身具備卡匣式包裝，可允許使用隨機方式存取資料，隨時加入或刪除資料。
DVD-RW	DVD-RW 是可複寫式的 DVD，可重寫近 1000 次。這種具備可抹寫功能的 DVD 燒錄機有「DVD-RW」與「DVD+RW」兩種規格。
藍光 DVD	藍光（Blu-rayDisc, BD）DVD 是由 SONY 及松下電器所主導，用來儲存大量資料或高畫質影像新力公司（Sony）的 PlayStation3 遊戲機是以藍光為標準格式。相較於 DVD 是採用紅色雷射光，藍光光碟機採用波長 405 奈米（nm）的藍色雷射光束進行讀寫。容量區分有：25GB（單層）、50GB（雙層）、100GB（四層）、200GB（八層）四種。

2-4 輸出裝置

　　輸出裝置可以將經過電腦運算或處理過的結果顯示或列印出來，所以一般常見的輸出設備有顯示器、印表機、喇叭等。隨著資訊科技的快速進步，也帶動了輸出裝置的更新與發展，在本節中，我們將為各位詳加介紹目前最實用的相關設備。

2-4-1 螢幕

　　螢幕的主要功能是將電腦處理後的資訊顯示出來，以讓使用者瞭解執行的過程與最終結果，因此又稱為「顯示器」。螢幕最直接的區分方式是以尺寸來分類，顯示器的大小主要是依照正面對角線的距離為主，並且以「英吋」為單位，有「寬螢幕」及「非寬螢幕」兩種，寬螢幕尺寸有 17 吋、19 吋、20、22、23、24 吋及 26 吋以上，而非寬螢幕尺寸則為 15 吋以下、17 吋、19 吋。另外「螢幕」依照工作成像原理，可以區分成以下兩種：

映像管螢幕（Cathode Ray Tube, CRT）

　　映像管的工作原理與一般電視機相同，是利用電子光束打在塗滿「磷化物」的弧形玻璃上，後端則是使用陰極線圈放出的負電壓，以驅動電子槍將電子放射在弧形玻璃上而發亮顯示色彩。集合所有發光點就會在螢幕上顯示影像，映像管螢幕所佔用的空間較大且重量較重，並容易對人體有輻射影響，目前已經完全被市場淘汰了。

液晶顯示器（**Liquid Crystal Display, LCD**）

液晶螢幕中並沒有映像管，原理是在兩片平行的玻璃平面當中放置液態的「電晶體」，而在這兩片玻璃中間則有許多垂直和水平的細小電線，透過通電與不通電的動作來顯示畫面，因此顯得格外輕薄短小，而且具備無輻射、低耗電量、全平面等特性，已取代映像管螢幕，而成為市場上的主流產品。

選購液晶螢幕時，除了個人的預算考量外，包括可視角度（Viewing Angle）、亮度（Brightness）、解析度（Resolution）、對比（Contrast Ratio）、壞點等都必須列入考慮，而這與螢幕所使用面板的好壞有關，也是影響價格的主要因素，面板有 TN、VA、IPS、PLS 等主流產品，各有優缺點，其中 IPS 面板有比較好的顯色能力與高飽和度，可視角也比較大。

顯示器

圖片來源：http://www.viewsonic.com.tw/products/lcd/

> **TIPS**
>
> 近年來我們常聽見 3D 裸視技術的話題，主要是因為 3D 電影成了電影與遊戲產業近年來最熱門的話題之一。傳統上觀眾進入戲院戴上特製的眼鏡後，眼前的平面影像瞬間變成 3D 立體世界。3D 顯示的原理就是要以人工方式來重現視差，透過各種光學技術，讓眼睛產生具有「深度」的距離感，不過這種特殊的 3D 眼鏡總是讓觀眾覺得累贅，成了 3D 顯示技術推廣上的一個主要障礙。而 3D 裸視技術就可以克服這方面的困擾，它讓觀眾在不配戴任何特殊眼鏡下，得以舒服地直接以肉眼看到螢幕上 3D 立體顯示的效果，最常用的屏障式裸視（Parallax Barrier）3D 技術，原理就好像直接讓螢幕戴上一副 3D 眼鏡，而不是由視聽者來戴。

2-4-2　印表機

除了螢幕，最重要的輸出裝置便是印表機，透過印表機可以將我們辛苦處理的文件或影像的檔案列印在紙張上。一般而言，印表機分為兩大類別：撞擊式印表機及非撞擊式印表機。撞擊式印表機藉由使用撞針或撞鎚將墨水帶朝紙按下建立影像，列印品質較差但是速度快又可以同時產生副本，常用於大型企業的對內報表或薪資帳冊。非撞擊式印表機則沒有直接接觸到紙張，噪音較低。依照印表機的工作原理區分如下：

點矩陣印表機

點矩陣印表機是透過一種列印頭（print head）的機械裝置來建立影像，當從電腦接受指示，印表機能將這些針的任何一根以任何的組合方式往外推，此時列印頭便能建立文字或圖案。雖然點矩陣印表機在家庭中並不普遍，但仍廣泛使用在商業用途，例如：公司行號列印三聯式發票、密封薪資資料時，多使用此類型印表機，以 CPS（每秒列印字元）為單位。

EPSON 點矩陣印表機外觀圖

噴墨印表機

藉由精細的噴嘴直接噴灑墨水在紙上來建立圖像，彩色噴墨印表機有四個墨水噴嘴：青（藍）、洋紅（紅）、黃和黑，有時也被稱為 CMYK 印表機。由於是採用墨水自噴嘴中加壓，再將墨水噴到紙面上的方式列印，所以在列印時會比較安靜，而且速度比點陣式印表機快，同時列印品質也比較好。許多噴墨印表機可以提供相片品質的影像，因此常被用來列印數位相機所拍攝的照片。

雷射印表機

工作原理是利用雷射光射在感光滾筒上，並在接受到光源的地方，同時產生正電與吸附帶負電的碳粉，再黏到圓筒上被雷射充電的位置。然後用壓力與熱，色粉從圓筒轉移掉落在紙上，目前雷射印表機可以列印黑色與彩色，此乃利用不同顏色的碳粉混合產生多種色彩。最常見的雷射印表機其解析度在水平及垂直方向都是 300 或 600dpi，一些高檔的型別還可以找到 1200 或 1800dpi。有的商用雷射印表機列印速度每分鐘可高達43 頁，適合大量列印。

雷射印表機外觀圖

圖片來源：http://w3.epson.com.tw/epson/product/product.asp?ptp=B0&no=423

2-4-3　喇叭

好的喇叭對於遊戲的音效呈現有絕對重要的影響。喇叭主要功能是將電腦系統處理後的聲音訊號，在透過音效卡的轉換後將聲音輸出，這也是多媒體電腦中不可或缺的周邊設備。早期的喇叭僅止於玩遊戲或聽音樂 CD 時使用，不過現在通常搭配高品質的音效卡，不僅將聲音訊號進行多重的輸出，而且音質也更好，種類有普通喇叭、可調式喇叭與環繞喇叭。

ViewSonic 出品的頂級喇叭

許多喇叭在包裝上會強調幾百瓦，甚至千瓦，有些不肖的店家更會告訴您，愈高瓦數表示聽起來愈具震撼力。雖然輸出的功率（即瓦數）愈高，喇叭的承受張力也就愈大，不過一般消費者看到都是廠商刻意標示的 P.M.P.O 值，這是指喇叭的「瞬間最大輸出功率」。

3D 列印機

近年來隨著 3D 列印技術（3D printing）之普及化，已大幅降低產業研發創新成本，不但能將天馬行空的設計呈現眼前，還可快速創造設計模型，製造出各式各樣的生活用品，預期將可實現電子商務、文創設計及 3D 列印的跨界加值應用。

3D 列印技術是屬於快速成型（Rapid Prototyping, PR）技術的一種，主要原理是利用 3D 印表機將材料一層層疊加的方式來生產成型，製造出各種形狀的立體物品，稱為「積層製造」（Additive manufacturing）技術，可大幅縮短設計到製造之間的流程，做出傳統製造方法難達成的複雜形狀。

3D 列印機的銷量與 3D 列印技術已經發展得越來越成熟，除不少製造業已經開始利用這種方式生產出各種零組件外，連一般消費者也可以買到平價的 3D 列印機，而且解析度對大多數應用來說已經足夠。過去 3D 列印常在模具製造、工業設計等領域使用，然目前正逐漸用於一些高價值應用產品的直接製造，包括可應用於珠寶、汽車、航太、工業設計、建築、牙科、醫療產業、及教育領域，而這股熱潮預料引發全球性的商務與製造革命。

現在不到一萬元的價格就可買到一臺 3D 列印機

一、選擇題

( ) 1. 下列何者不是 CPU 中控制單元的功能？(A) 控制程式與資料進出主記憶體　(B) 啟動處理器內部各組件動作　(C) 讀出程式並解釋　(D) 計算結果並輸出。

( ) 2. 下列何者不屬於電腦的周邊設備？(A) 主記憶體　(B) 輔助記憶體　(C) 印表機　(D) 滑鼠。

( ) 3. 個人電腦之 CPU 部份目前不含哪一單元 (A) 控制單元　(B) 算術單元　(C) 輸出入單元　(D) 邏輯單元。

( ) 4. 電腦中負責計算的組件是 (A) 主記憶體　(B) 匯流排　(C) CPU　(D) BIOS。

( ) 5. 算術邏輯單元（ALU）運算後的結果可以被傳送到 ＿＿＿(A) 記憶單元　(B) 控制單元　(C) 輸出單元　(D) 記憶單元或輸出單元。

( ) 6. 下列何者不是中央處理單元之結構敘述？(A) 控制單元（CU）：負責協調各部門作業　(B) 算術邏輯單元（ALU）：執行算術、邏輯運算　(C) 暫存器（Resgister）：儲存狀態資訊的記憶器　(D) 次記憶體：永久儲存程式、資料。

( ) 7. 通常微電腦之主機內應含有 (A) 記憶體、印字機　(B) 中央處理單元、記憶體　(C) 記憶體、輸入 / 輸出　(D) 控制系統，輸入 / 輸出。

( ) 8. 連接主機與周邊設備之介面卡是插在何處？(A) CPU　(B) 擴充槽　(C) 主機外面　(D) 記憶單元。

( ) 9. 如果同時要將滑鼠、數據機與主機相接，以下何者是最可能的插頭組合？(A) COM1，LPT1　(B) Game Port，COM1　(C) COM1，COM2　(D) LPT1，LPT2。

( ) 10. 若要上網下載 MP3 檔案，電腦應配置下列何種設備？(A) 網路卡　(B) IEEE1394　(C) 音效卡　(D) SCSI 卡。

( ) 11. 電腦中的暫存器（Register）有許多不同的種類，下列何者不屬於暫存器之一種？(A) 程式計數器（Program Counter）　(B) 主記憶體（Main Memory）　(C) 累加器（Accumulator）　(D) 堆疊指標（Stack Pointer）。

( ) 12. CPU 必須先將要存取的位址存入何處才能到主記憶體中存取資料？(A) 指令暫存器　(B) 位址暫存器　(C) 資料暫存器　(D) 輸出單元。

( ) 13. CPU 到記憶體中取出指令至執行完成所花的時間稱 (A) 指令週期　(B) 機器週期　(C) 找尋週期　(D) 資料傳輸週期。

( ) 14. 個人電腦通常採用 80486-XX 作為 CPU，其中 XX 均以數字表示，代表可使用之最高時鐘頻率，因此數字越大者表示 (A) 與速度無關　(B) 速度越慢　(C) 速度越快　(D) 公司的產品序號。

（　）15. MIPS 為下列何者之衡量單位？(A) 記憶體之容量　(B) 處理機之速度　(C) 輸出之速率　(D) 輸入之速率。

（　）16. 通常 IBM PC 相容電腦主機板上，被用來當作外部快取記憶體的是：(A) DRAM　(B) ROM　(C) SDRAM　(D) SRAM。

（　）17. DRAM、快取記憶體、光碟、軟碟及暫存器的存取速度中，共有幾項快於硬碟的存取速度？(A) 2 項　(B) 3 項　(C) 4 項　(D) 5 項。

（　）18. 下列有關 ROM 的敘述何者正確？(A) 具揮發性　(B) PROM 可多次選入　(C) EPROM 可用電壓清除　(D) 主要儲存系統資料。

（　）19. 下列哪種軟碟機所讀取的軟碟片容量最高？(A) 5.25 吋　(B) 3.5 吋　(C) 8 吋　(D) LS-120。

（　）20. 2HD/3.5 吋磁碟片容量為 (A) 1.2 MB　(B) 1.44 MB　(C) 720KB　(D) 360 KB。

（　）21. 下列哪一種輔助記憶體無法隨機存取資料 (A) 光碟　(B) 磁碟套（組）　(C) 磁碟　(D) 磁帶。

（　）22. 磁片上之內部同心圓小於外部同心圓，則對其所儲存的資料量而言 (A) 內部同心圓大於外部同心圓　(B) 內部同心圓等於外部同心圓　(C) 外部同心圓大於內部同心圓　(D) 內部同心圓和外部同心圓所儲存的資料密度相同。

（　）23. 將磁軌上的資料旋轉到讀寫頭的時間，稱為：(A) 尋找時間　(B) 旋轉時間　(C) 安置時間　(D) 傳送時間。

（　）24. 磁片的基本儲存單位是：(A) 磁軌　(B) 磁柱　(C) 磁區　(D) 磁點。

（　）25. 硬碟結構中的系統區檔案的真實位置被完整紀錄在哪一區中？(A) 硬碟分割區　(B) 檔案配置區　(C) 根目錄區　(D) 啟動區。

二、問答題

1. 主機板上具有哪幾種記憶體？

2. 目前常見的介面標準有哪些？

3. 選購主機板有哪些考慮因素，請條列之。

4. 以目前 Pentium 4 的主機板來說，系統匯流排寬度為 64bits，頻率是 400MHZ，請問頻寬是多少？

5. 請簡述觸控式螢幕（touch screen）的工作原理。

6. RAM 如果根據用途與價格，可以有什麼樣的分類？

7. 什麼是韌體，請說明之。

8. 簡述 USB 連接埠的主要功能。

9. 常見的硬碟傳輸介面有哪幾種？

10. 簡述掃描器的工作原理，它有哪些分類。

11. 試說明 3D 列印技術的主要原理。

12. 試簡述 3D 裸視技術的基本原理。

13. 試簡述 USB 3.1 的特色。

14. 何謂 DDR（Double Data Rate）？

15. 什麼是快取記憶體（Cache）？

MEMO

03 數字系統與資料表示法

CHAPTER

對於電腦來說,所有東西都是一個數字(0或1所組成)。字母、字串和標點符號是數字,聲音和圖片是數字,甚至電腦本身的指令也是數字。那麼人類對於電腦0與1這兩個數字的定義是怎麼來的?要回答這個問題,就必須思考電腦本身是處理何種訊號?答案就是電力訊號。

電腦本身就是一堆的電路元件所形成的集合體,而0與1的區分就是電壓訊號相對的高位與低位,這是什麼意思?舉個例子來說,如果有兩種電壓訊號5伏特與-5伏特,我們就可以將5伏特標示為1,而-5伏特標示為0。

由於電腦只能處理0與1兩種資料,這就有點像是電燈泡,明亮表示為1,而不亮表示為0,這是電腦最小的儲存單位,稱之為「位元」(Bit),一個位元只可以表示兩種資料:0與1。兩個位元則可以表達四種資料,即00、01、10、11,越多的位元則表示可以處理更多的資料。

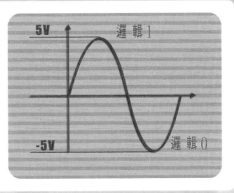

在電腦的世界中,0代表低電位,而1代表高電位

電腦最基本的儲存單位是位元

電腦真正在處理資料時,並不是以位元為單位而進行處理,而是以「位元組」(Byte)為基本的處理單位,一個位元組等於八個位元,所以可以代表 2^8=256 個資料。有了位元組,電腦可以表示 256 個不同的符號或字元的其中一種。例如:一般英文字母,數字或標點符號(如 +、−、A、B、%)都可由一個位元組來表示。當各位讀者在操作電腦時,只要按下鍵盤上的鍵,即可立刻顯示代表的字母與符號。

3-1 數字系統簡介

接下來我們先談談電腦中的數字系統，所謂數字系統（Numbering System）是一種表示數字的方法，人類慣用的數字觀念，就是以逢十進位的 10 進位來計量。許多國家都會採用十進位系統，十進位系統是由 0123456789 這幾個數字所組成，逢十進一，逢百進一。

各國家民族所使用的十進位符號與具體的事物來表示數字

不過在電腦系統中，卻是以 0、1 所代表的二進位系統為主，但是如果這個 2 進位數很大時，閱讀及書寫上都相當困難。因此為了更方便起見，又提出了八進位及十六進位系統，請看以下圖表說明：

數字系統名稱	數字符號	基底
二進位（Binary）	0,1	2
八進位（Octal）	0,1,2,3,4,5,6,7	8
十進位（Decimal）	0,1,2,3,4,5,6,7,8,9	10
十六進位（Hexadecimal）	0,1,2,3,4,5,6,7,8,9 A,B,C,D,E,F	16

3-1-1　二進位系統

電腦內部所進行的數學運算為二進位系統，只有 0 與 1 兩個數字，每兩個數目就往前進一位，如下圖所示。

二進位	十進位
0	0
1	1
10	2
11	3

二進位的加法

二進位的加法與十進位加法類似,每個位數上下對應相加,如果數目為二就往前進位,進位後與前一位相加結果數目如果為二,也是往前進一位,如下圖所示。

$$11011$$
$$+\ 01001$$
$$\overline{100100}$$

二進位轉十進位

二進位如果要轉換為十進位表示法,可參考十進位系統的做法,十進位系統若要表示 219 這個數字,可以如下表示:

$$219_{(10)}=2\times10^2+1\times10^1+9\times10^0$$

同樣的,如果要將二進位表示為十進位,例如:將 11011011(十進位 219)表示為十進位數字,則可以如下進行運算:

$$219_{(10)}=1\times2^7+1\times2^6+0\times2^5+1\times2^4+1\times2^3+0\times2^2+1\times2^1+1\times2^0$$

十進位轉二進位

要將十進位的數字轉為二進位的數字,則可以利用輾轉相除法求出每個指數的係數,我們可以先看看十進位數字是如何求出係數:

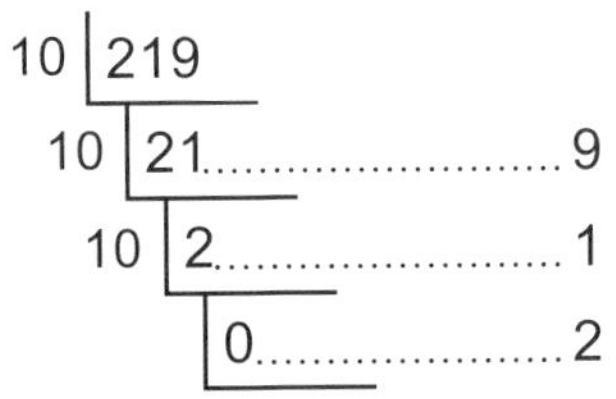

```
10 219
   10 21.....................9
      10 2.....................1
         0.....................2
```
十進位系統求指數係數

依照同樣的方法，我們可以用二進位來表示一個十進位數字，如下所示：

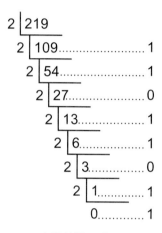

十進位轉二進位

3-1-2　八進位與十六進位系統

電腦本身可以處理二進位系統，所以瞭解二進位系統的運算是有必要的，但是二進位系統在書寫時需要較長的空間而有點不方便，因此可以將運算的結果以其他的進位系統加以表示。

除了十進位系統之外，由於電腦在運算時是以八個位元為一單位的位元組來計算，所以八進位（octal）系統也常用來與二進位系統互換；另外在一些較大的數值運算時，也會使用到十六進位（hexadecimal）系統來表示，例如：RGB 三原色就常以十六進位方式來表示，像是 FFFFFF 就表示白色。

通常為了區分不同的進位系統所表示的數字，我們習慣在數字的右下方標示所使用的進位系統，例如：$219_{(10)}$ 表示十進位，而 $333_{(8)}$ 表示八進位，以下將為您介紹這幾個進位系統：

八進位系統

八進位系統其實與十進位系統相彷，只不過是以 8 為基底，也就是只用到數字 01234567 這八個數字，超過則往前進一位，要將八進位轉為十進位也很簡單，如八進位的 333 就表示十進位的 219，計算方式如下所示：

$$219_{(10)}=3×8^2+3×8^1+3×8^0$$

十六進位系統

十六進位系統是以 16 為進位的基底，除了使用十進位系統的 0123456789 數字之外，尚使用了 ABCDEF 來表示十進位系統的 10 ～ 15 的數字，超過 16 個數字則往前進一位，所以十六進位的 F4 就表示十進位的 244，F 表示十進位的 15，其計算方式如下所示：

$$244_{(10)}=15\times16^1+4\times16^0$$

3-2 數字系統轉換

我們知道人類最習慣的數字系統是『十進位數字系統』，但是電腦只認識『二進位數字系統』，如果人類也用 0 或 1 之組合來表示資料時，不但佔了很大空間，而且不易理解。為了讓各位能理解在各個數字系統間所表達數字間的相互關係，我們有必要學習各種『數字系統』的轉換方法。常見的數字系統轉換可分為下列幾種方式：

(1) 2、8、16 進位轉成 10 進位。
(2) 10 進位轉成 2、8、16 進位。
(3) 2 進位轉成 8、16 進位。
(4) 8、16 進位轉成 2 進位。

前面已談過如何將 2、8、16 進位轉成 10 進位，底下將針對其他三種數字系統的轉換，作進一步的介紹。

3-2-1 10 進位轉成 2、8、16 進位

如果要將十進位整數部份變換成二進位，我們以範例來為各位說明。

將 126_{10} 換算成二進位

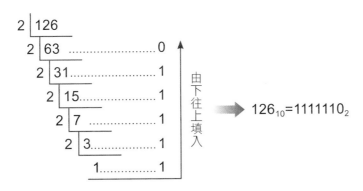

　　同理，如果要將十進位整數部份變換成八進位，其方法與過程相當類似，我們仍以同樣範例來示範說明：

將 126_{10} 換算成八進位

$$
\begin{array}{r}
8 \enclose{longdiv}{126} \\
8 \enclose{longdiv}{15} \cdots\cdots\cdots 6 \\
1 \cdots\cdots\cdots 7
\end{array}
$$

由下往上填入 　➡　 $126_{10} = 176_8$

十進位轉換成十六進位，作法和上面兩種相同，如下所示：

$$
\begin{array}{r}
16 \enclose{longdiv}{126} \\
7 \cdots\cdots\cdots 14
\end{array}
$$

由下往上填入 　➡　 $126_{10} = 7E_{16}$

3-2-2　2 進位轉成 8、16 進位

　　如果要將二進位變換成十六進位，其方法與轉換規則如下：

Step 1　將二進位的數字，以小數點為基礎點，小數點左側的整數部份由右向左，每四位打一逗點，不足四位則請在其左側補足 0；小數點右側的小數部份由左向右，每四位打一逗點，不足四位則請在其右側補足 0。

Step 2　將步驟 1 中的每四位二進位數字，換成十六進位數字，即成十六進位制。

　　我們以範例來為各位說明。將 100110101011.0101001 換算成十六進位

$$1001,1010,1011.0101,001$$

‖ 依上述原則補 0, 4 個 4 個一組

$$1001 \quad 1010 \quad 1011.0101 \quad 001$$

‖ 分別轉換成 16 進位

$$9AB.52$$

　　如果要將二進位變換成八進位，其方法與轉換規則如下：

Step 1　將二進位的數字，以小數點為基礎點，小數點左側的整數部份由右向左，每三位打一逗點，不足三位則請在其左側補足 0；小數點右側的小數部份由左向右，每三位打一逗點，不足三位則請在其右側補足 0。

Step 2 將步驟 1 中的每三位二進位數字，換成八進位數字，即成八進位制。

我們以同樣範例為各位示範說明。將 100110101011.0101001 換算成八進位

$$100,110,101,011.010,100,1$$

‖ 依上述原則補 0, 3 個 3 個一組

$$100 \quad 110 \quad 101 \quad 011. \quad 010 \quad 100 \quad 100$$

‖ 分別轉換成 8 進位

$$4653.244$$

3-2-3　8、16 進位轉成 2 進位

如果要將八進位變換成二進位，其轉換規則是只要將每位八進位數字，換成三位二進位數字即可。同理要將十六進位變換成二進位，轉換規則是只要將每位十六進位數字，換成四位二進位數字即可。例如：將 7364_8 換算成二進位，其結果為 111 011 110 100_2。

3-3　數值資料表示法

一般在電腦中的資料，大致可以區分為文字資料與數值資料兩種。如果從程式語言的角度來考量，數值資料還可以細分為短整數（Short Integer）、長整數（Long Integer）、單精度浮點數（Single Float）、倍精度浮點數（Double Float）等等；而文字資料，則還可以區分為字元、字串等等。如下圖所示：

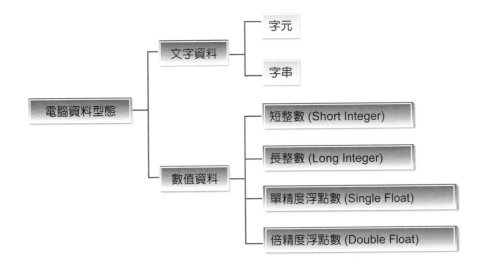

3-3-1　認識補數

文字資料的表示法在上節中已經說明，接下來要來介紹數值資料。於電腦中的數值資料，使用二進位系統雖然可以正確地表示整數與小數部分，但是僅僅限於正數部分，而無法表示負數。通常電腦中的負數表示法，多半是利用「補數」的概念。

「補數」，是指兩個數字加起來等於某特定數（如十進位制即為 10）時，則稱該二數互為該特定數的補數。例如：3 的 10 補數為 7，同理 7 的 10 補數為 3。對二進位系統而言，則有 1 補數系統和 2 補數系統兩種，敘述如下：

1 補數系統（1's Complement）

「1 補數系統」是指如果兩數之和為 1，則此兩數互為 1 的補數，亦即 0 和 1 互為 1 的補數。也就是說，打算求得二進位數的補數，只需將 0 變成 1，1 變成 0 即可；例如：0101010_2 的 1 補數為 10100101_2。

2 補數系統（2's Complement）

「2 補數系統」的作法則是必須事先計算出該數的 1 補數，再加 1 即可。

3-3-2　負數表示法

補數在電腦中的主要應用，是用於負數及減法運算。至於談到電腦內部的常用負數表示法，主要有「帶號大小值法」、「1 的補數法」及「2 的補數法」三種，而數字的最左邊位元則代表正負號。分別介紹如下：

帶號大小值法（Sign Magnitude）

若用 N 位元表示一個整數，最左邊一位元代表正負號，其餘 N-1 位元表示該數值，則此數的變化範圍在 $-2^{N-1}-1 \sim +2^{N-1}-1$。如果是以 8 個位元來表示一個整數，則最大的整數為 $(01111111)_2=127$，而最小的負數 $(11111111)_2=-127$。而 0 的表示法有 $(0000000)_2$ 或 $(1000000)_2$。

1's 補數法（1's Complement）

最左邊的位元同樣是表示正負號，它的正數表示法和帶號大小值法完全相同，當表示負數時，由 0 變成 1，而 1 則變成 0，並得到一個二進位字串。例如：我們使用 8 個位元來表示正負整數，那麼 $9=(00001001)_2$，則其「1's 補數」即為 11110110。不過這種表示法對於 0 的表示法還是有兩種，即 $+0=(00000000)_2$，$-0=(11111111)_2$，運算成本低。

2's 補數法（2's Complement）

最左邊的位元還是符號表示位元，正數的表示法則與帶號大小值法相同，但負數的表示法是用 1's 補數法求得，並在最後一位元上加 1。基本上，「2's 補數法」的做法就是把「1's 補數法」加 1 即可。例如：9=(00001001)$_2$ 的「1's 補數」為 (11110110)$_2$，其「2's 補數」則為 (11110111)$_2$。由於使用「2's 補數法」的處理流程最為簡單，而且運算成本最低，至於末端進位，可直接捨去不需加 1，並且 0 的正負數表示法只有一種，這也是目前電腦所採用的表示法。

3-3-3 浮點數表示法

浮點數就是包含小數點的指數型數值表示法，或稱為「科學符號表示法」。而浮點數表示法的小數點位置則取決於精確度及數值而定，另外不同電腦型態的浮點數表示法也有所不同。想要表示電腦內部的浮點數必須先以正規化（Normalized Form）為其優先步驟。假設一數字 N 能化成以下格式：

N=0.F*b^e，其中

        F：小數部份

        e：指數部份

        b：基底

3-4 文字表示法

「文字」是最早出現的媒體型式，人們利用文字來傳遞或交換訊息，像是書信往返就是一個明顯的例子。後來在進入資訊化社會以後，開始將平常在紙張上書寫的文字內容輸入到電腦中，好讓電腦來協助處理這些文字媒體。通常在電腦中輸入文字，都是透過鍵盤將所輸入的字元、數字或符號逐一轉換成相對應的內碼後才呈現出來，這就是編碼系統（Encoding System）的由來。

3-4-1 編碼系統

由於早期的電腦系統是發源於美國，因此最初的編碼系統就是源自於此。早期的程式設計師瞭解到他們需要標準的文字編碼，一套他們都認同的系統，在這個系統中，以二進位數字表示字母表上的字母、標點符號和其他符號。因此必須加以一對一編號或對應到一組位元圖（Bit Pattern）才得以辨識，這就是編碼系統（Encoding System）的由來。

ASCII 碼

由於美國所使用的是英文，英文是屬於拼音文字，由 26 個字母所組成，考慮大小寫、標點以及一些其他的符號，加起來也不過就一百多個，所以只要使用 7 個位元就可以表示所有的符號（$2^7=128$），這就是大家所熟悉的 ASCII（American Standard Code for Information Interchange）編碼系統，也稱為「美國標準資訊交換碼」，是目前最普遍的編碼系統。

ASCII 採用 8 位元表示不同的字元，最左邊為核對位元，故實際上僅用到 7 個位元表示。例如：0 ～ 9 表示阿拉伯數字，65 ～ 90 表示大寫英文字母，97 ～ 122 表示小寫英文字母。

ISO8859

對於歐洲的國家來說，使用 7 個位元的編碼系統並不足以代表所有的文字與符號，因為它們的語言中多了許多特殊字母與標示，因此將原來只有 7 個位元的編碼系統改為 8 個位元，這就是 ISO8859 編碼標準，為了與原先的編碼系統相容，0 ～ 127 的編碼與 ASCII 相同，而之後則依照他不同的國家語系而有所不同。

3-4-2　中文編碼

由於亞洲地區的文字並不是拼音文字，因此 8 位元的編碼系統到了亞洲地區，已不足以容納亞洲地區所有的文字符號，亞洲語文系統的基本文字符號都遠超過 256 個，以中文字而言，常用的中文字就有 5000 多個。Big-5 碼成為繁體中文電腦的編碼依據，一般俗稱為「大五碼」。

Big-5 碼使用兩個位元組來組合成為一個中文字或符號，因此又稱之為雙位元組編碼，兩個位元組的組合可以表現更多的文字符號，為了和 ASCII 碼不相衝突，Big-5 碼分為兩個部份，讓前一個位元組為高位元，第二個位元組為低位元。因為 Big-5 碼的組成位元數較多，相對地字集中也包含了較多的字元，在 Big-5 碼的字集中包含了 5401 個常用字、7652 個次常用字，以及 408 個符號字元，可以編出約一萬多個中文碼。

至於在大陸所使用的簡體中文，則是 GB 編碼格式，又稱為國標碼，由中華人民共和國國家標準總局發佈，1981 年 5 月 1 日實施，共收集了 7445 個圖形字符，其中有 6763 個漢字和各種符號 709 個。例如：在瀏覽網頁時，如果這些文字內碼無法適當地進行轉換，那麼網頁就會顯示成亂碼的模樣。

3-4-3　Unicode 碼

由於全世界有許多不同的語言，甚至於同一種語言（如中文）都可能有不同的內碼，因此我們還要特別介紹一種萬國碼技術委員會（Unicode Technology Consortium, UTC）所制定做為支援各種國際性文字的 16 位元編碼系統 - Unicode 碼（或稱萬國碼）。在 Unicode 碼尚未出現前，並沒有一個編碼系統可以包含所有的字元，例如：單單歐洲共同體涵蓋的國家，就需要好幾種不同的編碼系統來包括歐洲語系的所有語言。

尤其不同編碼系統可能使用相同的數碼（digit）來表示相同的字元，這時就容易造成資料傳送時的損壞。Unicode 碼的最大好處就是對於每一個字元提供了一個跨平台、語言與程式的統一數碼，它的前 128 個字元和 ASCII 碼相同，目前可支援中文、日文、韓文、希臘文…等國語言，同時可代表總數達 2^{16}=65536 個字元，因此您有可能在同一份文件上同時看到日文與泰文。

3-4-4　可攜式電子化文件（PDF）

在不同的軟體或作業系統間，文件檔案常會因為軟體的不同或作業系統的不同，在格式上而有所不同，因此常會發生不同軟體間無法直接相通，必須透過檔案的格式轉換才可以正常讀取。

例如：各位在執行文書處理時，應該有注意到有些 doc 文件檔，在不同版本的軟體中開啟，會產生文件的外觀不盡相同，例如：文字的位置跑掉、或是產生奇怪的亂碼。

因此必須有一套作法可以有效解決軟體間的轉換問題，或是解決跨平台的問題。奧多比（Adobe）公司於 1996 年提出 PDF（Portable Document Format）電子化文件格式，此種「可攜式電子文件」，可以成功解決上述軟體間及跨平台的文件轉換難題。為了有利於 PDF 格式的推廣工作，Acrobat Reader 成為一套免費下載使用的共享軟體。此外，在奧多比公司的官方下載網頁中，也針對不同的作業平台與語言環境，提供不同的版本與操作介面，讓使用者依照自身的需求，選擇性地下載正確的程式。

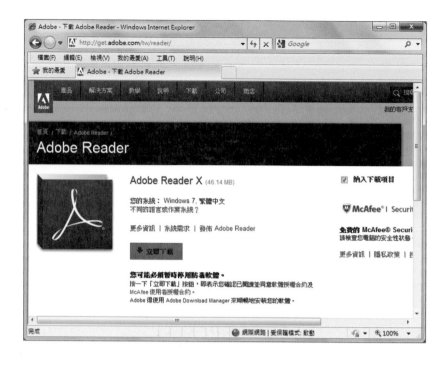

3-5　影像表示法

　　日常生活中隨處可見的照片、圖片、海報，還有電視畫面等，都可以算是影像的一種。而影像數位化是現代多媒體系統的重點，例如：將圖片或照片等資料，利用電腦與周邊設備（如掃描器、數位相機）將其轉換成數位化資料。

電腦處理後的照片、圖片、海報

3-5-1 數位影像種類

現代影像處理技術主要是用來編輯、修改與處理靜態圖像，以產生不同的影像效果。電腦螢幕的顯像是由一堆像素（pixel）所構成。像素（pixel）是螢幕畫面上最基本的構成粒子，每一個像素都紀錄著一種顏色。而解析度則是決定影像品質與密度的重要因素，通常是指每一英吋內的像素粒子密度，密度愈高，影像則愈細緻，解析度也越高。

一般我們所說的螢幕解析度為 1024x768 或是畫面解析度為 1024x768，指的便是螢幕或畫面可以顯示寬 1024 個點與高 768 個點。螢幕上的顯示方式如下圖所示。

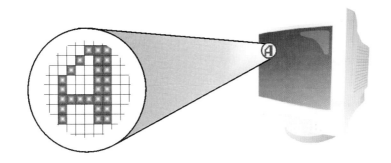

常見的數位影像種類可分為點陣圖與向量圖兩種，分別介紹如下：

點陣圖（Bitmap Graphics）

點陣圖就是由點所組成，這些超微細的點都代表著一個單一的像素，將這些點組合起來就是一個完整的圖；這種類的圖在放大時會將像素之間的空隙暴露出來，也就是所謂的失真。例如：PhotoShop、PhotoImpact、小畫家等，即為此類型軟體。

點陣圖放大後會產生某種程度的失真現象

向量圖（Vector Graphics）

　　向量圖是一種將圖形以數學函數的方式儲存，而表現於外的圖形，所以這類型的圖案無論放大的倍數多大，都能保留其原樣，再加上它所佔用的檔案儲存空間很小，非常適用於網頁動態的製作上，例如：Flash 動畫或 Coreldraw 軟體，不過無法表示精緻度較高的圖案。

向量圖放大時，圖形仍保持平滑的線條

3-5-2　顏色模型

　　顏色模型就是電腦上影像的顏色顯示方式，一般多媒體作品所使用的顏色模式是 RGB 模式，也就是螢幕上的每一個像素顏色都是根據 R（紅光）、G（綠光）、B（藍光）三色光的光線強度分配比重不同而產生不同的顏色，又因每一種色光都有 256 種強弱不同的變化（2^8），所以總共可以顯示 2^{24} 種顏色，也稱為 24 位元全彩影像。例如：在電腦、電視螢幕上展現的色彩，或是各位肉眼所看到的任何顏色，都是選用「RGB」模式。

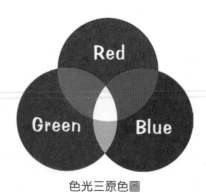

色光三原色圖

　　除了 RGB 顏色模式外，也還有其他的顏色模型，如下說明：

CMYK 色彩模式

所謂色料三原色，則為洋紅色（Magenta）、黃（Yellow）、青（Cyan）。至於 CMYK 色彩模式是由 C 是青色，M 是洋紅，Y 是黃色，K 是黑色，進行減法混色所形成，將此三色等量混合時，會產生黑色光。CMYK 模式是由每個像素 32 位元（4 個位元組）來表示，也稱為印刷四原色，屬於印刷專用，適合印表機與印刷相關用途。由於 CMYK 是印刷油墨，所以是用油墨濃度來表示，最濃是 100%，最淡則是 0%。一般的彩色噴墨印表機也是這四種墨水顏色。

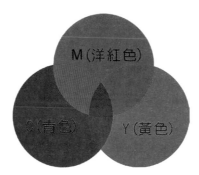

色料三原色示意圖

HSB 色彩模式

HSB 模式是 RGB 及 CMYK 的一種組合模式，它是以人眼對色彩的觀察來定義。在此模式中，所有的顏色都用 H（色相，Hue）、S（飽和度，Saturation）及 B（亮度，Brightness）來代表，在螢幕上顯示色彩時會有較逼真的效果。所謂色相是表示顏色的基本相貌或種類，也是區隔顏色間最主要最基本的特徵，而明度則是人們視覺上對顏色亮度的感受，通常以 0%（黑）到 100%（白）的百分比來度量，至於飽和度是指顏色的純度、濃淡或鮮艷程度。

3-5-3 影像圖檔格式

當影像處理完畢，準備存檔時，常針對不同軟體的設計，選取合適的圖檔格式。不過由於影像檔案的容量都十分龐大，尤其在目前網路如此發達的時代，經常會事先經過壓縮處理，再加以傳輸或儲存。接著我們來更深入介紹常見的影像圖檔格式。

bmp

bmp 格式是 Windows 系統之下的點陣圖格式，屬於非壓縮的影像類型，所以不會有失真的現象，大部份的影像繪圖軟體都支援此種格式。而且此格式支援 RGB 全彩顏色、256 色的索引色以及 256 色的灰階等色彩模型。

JPEG

JPEG（Joint Photographic Experts Group）是由全球各地的影像處理專家所建立的靜態影像壓縮標準，可以將百萬色彩（24-bit color）壓縮成更有效率的影像圖檔，副檔名為 .jpg，由於是屬於破壞性壓縮的全彩影像格式，採用犧牲影像的品質來換得更大的壓縮空間，所以檔案容量比一般的圖檔格式小，也因為 jpg 有全彩顏色和檔案容量小的優點，所以非常適用於網頁及在螢幕上呈現的多媒體。

含有較多漸層色調的影像，適合選用 JPEG 格式

GIF

GIF 是屬於 256 色的索引色格式，是目前網際網路上最常使用的點陣式影像壓縮格式，副檔名為 .gif，支援透明背景圖與動畫。檔案本身有一個索引色色盤來決定影像本身的顏色內容，適合卡通類小型圖片或按鈕圖示。

簡單的色塊、線條最適合使用 GIF 格式，可降低檔案尺寸

TIF

副檔名為 .tif，為非破壞性壓縮模式，支援儲存 CMYK 的色彩模式與 256 色，能儲存 Alpha 色版。其檔案格式較大，常作為不同軟體與平台交換傳輸圖片，為文件排版軟體的專用格式。

PCX

PCX 格式支援 1 位元，最多 24 位元的影像，它的影像是採用 RLE 的壓縮方式，因此不會造成失真的現象。

3-6 音訊表示法

從各位早上起床開始，整天的生活中就充滿了各式各樣的聲音，聲音是由物體振動造成，並透過如空氣般的介質而產生的類比訊號，也是一種具有波長及頻率的波形資料，也稱為音訊。以物理學的角度而言，可分為音量、音調、音色三種組成要素。其中音量代表聲音的大小，音調是發音過程中的高低抑揚程度，可以由阿拉伯數字的調值表示，而音色代表聲音特色，就是聲音的本質和品質，或不同音源間的區別。

3-6-1 語音數位化

通常資料的傳送訊號可分成「數位」與「類比」兩種。「數位」就如同電腦中階段性的高低訊號，而「類比」則是一種連續性的自然界訊號（如同人類的聲音訊號）。如下圖所示：

類比訊號　　　　數位訊號

每次量測到的資料，都以二進位的數值加以紀錄，這樣的資料稱之為「數位」（Digital）資料，而原來連續的訊號則稱之為「類比」資料，由於所得到的資料是不連續的，因此取樣之後的資料一定會與原來的訊號有所不同，這稱之為「失真」（Distortion）。各位身邊可見的一個例子就是錄音帶與音樂 CD 的差別，錄音帶中的資料就是屬於類比資料，而音樂 CD 中的資料則是屬於數位資料。

所謂語音數位化，則是將類比語音訊號，透過取樣、切割、量化與編碼等過程，將其轉為一連串數字的數位音效檔。數位化的最大好處是方便資料傳輸與保存，使資

料不易失真。由於聲音的類比訊號進入電腦中必須要先經過一個取樣（sampling）的過程才能轉成數位訊號，而這就和取樣頻率（sample rate）和取樣解析度（sample resolution）有密切的關聯。

取樣

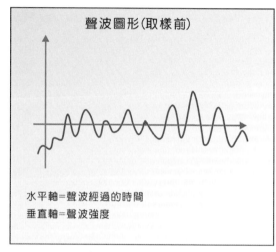

聲波圖形（取樣前）

　　將聲波類比資料數位化的過程，由於利用數字來表示的聲音是斷斷續續的，所以將模擬訊號轉換成數字訊號的時候，就會在模擬聲音波形上每隔一個時間裡取一個幅度值，這個過程我們稱之為「取樣」。通常會產生一些誤差，取樣也分為單聲道（單音）或雙聲道（立體聲）。

取樣頻率

　　在取樣的過程中，這段間隔的時間我們就稱它為「取樣頻率」，也就是每秒對聲波取樣的次數，以赫茲（Hz）為單位。市面上的音效卡取樣頻率有 8KHz、11.025KHz、22.05KHz、16KHz、37.8KHz、44.1KHz、48KHz 等等，而這個取樣的頻率值越大，則聲音的失真就會越小。常見的取樣頻率可分為 11KHz 及 44.1KHz，分別代表一般聲音及CD 唱片效果，而現在的錄音技術，DVD 的標準則可達 96 KHz 以上。

取樣解析度

　　取樣解析度（sampling resolution）代表儲存每一個取樣結果的資料量長度，以位元為單位，也就是要使用多少硬碟空間來存放每一個取樣結果。如果音效卡取樣解析度為8 位元，則可將聲波分為 2^8=256 個等級來取樣與解析，而 16 位元的音效卡則有 65536種等級。如下圖中切割長條形的密度為取樣率，而長條形內的資料量則為取樣解析度：

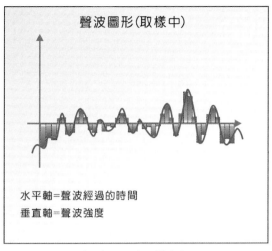

聲波圖形（取樣中）

　　就像各位常聽的 CD 音樂，取樣率則為每秒鐘取樣 44100 次（44.1KHz），取樣解析度為 16 位元（共有 2^{16}=65536 個位階）。例如：CD 音樂光碟上儲存 1 秒的聲音共有 44100 筆，每筆有 16 位元，因此資料量是：

$$44100 \times 16 = 705600 \text{bps} = 705.6 \text{kbps}$$

　　下圖則是將代表聲波的紅色曲線拿掉，內容所表示的長條圖數值就是轉換後數位音效的資料：

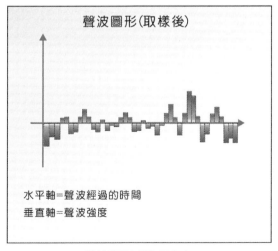

聲波圖形（取樣後）

3-6-2　常用音效檔案格式

數位音效的音效檔案格式有許多種，不同的音樂產品有不同格式。例如：遊戲中所使用的音效檔案是以 Wave 格式與 Midi 格式為主。以下是常用的音效檔案格式介紹：

WAV

為波形音訊常用的未壓縮檔案格式，也是微軟所制定的 PC 上標準檔案。以取樣的方式，將所要紀錄的聲音，忠實的儲存下來。其錄製格式可分為 8 位元及 16 位元，且每一個聲音又可分為單音或立體聲，是 Windows 中標準語音檔的格式，可用於檔案交流的音樂格式，而檔案相當大，一首歌約 45MB。

MIDI

MIDI 為電子樂器與電腦的數位化界面溝通的標準，是連接各種不同電子樂器間的標準通訊協定。優點是資料的儲存空間比聲波檔小了很多，不直接儲存聲波，而是儲存音譜相關資訊，且樂曲修改容易。不過難以使每台電腦達到一致的播放品質，這也正是使用 MIDI 檔的缺點。

MP3

MP3 是一種破壞性音訊壓縮格式，全名為 MPEG Audio Layer 3，係由 MPEG（Moving Pictures Expert Group）這個團體研發的音訊壓縮格式。也就是採用 MPEG-1 Layer 3（MPEG-1 的第三層聲音）來針對音訊壓縮格式所製造的聲音檔案，可以排除原始聲音資料中多餘的訊號，並能讓檔案大量減少。使用 MP3 格式來儲存，容量大約只有 WAV 格式的十分之一，而音質僅略低於 CD Audio。

AIF

AIF 是 Audio Interchange File Format 的縮寫，為蘋果電腦公司所開發的一種聲音檔案格式，主要應用在 Mac 的平台上。

CDA

音樂 CD 片上常用的檔案格式，是 CD Audio 的縮寫，由飛利浦公司訂製的規格，要取得音樂光碟上的聲音必須透過音軌抓取程式做轉換才行。

3-7 視訊表示法

　　視訊，就是會動的影片，是由一連串些微差異的實際影像組成，當快速放映時，利用視覺暫留原理，影像會產生移動的感覺。例如：從電影、電視或是錄影機中所播放出來的內容，皆屬於視訊的一種。視訊資料來源在傳統上是透過攝影機將鏡頭捕捉的畫面儲存到膠卷或是磁帶中，並經過適當的裝置將內容播放出來。

3-7-1 視訊型態

　　視訊的型態可以分為兩種：一種是類比視訊，例如：電視、錄放影機、V8、Hi8 攝影機所產生的視訊；另一種則為數位視訊，例如：電腦內部由 0 與 1 所組成的數位視訊訊號（signal），分述如下：

類比視訊

　　類比視訊的訊號傳輸是利用有線或無線的方式來進行傳送。所謂類比訊號是一種連續且不間斷的波形，藉由波的振幅和頻率來代表傳遞資料的內容。不過這種訊號的傳輸會受傳輸介質、傳輸距離或外力而產生失真的現象。傳統類比視訊規格可分為 NTSC、PAL 及 SECAM 三大類型，分別適用於不同的國家及地區，如下表所示：

規格名稱	掃描線數	畫面更換頻率（畫格）	採用地區
NTSC	525	30 fps	美國、台灣、日本、韓國 所採用的視訊規格。
PAL	625	25 fps	為 歐洲國家、中國 、香港 等地所採用的視訊規格。
SECAM	625	25 fps	為法國、東歐、蘇聯及非洲國家採用的視訊規格。

數位視訊

　　數位視訊是以視訊訊號的 0 與 1 來紀錄資料，這種視訊格式比較不會因為外界的環境狀態而產生失真現象，不過其傳輸範圍與介面會有其限制。例如：數位電視（Digital TV, DTV）就是一種新的無線電視科技，只要它的文字或影像屬於數位訊號，就能歸類為數位電視。

　　無線電視數位化是世界潮流，目前世界各國的電視系統已逐漸淘汰類比訊號電視系統，美國從 2009 年開始推行數位電視，我國則在 2012 年 7 月起台灣 5 家無線電視中午

正式關閉類比訊號，完成數位轉換。數位電視播出方式可分為高畫質數位電視（HDTV）及標準畫質數位電視（SDTV），HDTV 解析度為 1920*1080，SDTV 解析度為 720*480。

目前全球數位電視的規格系統：分別為美國 ATSC（Advanced Television Systems Committee）、歐洲 DVB-T（Digital Video Broadcasting）及日本 ISDB-T（Integrated Services Digital Broadcasting），台灣數位電視系統則是採用歐洲 DVB-T 系統。

3-7-2　常見視訊檔案格式

視訊壓縮與一般影像或音訊的最大不同之處，在於必須要求更高的壓縮比例，因此針對視訊必需有更進一步的壓縮技術才行。相信各位對於視訊壓縮有了基本認識後，常用的視訊播放規格，分述如下：

MPEG

MPEG 是一個協會組織（Motion Pictures Expert Group）的縮寫，專門定義動態畫面壓縮規格，是一種圖像壓縮和視訊播放的國際標準，並運用較精緻的壓縮技術，可使用於電影、視訊及音樂等。在目前市場上，MPEG 檔的最大好處在於其檔案較其他檔案格式小許多，MPEG 的動態影像壓縮標準分成幾種，例如：MPEG-1 用於 VCD 及一些視訊下載的網路應用上。

MPEG-2 相容於 MPEG-1，除了做為 DVD 的指定標準外，1993 年推出更先進壓縮規格，較原先 MPEG-1 解析度高出一倍，還可用於為廣播、視訊廣播。至於 MPEG-4 規格畫面壓縮比較高，其壓縮率是 MPEG-2 的 1.4 倍，影像品質接近 DVD，同樣是影片檔案，以 MP4 錄製的檔案容量會小很多，所以除了網路傳輸外，目前隨身影音播放器或手機，都是以支援此種格式為主。

MPEG-7 並不是一個視訊壓縮編碼方法，也不依賴其他 MPEG 標準，而是一個多媒體影音資料內涵的描述介面（Multimedia Content Description Interface），其中包含了更多的多媒體數據類型。MPEG-21 的正式名稱是「多媒體框架」，是個還在陸續發展中的新標準，期望能將不同的協議、標準和技術等融合一起，為未來多媒體的應用與資源需要提供一個完整的平臺。

AVI

Audio Video Interleave，音頻視訊交叉存取格式，是由微軟所發展出來的影片格式，也是目前 Windows 平台上最廣泛運用的格式。它可分為未壓縮與壓縮兩種，一般來講，網路上的 AVI 檔都是經過壓縮，若是未壓縮的 AVI 檔則檔案容量會很大。

DivX

由 Microsoft MPEG-4v3 修改而來，使用 MPEG-4 壓縮演算法，最大的特點就是高壓縮比和清晰的畫質，更可貴的是 DivX 對電腦系統要求也不高。

RA

這由 RealNetwork 公司所發展的 Real Audio 格式，副檔名為 .ra，特點是可以在較低的頻寬下提供優質的音質讓使用者透過線上聆聽。各位可以從網路上下載一個多媒體音訊檔案，然後使用 Real player 來播放。目前網路有 RealPlayer 及 RealPlayer G2 兩種版本可下載，前者為免費軟體，後者則是試用版，可至 http://www.real.com/international/ 下載。

WMV

WMV（Windows Media Video）格式是微軟所制定的影片格式，特點是檔案小，有利於網路上的即時傳送播放，具有邊下載邊播放的特性，當進行線上轉播時，若有良好的頻寬，將可達到接近 DVD 品質的視訊效果。

新媒體的發展

三立新聞網是全台第一個結合電視與網路的新媒體平台

新媒體（New Media）是目前相當流行的新興傳播形式，相對於如電視、電台廣播、報紙雜誌等傳統媒體，在形式、內容、速度及類型都產生了根本上的變化。在網路如此發達的數位時代，很難想像沒有手機，不能上網的生活如何打發，尤其是行動用戶增長強勁，現在觀看傳統電視、閱讀報紙的人數正急速下滑，消費者不斷加速腳步投入社群平台和新媒體的懷抱。

新媒體最重要是結合了電腦與網路新科技，讓使用者能有完善分享、娛樂、互動與取得資訊的平臺，因為他們不只可以瀏覽資訊，還能在網路上集結社群，發表並交流彼此想法，包括目前炙手可熱的臉書、推特、app store、行動影音、網路電視（IPTV）等都可以算是新媒體的一種。

隨著新媒體技術的快速發展，新媒體本身型態與平台也一直在快速轉變，過去的媒體通路各自獨立，未來的新媒體通路必定互相交錯，媒體經營的未來方向必須從獨霸一方轉變為面面俱到，將手機、平板、電腦、Smart TV 等各種裝置都看成是新興通路，滿足消費者隨時隨地都能閱聽的習慣，使得新媒體的影響力延伸到每一個角落。

課後評量

一、選擇題

( ) 1. 下列有關〝資料表示法〞的敘述，何者不正確？ (A) $(B2)_{16}$ = $(262)_8$ (B) 個人電腦中數字及文字的表示法是使用 EBCDIC 碼 (C) 為了檢查資料是否正確可以加入同位核對位元（Parity Check Bit） (D) 二進位的表示法中，有「1 的補數」及「2 的補數」等兩種表示法。

( ) 2. 大多數中文系統用 2Bytes 而非 1Byte 來代表一個中文字，以下敘述中何者是合理的原因？ (A) 1Bytes 只能表示 256 個中文字，而 2Bytes 可表示 65536 個中文字 (B) 2Byte 中，用 1Byte 放字型，另外 1Byte 放注音 (C) 中文字型大小為 16x16 而非 8x8 (D) 電腦處理 2Bytes 中文比處理 1Byte 中文的速度快。

( ) 3. 若某電腦系統以 8 位元表示一個整數，且負數採用 2 的補數方式表示，則 $(10010111)_2$ 換為十進位，結果應為？ (A) 149 (B) 116 (C) -106 (D) -105。

( ) 4. 以 8 位元表示一整數，若用 2 的補數表示負數，則表示範圍是 (A) -127 ～ 128 (B) -128 ～ 127 (C) -127 ～ 127 (D) -128 ～ 128。

( ) 5. 以 8 位元表示一整數，若採用 1 的補數表示負數，則其表示範圍是 (A) -128 ～ 127 (B) -127 ～ 128 (C) -127 ～ 127 (D) -128 ～ 128。

( ) 6. 有關補數的敘述，下列何者是錯誤的？ (A) 十進位 167 的 9 的補數為 832 (B) 十進位 168 的 10 的補數為 832 (C) 二進位 1001 的 2 的補數為 0110 (D) 4 位元的 2 的補數表示法，其數範圍為 -8 到 +7。

( ) 7. 十六進位 $(75)_{16}$+$(58)_{16}$ =(A) 133 (B) D3 (C) CD (D) AB。

( ) 8. $(EB8)_{16}$、$(96)_{10}$ 與 $(X)_2$ 分別表示十六進位制、十進位制與二進位制的數值，若 $(8EB)_{16}$ + $(96)_{10}$ = $(X)_2$，則 X = ？ (A) 101100110010 (B) 110100110110 (C) 111100011000 (D) 111100101111。

( ) 9. $8A_{(16)}$-$78_{(10)}$+$101010_{(2)}$=(A) $64_{(8)}$ (B) $66_{(8)}$ (C) $100_{(8)}$ (D) $146_{(8)}$。

( ) 10. 下列運算式中，何者的值最大 (A) $(101001-10010)_2$ (B) $(66-57)_8$ (C) $(101-94)_{16}$ (D) $(3C-34)_{16}$。

( ) 11. 下列哪一個數值與 $(62.3)_8$-$(36.5)_8$ 的運算結果相同？ (A) $(23.6)_8$ (B) $(25.8)_8$ (C) $(25.8)_{10}$ (D) $(26.0)_8$。

( ) 12. 哪一個不是影像處理的優點所在？ (A) 適合修飾照片 (B) 能製作較真實的照片 (C) 簡化了影像修改的處理程序 (D) 能輕易產生兩張一模一樣的圖片。

( ) 13. 只存圖形大、方向、位置等資訊是哪種圖的格式？ (A) 點陣圖 (B) 向量圖 (C) 統計圖 (D) 以上皆是。

( ) 14. 大部份數位相機拍攝的照片，可利用下列哪一種軟體加以編修？ (A) WinZip (B) Excel (C) PhotoImpact (D) Access。

( ) 15. 下列何者是向量式影像檔案格式？ (A) BMP (B) AI (C) GIF (D) JPEG。

( ) 16. 若有一種影像是以 6bits 來紀錄顏色，最多可以紀錄幾種顏色？ (A) 512 (B) 256 (C) 128 (D) 64。

( ) 17. 在 RGB 彩色模式中，將紅、綠、藍三色以色彩強度（255, 255, 255）混合，所得顏色為何？ (A) 白 (B) 黑 (C) 黃 (D) 紫。

( ) 18. 下列何者不是影像處理軟體(A) PhotoImpact (B) PhotoDraw (C) Word (D) PhotoShop。

( ) 19. 下列哪一個檔案格式屬於動態圖形檔案？ (A) .cgm (B) .bmp (C) .gif (D) .jpg。

二、問答題

1. 請計算以下結果：

   (1) 將二進位數 10011 加上二進位數 101，其結果應為何？

   (2) 請問十六進位 $(25)_{16}+(8A)_{16}$ 之結果？

   (3) 請問十六進位 $(4638)_{16}-(2BCA)_{16}$ 之結果 ？

   (4) 請問 $(0776)_{8}+(1657)_{8}$ 之結果 ？

2. 某一電腦系統以 8 位元表示整數，負數以 2 的補數表示，則 -78 應為何？

3. 設一電子計算機系統〝2 的補數〞代表負數值，請問在此系統中 $(010110)_{2}-(101001)_{2}$ 之運算結果為何？

4. 今有 A、B、C 三個數分別為八進位、十進位與十六進位，A 之值為 $(24.4)_{(8)}$，B 之值為 $(21.2)_{(10)}$，C 之值為 $(18.8)_{(16)}$，則 A、B、C 三個數之大小關係為何？

5. 請將 192、168、219 轉換為二進位資料。

6. 請將 11001101、10101001、11000011 轉換為十進位值。

7. 請將十六進位 56FD、D334 與 FAB3 轉換為十進位數值。

8. 電腦的硬碟空間有 40 GB，其容量為多少 bytes ？

9. 電腦記憶體容量大小的單位通常用 KB、TB、GB 或 MB 表示，這四種單位，由大到小的排列為？

10. 已知〝A〞的 ASCII 碼 16 進位表示為 41，請問〝Z〞的 ASCII 二進位表示為何？

11. 請問 $(2004)_{10}$ 轉為十六進位數字的結果如何？

12. 求 2 進位數 $(11.1)_{2}$ 的平方，即 $(11.1)_{2} \times (11.1)_{2}$ 的值。

13. 大多數中文系統用 2Bytes 而非 1Byte 來代表一個中文字，以下敘述何者是合理的原因？

14. 常見的數位影像種類可分為哪兩種？

15. 什麼是像素？又解析度與像素兩者間的關係為何？

16. 試簡述點陣圖（Bitmap Graphics）。

17. 請舉出世界上的類比視訊規格可分哪三大類型？

18. 何謂新媒體？試說明之。

19. 何謂 MPEG？試簡述之。

20. 請舉出目前在世界上的數位視訊規格可分哪三大類型？台灣數位電視系統又是採用哪一種？

MEMO

04

電腦軟體

　　實體的電腦裝置，我們稱之為「硬體」（Hardware），至於軟體則是個抽象的概念，軟體是經由人類以各種不同的程式語言撰寫而成，以達到控制硬體、進行各種工作的抽象化（例如：文書處理）等動作。有些讀者經常迫不及待買了一台新電腦，就以為可以開始使用！事實不然，一部配備齊全的電腦，如果沒有合適的軟體來控制與搭配，絕對也是英雄無用武之地。一般來說，我們將軟體分「系統軟體」（System Software）、「應用軟體」（Application Software）、「程式語言」（Programming Language）三種。

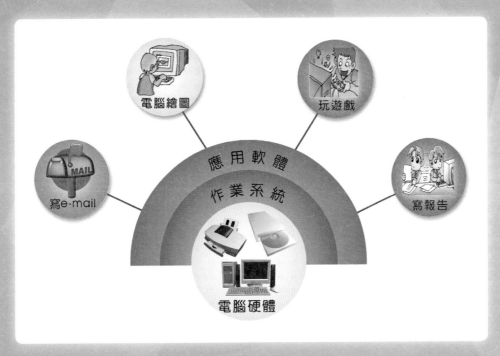

電腦與作業系統的運作示意圖

4-1　系統軟體

系統軟體的主要功用就是負責電腦中資源的分配與管理,並擔任軟體與硬體間的介面,工作內容包括啟動、載入、監督管理軟體、執行輸出入設備與檔案存取等,通常我們可以簡單區分成翻譯程式、服務程式與作業系統三種。

4-1-1　翻譯程式

翻譯程式(translator)就是將程式設計師所寫的高階語言原始程式翻譯成能在電腦系統中執行的機器碼形式。不同類型的程式語言必須配置不同的翻譯程式,當各位寫好一個原始程式(Source Program),並儲存檔案後,就交由翻譯程式處理,例如:編譯器、解譯器、組譯器等。

4-1-2　服務程式

服務程式是用來簡化與加速使用者工作程序的公用程式,例如:編輯程式、連結程式、偵錯程式、排序程式、程式庫與載入程式等。例如:連結程式(Linker)的功能就是將其他的目的檔及所呼叫到的函數庫連結在一起,並作一番整理及紀錄,然後再一起載入到主記憶體內,成為一個可以執行的檔案。至於載入程式包含了連結程式,功用就是將目的程式載入到主記憶體中,並將這些目的程式連結成一個可以讓電腦執行的程式,其中包括進行如配置、連結、重新定址、載入等準備工作。

4-1-3　作業系統簡介

作業系統就是使用者與電腦之間的溝通媒介,一般的使用者要操作電腦時,並不需要去操心要如何協調軟硬體,而是直接由作業系統擔任起這項任務,並包括了管理、分配與監視系統資源、系統的安全維護、檔案與磁碟的管理工具等。簡單來說,作業系統(Operating System, OS)是一種用來管理電腦硬體、應用程式與提供使用者各項服務的系統軟體,一般可以區分出三個部份:「監督程式」(Supervisory Program)、「工作管理程式」(Job Management Program)與「輸入/輸出管理程式」(Input / Output Management Program),分別說明如下:

監督程式

主要工作在於管理電腦系統的所有資源,電腦系統中最重要的資源當然就是 CPU,如何讓 CPU 發揮最大的效能,是每個作業系統在設計監督程式時最大的考量。此外,對

於記憶體的分配也是一項重要的任務，在電腦系統有限的記憶體容量下，如何分配可用的記憶體空間給有需要的程式使用，也是監督程式的重要工作。

工作管理程式

電腦系統中每一份待處理的運算稱之為一份「工作」（Job），工作管理程式的任務，就在於選擇哪一個工作要進行處理，並將它排入 CPU 的處理流程中，並在工作完成後終止該工作。

輸入／輸出管理程式

輸入／輸出管理程式的工作在於管理資料輸入與輸出的動作，例如：硬碟、磁碟機等儲存裝置，或是管理可用的周邊設備，例如：印表機、掃描器等。輸入輸出裝置決定何時哪個程式可以使用資源，例如：在多個程式或多個使用者要求使用同一台印表機時，該如何處理每個人的列印需求就是輸入／輸出程式所負責。

4-2 作業系統類型介紹

電腦在近數十年來已經有了長足的進步，並且由於持續在作業系統使用介面與功能上的進步而有許多的進展。對於作業系統、使用者、電腦三者之間的角色關係，我們可以從底下的示意圖，清楚知道到底作業系統如何在使用者與電腦之間扮演好其中介者角色。

基本上，作業系統的設計與發展絕對與所要執行的電腦硬體架構有相當密切的關係。接下來我們將為各位介紹各種類型的作業系統。

使用者透過作業系統，使用各種軟體與電腦硬體溝通

4-2-1 批次處理系統

批次處理（Batch processing）是指將資料收集到一定的量或每隔一段固定時間，再整批一次處理。例如：早期電腦以打孔卡片來儲存資料，但由於 I/O 設備的執行速度遠

低於 CPU 的執行速度，為了不讓 CPU 閒置，可以將要執行的程式逐一安排好執行的先後順序，再一起放入 CPU 的工作佇列中。批次作業系統較適用不急迫的工作，優點是適合處理需耗費大量 CPU 時間的工作，缺點是不具交談能力，且時效性較差。

4-2-2　即時處理系統

當資料處理需求發生時，不論該需求發生在何時何地，均可在極短的時間內加以回應。這必須配合連線處理方式，將分佈各地的終端機傳送給遠方的主機來處理。例如：各位在機場航空公司櫃檯的機票訂位系統，或在銀行櫃檯的金融存提系統，即時處理系統常被應用在醫學診斷、工業控制、科學實驗、影音合成、軍事領域、航空公司或高鐵訂票系統等。

4-2-3　分時作業系統

「批次處理系統」解決了電腦閒置的問題，但是一次只能處理一件事，如果有多個工作程式要同時處理就無法勝任了。所謂分時處理（Time-sharing）就是將 CPU 時間平均分給每一個使用者，讓多個程式能共享 CPU 時間，允許多個使用者使用電腦系統。分時的概念是將使用 CPU 的時間分成一小段「時間片段」（Time Slice or Time Quantum），然後輪流分給每一個程式使用，不管你的程式大小，一旦這一小段時間用完，就得換下一個人使用。

4-2-4　單人單工作業系統

同一時間內只允許一個使用者來執行程式，並且電腦在同一時間內只能處理一個程序，例如：微軟的 MS-DOS。在 DOS 的「單人單工」的作業環境下，一次只能服務一個使用者，使用者一次只能操作一個程式，例如：要進行檔案的複製工作，就必須等待檔案複製完畢，才可以再繼續下一個指令。DOS 的優點就是它的可靠性和穩定性，幾乎很少當機。

4-2-5　單人多工作業系統

單人多工作業系統是指同一時間內只允許一個使用者來執行程式，不過電腦在單一時間內能提供多件工作同時作業的能力，並會依照程式的需求分配 CPU 時間給每個工作，如此電腦的資源便可以充分利用，使用者也不必等候執行工作。例如：微軟的 Windows 95/98/ME、IBM 的 OS/2 作業系統。

4-2-6 多人多工作業系統

此類作業系統可以允許多個使用者使用多個帳號在同一時間執行不同程式，並共享電腦及周邊資源。例如：WindowsNT/2000/2003/XP/vista/Windows 7/Windows 8/Windows 10 或 Unix、Linux、Mac OS X 等作業系統。Linux 就是一個免費的多人多工作業系統，它具有 Unix 系統的程式介面跟操作方式，也繼承了 Unix 穩定有效率的特點。

4-2-7 分散式處理系統

近來隨著網路興起，本來獨立的電腦系統開始可以藉由網路相互連結，並分享彼此的軟硬體資源與運算能力，而形成一種「分散式處理系統」（Distributed System）。簡單來說，網路本身可被視為是一種作業系統的概念延伸，例如：學校的宿舍網路或是公司的辦公室網路，就是一個分散式資料處理系統。其中網路伺服器通常是一台功能較強的電腦。越大型企業電腦擁有越多的伺服器，並依據內部不同的網路建立方式，使用者可以利用很多不同方法來存取伺服器。

4-3 常見作業系統簡介

電腦的發展於相當短的時間內已經有了長足的進步，特別是持續在作業系統技術的進步也有許多的突破。過去的二十年中，作業系統的發展已使得個人電腦更容易被使用與接受。本節將介紹個人電腦上曾經獨領風騷的作業系統，我們將會依照作業系統推出的時間先後順序，來討論及描述每一種作業系統的基本特色。

4-3-1 DOS

Microsoft 的 MS-DOS（Microsoft Disk Operating System） 與 IBM 的 PC-DOS（Personal Computer Operating System）都一度是所有個人電腦中最普遍的作業系統。在 1980 年代，DOS 成為具有大量市場的 IBM 及其相容電腦的作業系統。在 DOS 的作業環境下，是屬於「單人單工」與命令提示字元的作業環境，例如：若進行檔案的複製工作，就必須等待檔案複製完畢，才可以再繼續下一個指令。DOS 的優點就是它的可靠性和穩定性，幾乎很少當機或造成硬碟閉鎖。

```
C:\WINDOWS\System32\cmd.exe                               _ □ ✕
C:\Documents and Settings\良葛格>dir
磁碟區 C 中的磁碟沒有標籤。
磁碟區序號:  2466-CC4F

C:\Documents and Settings\良葛格 的目錄

2002/03/29  下午 06:28    <DIR>          .
2002/03/29  下午 06:28    <DIR>          ..
2002/04/01  上午 11:26    <DIR>          Favorites
2002/03/25  下午 02:23    <DIR>          My Documents
2002/03/25  下午 02:48    <DIR>          WINDOWS
2002/03/25  下午 02:44    <DIR>          「開始」功能表
2002/04/01  上午 10:50    <DIR>          桌面
              0 個檔案               0 位元組
              7 個目錄     8,115,240,960 位元組可用

C:\Documents and Settings\良葛格>
```

命令提示字元就是一種文字模式

4-3-2 　Windows 3.1/95/98/ME

　　一九八〇年代的中期，微軟承認了電腦的流行以及使用者對使用者圖形介面（GUI）的渴望，解決方案就是推出了視窗型操作介面，也就是在 DOS 上執行使用者圖形介面，並利用一種點選系統來取代指令行介面。最為人所接受與熟知的是 Windows 3.1，不過這時的 Windows 並不算是真正的作業系統，因為它必須依賴 DOS 為基礎，才能夠與各種所需的軟硬體資源進行溝通。

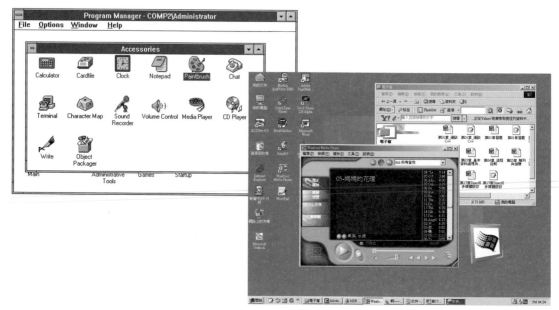

Windows 3.1 與 Windows ME 操作畫面

　　後來由於個人電腦的開放性架構，加上半導體技術的突破，使得個人電腦的價格大量為一般消費者接受。而在 1995 年 8 月，微軟的 Windows 95 作業系統以其全新的圖形介面作業系統、方便的操作介面、多工執行環境等等優點，也一併帶動了全球個人電腦的銷售業績。不過 Windows 95 也有人認為其不是一個完整的作業系統，因為它為了與原有 DOS 的 16 位元程式相容，在核心方面採取了 16 位元程式與 32 位元程式並存的方式，而且基於新舊程式相容性的考量，使得 Windows 95 在穩定性上一直存在著極大的問題，當機情況履見不鮮。Windows 98 是 Windows 95 的下一個版本，其號稱具有更佳的穩定性，並支援更多的硬體裝置，且具有「即插即用」（Plug and Play）的功能，也就是使用者只要將硬體裝置連接至電腦，就可以輕鬆完成硬體裝置的安裝與設定。Windows ME 為微軟於千禧年（Millennium）前推出的 Windows 作業系統，當然一如往常的號稱其具有更佳的穩定性，並加強了多媒體與網路連線方面的功能。

4-3-3　Windows XP/Vista/Windows 7/Windows 8/Windows 10

　　對於 Windows 9x 系列的作業系統，穩定性一直是為人所詬病的地方，為了一掃穩定性不佳的問題，2001 年年底前推出了 Windows XP 作業系統，一改之前使用數字作為版本更替的使用名稱，XP 表示 eXPerience，其表示這一代作業系統將帶給人們全新的使用體驗。直到 2007 年初，再度推出了 Vista 作業系統，強調絢麗的多媒體效果與更嚴謹的安全性改良，並增強了桌面搜尋與組織功能，可協助使用者在 Windows Vista 的任何位置找到電腦中的任何檔案或電子郵件。2009 年 10 月又再度推出了 Windows 7，其中納入多點觸控技術的系統，如果將 Windows 7 裝在有觸控式螢幕的電腦上，操作者就可以使用手指在觸控式螢幕上移動，輕鬆地瀏覽線上電子書或相簿或移動檔案和資料夾。Windows 8 則是微軟公司於 2012 年所推出 Windows 7 之後的新一代電腦操作系統，在升級特點上，Windows 8 的硬體需求更低、開機速度更快，還支援所有能在 Windows 7 上執行的程式，特別是在觸控功能終於有更完整的支援。微軟新一代作業系統 Windows 10 亦於 2015 年在全球 190 個國家同步上市，並允許 Windows 7 或 8.1 使用者在一定期限內免費升級，新版作業系統的設計理念是希望研發適用各種平台及裝置的作業系統。

最新免費升級的作業系統—Windows 10

4-3-4　Windows NT/2000/ Server 2003/Server 2008/Server 2012

　　1993 年，微軟的 NT 作業系統開始問市。Windows NT 是微軟宣稱穩定、高效率的視窗「新科技」（New Technology），它承接了 OS/2 2.0 基礎，是個真正的 32 位元多工作業系統。Windows NT 拋棄了 Windows 95 一直丟不下的相容性包袱，提供跨平台、多檔案系統、安全性高的作業環境，並且在 4.0 版本之後提供類似 Windows 95 的操作介面，在操作使用上更加容易上手。

　　Windows 2000 是 Windows NT 的下一個版本，其在介面使用上更接近 Windows 9x 系統的作業系統，同樣分為伺服器版本與工作站版本，其實工作站版本與 Windows 9x 系統的產品區隔已經有點定義上的不清，而伺服器版本則強調其伺服器與網路管理上的優異功能，以及其圖形化的設定介面，較少的維護人力成本與較低的技術門檻，在伺服器作業系統的市場上極力擴展，試圖與 Unix 系列的伺服器作業系統爭奪版圖。Windows Server 2003 提供一個整合式的伺服器平台，並在伺服器核心基礎和技術上都做了新的變更，使得其功能的延展性、安全性、可靠性和管理方面都有所提昇。Windows Server 2003 除了延續 Windows 2000 的功能之外，尚增加了動態式目錄、全面支援 .NET 架構及各應用服務的功能。

　　Windows Server 2008 伺服器作業系統繼承了 Windows Server 2003，在整體開發過程中都秉持著最嚴格的安全性原則。Windows Server 2008 支持 64bit 及 32bit 的處理器，也是該公司最後一個支持 32bit 的伺服器作業系統，加強了 Web 伺服器的功能，包括以較少的系統資源，就能讓應用程式執行的更快速。包含功能強大的 IIS 7.0、全新的終端機服務 Terminal Service、強化網路安全的網路存取保護（Network Access

Protection）以及眾所期待的高效能虛擬化技術 Hyper-V。目前最新推出的 Windows Server 2012 R2 則是廣泛具擴充性和彈性的伺服器平台，不但大幅簡化了整個 Server Manager 的介面設計與採用新的工作管理員，更提供雲端最佳化伺服器平台，讓使用者擁有完全獨立的多用戶環境。

4-3-5　Mac OS

在一九八〇年代中葉，麥金塔電腦硬體和擁有圖形使用者介面（GUI）作業系統的整合，使得其他受到那些不想用 DOS 指令行介面的使用者的歡迎，也是最早使用 GUI 的作業系統。Mac OS 是蘋果電腦公司的麥金塔（Macintosh）電腦採用的作業系統，不但使用上相當方便，而且穩定性極高。特別是在多媒體處理的卓越能力，往往成為設計專業人員心中的最愛。例如：Mac OS X lion 是蘋果為 Mac 產品所製作的作業系統 Mac OS X 的第八個版本，包含至少 250 個新功能，對於閱讀電子郵件，上網或瀏覽相片相當方便，尤其多點觸摸的觸控板能帶給使用者很多新奇的試用感受。目前最新版是 2015 年 9 月公佈的最新版作業系統 OS X El Capitan，不但增強了系統內置搜尋引擊效率，其中新的郵件 App 增強了視窗支援，支援全螢幕以及滑動手勢，並使用全新的 Metal 技術，能夠讓遊戲 App 直接取用 Mac 的圖像處理器優化效能，還提供了十分好用的 Split View 分割視窗功能。

OS X El Capitan 畫面

圖片來源：http://store.apple.com.tw

4-3-6　嵌入式作業系統

嵌入式作業系統（Embedded Operating System）就是一種內建於電子設備內的作業系統，它和個人電腦的作業系統存放在硬碟中是有差異的。嵌入式作業系統早期常被應用於 PDA 設備，較常見的嵌入式作業系統有：Palm OS、Windows CE 兩種。其中 Palm OS 為 Palm 品牌及許多手持式設備的標準作業系統，曾經是市場佔有率最高的 PDA 作業系統，作業系統架構非常簡潔，大多數的 Palm OS 使用 Flash ROM Palm，使得整體耗電量較低，使用者可以有較長的待機時間。。

Windows CE（Embedded Compact）則是 Microsoft 為可攜式裝置設計的嵌入式作業系統，還可以執行精簡版的 Word、Excel 等軟體，因為符合一些小型嵌入式裝置精簡化需求而為業者採用，Windows CE 可以使用在各式各樣的系統上，最有名的是 Pocket PC 以及微軟的智慧型手機。近年來面對 Android 與 iOS 的強大攻勢，微軟推出了改版後的 Windows Phone 來迎戰，並且於 2011 年底開始發行 Windows Phone 的一項重大更新，推出了開發代號為 Mango 的新一代智慧型手機作業系統，芒果除了增加多工處理能力，讓使用者可以輕鬆地切換不同應用程式，更增加了高達 500 個新功能。不過於 2015 年起由於 Windows Phone 市佔率過低，全球市占率不到 3%，微軟公司發表了以 Windows 10 為 PC、平板電腦、智慧型手機、Xbox 主機等跨平臺系統，未來將不再使用 Windows Phone 系統這一品牌。

目前最當紅的手機 iPhone 則是使用原名為 iPhone OS 的 iOS 的智慧型手機作業系統，蘋果公司以自家開發的 Darwin 作業系統為基礎，由 Mac OS X 核心演變而來，承繼自 2007 年最早的 iPhone 手機，經過了四次的重大改版。iOS 的系統架構分為四個層次，最新的 iPhone 6s 搭載全新的 iOS 9 作業系統，不但作業系統的體積變小，執行速度也快了許多，Siri 更採用全新介面，且能透過語音搜尋照片與待辦事項，還包括多款全新的內建 App。

以往講到智慧型手機，大家第一個想到的應該是 iPhone，但是自從 Google 推出 Android 系統之後，就完全巔覆了智慧型手機的市場版圖。Android 是 Google 公佈的智慧型手機軟體開發平台，結合了 Linux 核心的作業系統，可讓使用 Android 的軟體開發套件。承襲 Linux 系統一貫的特色，也就是開放原始碼（Open Source Software, OSS）的精神，在保持原作者原始碼的完整性條件下，不但完全免費，而且可以允許任意衍生修改及拷貝，以滿足不同使用者的各自需求，當程式設計師開發應用程式時，可以直接呼叫 Android 基礎元件來使用，可減少在開發應用程式的成本。目前 Android 的版本已經到 Android 6.0 marshmallow 的版本，使用者可以自行上網下載

4-3-7　Unix/Linux

為了要同時容納網路上多人存取資料，所以必須使用 Unix 或 Windows NT 這類多人多工（Multi-User、Multi-Processor）的作業系統。一般而言，公司內部的區域網路會使用 Windows 伺服器作業系統來處理共享檔案文件及網路印表機等等；而運用在網際網路上，最好是使用 Unix 作業系統，這是因為 UNIX 作業系統在處理大量資料的存取較為穩定。

Unix 的歷史，最早可以追溯到一九六五年，當時貝爾實驗室（Bell Laboratories）一項由奇異電子（General Electric）和麻省理工學院（MIT）合作的計畫，這個計畫的目的是要建立一套名為 Multics 的多人、多工、多層次（Multi-Level）作業系統，接著在 1974 年時，AT&T 把 Unix 的原始碼（Version 6）提供給學術性機構做研究用途。Unix 作業系統經過二十幾年的演進，也造就了許多資訊專業人才，並對網際網路的發展有非常大的幫助，同時也建立了開放式系統（Open System）的觀念，朝向企業網路方面發展，作為視窗使用者端的伺服器，並朝向工業伺服器的方向邁進。

Linux 起源於 1991 年 10 月初，由芬蘭一位大學生 Linus Torvald 所撰寫。最初的構想只是要在個人電腦上，架構一個能夠連結遠端 Unix 系統電腦的虛擬終端機程式，因此以 Unix 的 Minix 版本為參考依據，經過不斷的努力，終於在西元 1991 年發展成為一套完整的作業系統。基本上，Linux 是一套符合 POSIX（Portable Operating System Interface for Unix）標準的作業系統。也就是說，Linux 是一套 Unix 類型的作業系統，但是這並不表示 Linux 是經由 Unix 修改而來，Linux 和 Unix 是兩套完全獨立且互不相干的作業系統。自從 Linus Torvalds 將 Linux 以 GPL（GNU Public License）規範的形式在網路討論區上發表後，立刻引起熱烈的回應與討論。經由多年 Linux 不斷的發展與測試，並由網路上眾多的程式設計師共同努力下，迅速地發展、茁壯。

4-4　應用軟體

應用軟體是針對特定使用者的需求所設計出來的特定功能軟體，它建構在作業系統的環境中，作業系統可說是基礎建設，要達到某些特殊功能，還要應用軟體與作業系統互相搭配才可以完成。

4-4-1　辦公室軟體

辦公室的軟體有很多種，我們將以市面上多數人使用的「微軟」（Microsoft）Office 系列來做介紹。Office 系列可以細分為文書處理、資料庫軟體、簡報軟體、試算表軟

體，而彼此之間是具有整合性及相容性的，也就是說您可以同時開啟不同類型的文件，使資料轉換成不同用途，讓資料得到最大的再利用性。

文書處理軟體

由於現在大多的文字報告均已採用電子檔案方式以達到資料的統一性，而在辦公室裏，諸如會議紀錄、工作報告、信件等，都是需要大量文字作為處理，此時就需要文書處理軟體的幫忙。

Word 文書處理軟體

試算表軟體

試算表軟體可使用的範圍很廣，因為它不僅能做數字的處理，還可在表格內加入文字，以增加其應用範圍。Excel 是常用的商業試算表軟體，透過它可以進行資料整合、統計分析、排序篩選以及圖表建立等功能。不論在商業應用上得到專業的肯定，甚至在日常生活、學校課業也處處可見。

Excel 試算表軟體

簡報製作軟體

PowerPoint 可說是最著名的簡報製作軟體,無論是在教育界或工商業都十分的普及化,它是利用已存在的範本加以修飾,這種做法的優點是不需要經過版面的設計,直接套用文字,以達到快速、美觀、專業化的目的。此外 PowerPoint 更具有多媒體的能力,能在投影片中自由穿插影像、聲音、動畫等等,讓簡報能夠有完備輸出所有資訊的能力。

PowerPoint 簡報播放軟體

4-4-2 影像處理軟體

影像處理軟體可以分為 2D 平面繪圖與 3D 立體類,以下分別加以說明:

Adobe Photoshop

Photoshop 是美術設計師愛用的 2D 點陣圖影像編輯軟體之一,它和 PhotoImpact 一樣,擁有各種的選取工具、編修工具和特效處理。任何型態的多媒體素材,包括海報、廣告、文案等,除了精美的影像以外,標題與文案更是吸引人注意的關鍵要素,利用 Photoshop 都能創造出令人驚奇的效果。

配合 Photoshop 文字巧妙的搭配有畫龍點睛的效果

CorelDraw

CorelDraw 可說是每個喜愛電腦繪圖者必學的一套軟體，這套以向量為主、點陣為輔的繪圖應用軟體，透過其各項功能，除了可繪製出精準尺寸的平面模型圖、可愛的人物圖外，還可製作出幾可亂真的物品。

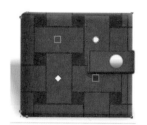

Flash

Flash 是一套由 Adobe 所推出的動畫設計軟體，因為是採用向量圖案來產生動畫效果，所以具有檔案容量小的優點，非常適用於網路上的傳輸，只要各位的瀏覽器有安裝 Flash Player 的話就能直接觀賞 Flash 的動畫影片。

兒童數位博物館網站　　　　　　　　　　五光十色的迪士尼網站

更重要的關鍵在於軟體中的 ActionScript 程式語言，設計者可以利用程式替 Flash 影片加入與使用者的互動式效果，讓 Flash 影片不再只有單向的播放功能，而能進一步的發展遊戲、互動式表單、留言表單以及純 Flash 頁面的設計，圖中就是純由 Flash 設計而成的網頁畫面。

3D Studio Max

3D 立體影像近年來的發展尤其迅速，這與電腦硬體的發展有關，因為立體影像的製作過程必須使用到複雜的計算式，這必須依靠強大的處理器及高容量高速度的記憶體，

所以以前製作 3D 立體影像只能靠高階電腦，而如今在電腦硬體低成本高效能化的時代，普通的個人電腦即可勝任 3D 立體影像的製作，因而吸引了許多業餘或職業的創作者。3DS Max 是 Autodesk 公司所開發出的一套電腦 3D 繪圖軟體，特別的是擁有許多商業類型的外掛程式（Plug-In）支援，常用於建築業、室內設計、遊戲動畫製作等。

光與攝影機表現

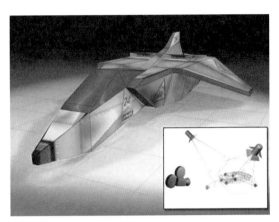
Rendering 表現

4-5 程式語言

　　程式語言是二十世紀的產物，是一種人類用來和電腦溝通的語言。基本上，它是由文字與記號所形成的指令集。主要功能為將使用者的需求利用程式碼表達出來，然後要求電腦替我們做許多事情。程式語言在經過不斷發展演進後，也造就了今日軟體科技的高速發展。

　　程式語言的歷史已有半世紀之久，由最早期的機器語言發展至今，已經邁入第五代。每一代的語言都有其特色，並且一直朝著容易使用、除錯與維護及功能更強的目標來發展。現在將程式語言依其演進過程分類如下。

4-5-1 機械語言

　　不論是何種程式語言，在執行時都需要轉換成 CPU 所能看懂的機械語言。而機械語言則是所有程式語言中最為低階的一種，也是最不人性化、撰寫最為困難，且維護與修改都十分不易的程式語言。機械語言就是一連串的 0 與 1 之組合，這是 CPU 直接能懂的語言，且不需再經過任何的編譯或組譯即可執行。

4-5-2　組合語言

組合語言（Assembly Language）也是低階的一種，它只比機械語言來的高階一些。用組合語言所寫的程式，事實上也是很接近 CPU 所能認識的格式，只是它在撰寫上比機械語言來的容易多了。假設 01100000B（C0H）是機械語言中，用來告訴 CPU 將 AX 暫存器的值放到記憶體堆疊的指令，若以組合語言來寫，則是用 PUSH AX 來表示。由這個範例可以很清楚的看到，組合語言是用較接近口語的方式來表達機械語言的一些指令。

4-5-3　高階語言

高階語言就是比低階語言來更容易懂的程式語言。舉凡是 Basic、C 或是 C++，都是高階語言的一員。高階語言雖然執行較慢，但語言本身易學易用，因此被廣泛應用在商業、科學、教學、軍事…等相關的軟體開發上。

4-5-4　第四代語言

英文簡稱為 4GLS，例如：報表和查詢語言，通常應用於各類型的資料庫系統。如醫院的門診系統、學生成績查詢系統等等。以 SQL 語言為例，其語法使用上相當直覺易懂，例如：

Select 姓名 From 學生成績資料表 Where 英文 = 100

4-5-5　第五代語言

亦即自然語言，它是程式語言發展的終極目標，當然依目前的電腦技術尚無法完全辦到，因為自然語言使用者口音、使用環境、語言本身的特性（如一詞多義）都會造成電腦在解讀時產生不同的結果。還有一點就是電腦能夠詮釋程式語言，是因為程式語言的語法都是事先定義的，當你使用某種語言就得依照其規定的語法來撰寫程式，否則程式無法編譯成功的。

4-6 輕鬆速學 Window 10

　　Windows 10 已在全球許多國家上市，這套作業系統的設計理念是希望研發適用各種平台及裝置的作業系統，因此在操作及功能上可以符合大部份使用者的需求。再加上整合了 Windows 7 和 Windows 8/8.1 的優點，因此在操作及功能上，更加符合使用者的需求。

4-6-1　Window 10 的全新亮點

　　例如：第一次使用 Windows 8 的使用者一定很不習慣，這次 Windows 10 的「開始」功能表又重新回來了，開始選單結合了 Windows 7 及 Windows 8 的特色，不僅操作簡便，還能保有個人的風格，操作的流暢性及圖磚區的安排，又比上一版作業系統井然有序，且更具變化性。以下是 windows 10 與之前版本的差異與特色。

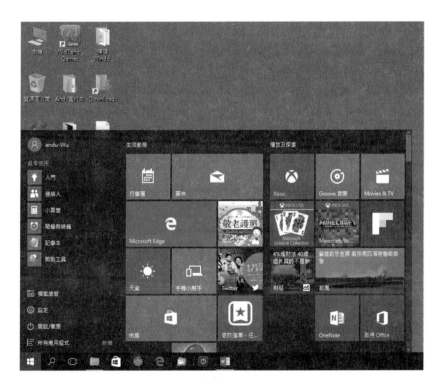

新瀏覽器 Edge

　　Windows 10 的瀏覽器不再使用 IE，改採全新瀏覽器 Edge，它不僅擁有更加簡潔的介面，並使用新的 Rendering（跑圖或稱算圖）引擎 EdgeHTML，因此在網頁回應及顯示方面比 IE 更快更流暢。同時 Edge 也捨棄了很多陳舊的網頁技術，例如：ActiveX。不過其實 IE 11 沒有被移除掉，如果您習慣使用 IE 系列的瀏覽器，在 Windows 10 的「附屬應用程式」內，還是可以找到 IE 瀏覽器。

全新多重桌面功能

　　具有多重桌面功能，我們可以依工作或程式類別劃分，自行新增多個桌面。使用者能同時操作很多個應用程式，在處理文書或者瀏覽網頁時將便利許多。工作列左下角的「工作檢視」 圖示，或者按「Windows」鍵＋「Tab」就會排列出所有程式，此時按右下角 就可新增多個桌面，我們也可以用拖曳的方式將程式移到不同桌面，以方便各位管理及使用。

強化 Snap 視窗調校功能

　　使用 Snap 視窗調校功能讓桌面上的視窗並排，特別是用在比較兩份文件時，會讓您的文件比較起來更加一目了然。

通知中心的設計

Windows 10 右側有通知中心的設計，概念跟平板及手機沒有兩樣，若應用程式有新的訊息進來，就能即時在桌面顯示。

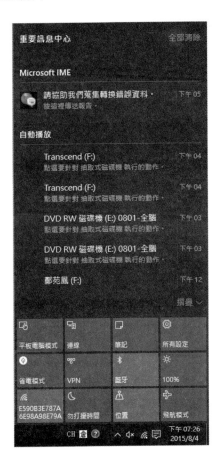

控制台與設定並用

　　Windows 10 同時保有「控制台」與「設定」的兩種系統設定的管道，其中「控制台」為傳統的控制台外觀，不過有些原先可以在控制台設定的功能，已被移到設定頁，例如：輸入法設定或螢幕解析度。因此在 Windows 10 要更改設定時，可以先至「設定」頁看看是否可以找到？如果找到要更改的設定，建議就可以再回到傳統習慣使用的「控制台」。

Windows 10 保留傳統控制台設定環境

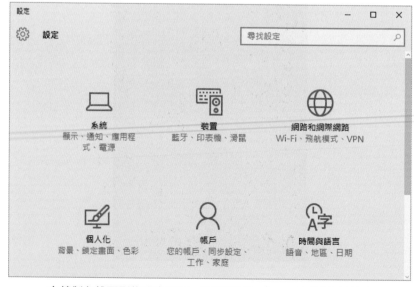

在控制台找不到的設定項目，可能在 Windows 10 的設定頁面

4-6-2 桌面操作與基本設定

「桌面」是使用者進入 Windows 10 作業系統最先看到的畫面，它是微軟整合 PC 電腦、智慧型手機、平板電腦的新武器。Windows 10 作業系統結合了傳統的「開始」選單與 Metro 介面的圖磚顯示，讓使用者可以靈活選擇。請點選下方工具列最左邊的 Windows 小視窗■，它會自動展示出所有應用程式的圖示。

左邊一欄為選
單功能 ┄┄  ┄┄ 右邊一欄為圖
磚顯示

啟動應用程式

透過「開始」選單或右側圖磚的點選，使用者可以啟動想要使用的應用程式。這裡以啟動 Microsoft Word 程式做說明。

❷ 點選「所有
應用程式」 ┄┄  ┄┄ 由右側滑鈕下
移，也可以找
到 Word 程式

❶ 按下最左側的 Windows 小視窗

聰明的螢幕分割

　　桌面上所開啟的多個程式，如果經常都會用到，也可以考慮透過螢幕分割來呈現。當使用者拖曳程式畫面到螢幕的上 / 下 / 左 / 右方時，它會自動黏貼在邊界上，而畫面最多可切割成如下圖所示的四個區塊。

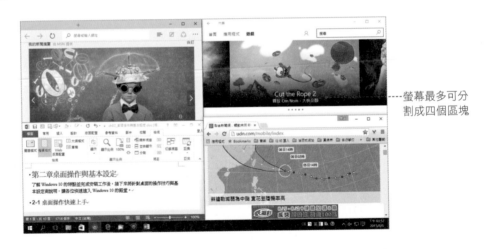

背景設定

　　對於桌面底圖，使用者可以選擇圖片、實心色彩、或是幻燈片秀的方式來呈現。選擇「圖片」當背景時，可以直接挑選 Windows 10 所提供的圖片，也可以自行按下「瀏覽」鈕來插入自己喜歡的相片或插圖。

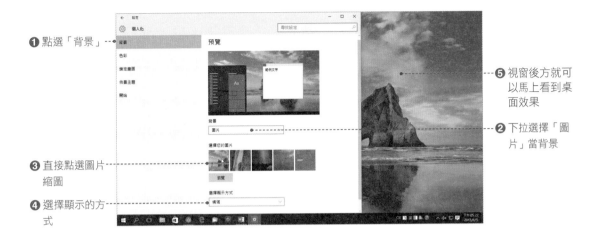

❶ 點選「背景」

❸ 直接點選圖片
　 縮圖

❹ 選擇顯示的方
　 式

❺ 視窗後方就可
　 以馬上看到桌
　 面效果

❷ 下拉選擇「圖
　 片」當背景

將程式釘選到工作列

對於經常使用到的應用程式，如果每次都得從「開始」選單中去尋找，再啟動它也
是挺麻煩的，不妨考慮將它直接釘在工作列上比較方便。

❷ 按右鍵於軟
　 體圖示，並
　 執行「釘選
　 到工作列」
　 的指令

❶ 先由「開始」
　 選單中找到經
　 常使用的應用
　 程式

若要取消釘
選，請按右鍵
於圖示，再點
選此指令

瞧！應用程式圖
示已顯示在此，
直接點選即可開
啟程式

4-6-3　檔案與資料夾管理

在 Windows 視窗中，如果各位想要有效管理個人的檔案與資料夾，這一章節的介紹可不要錯過，因為好的管理檔案技巧將讓各位在 Windows 10 工作上更為順利。Windows 主要以視窗方式來顯示電腦中的所有內容，所以當各位在電腦上雙按任何一個資料夾或程式捷徑，就會自動以視窗顯示內容。如下圖所示，便是雙按「本機」圖示所顯示的視窗。

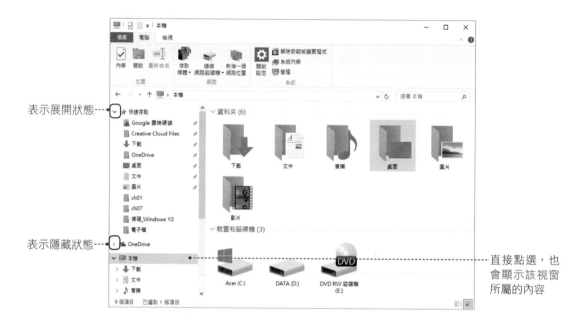

新增資料夾

想要在電腦桌面上新增資料夾，按右鍵執行「新增 / 資料夾」指令，即可看到如下的預設資料夾名稱。

如果是在視窗中要新建資料夾，可在「常用」標籤中按下「新增資料夾」鈕。

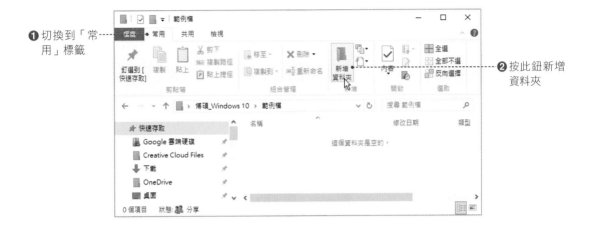

❶ 切換到「常用」標籤

❷ 按此鈕新增資料夾

檔案的搜尋

有時候要在電腦中找尋某一特定檔案,可利用檔案總管來做搜尋,以節省許多的時間和精力。

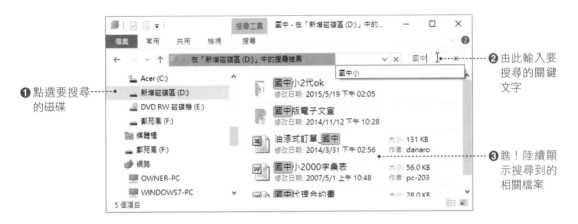

❶ 點選要搜尋的磁碟

❷ 由此輸入要搜尋的關鍵文字

❸ 瞧!陸續顯示搜尋到的相關檔案

檔案搬移 / 複製至資料夾

確認資料夾名稱後,利用拖曳的方式就可以將檔案搬移到資料夾中。

❶ 點選要搬移的檔案

❷ 以拖曳方式移至目的地資料夾後放開滑鼠

雙按該資料夾，就會看到檔案已被移入

4-6-4　市集精選的免費 APP

Windows 10 的「市集」功能，可以讓各位上網去搜尋 / 下載辦公應用程式或遊戲。市集中有免費的 APP，也有需要付費的，各位不妨根據需求，選擇所需的程式。

有實用的應用程式，也有好玩的遊戲，任君挑選

從市集安裝遊戲 / 應用軟體

不管是應用程式或是遊戲軟體，各位可以從評比來瞭解軟體受歡迎的程度，對於評比不錯且又是免費的軟體，就可以考慮下載下來使用看看。下載與安裝的方式很簡單，如下步驟所示：

點選有興趣的
軟體縮圖

按下「免費」
鈕開始下載軟
體

下面有相關的
螢幕擷取畫
面、評比、與
功能的簡單說
明可供參考

顯示軟體已安
裝完成

按下「開啟」
鈕

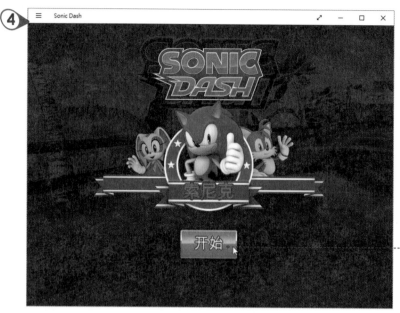

進入遊戲畫面，
準備開始玩遊戲

第一次進入遊戲畫面，通常軟體都會有操作的說明，只要跟著步驟進行練習，就會慢慢融入軟體的情境。

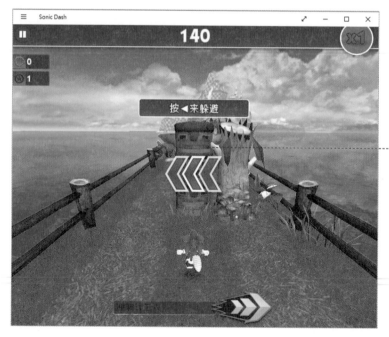

第一次使用該軟體，都會教導使用者如何操作按鍵

　　應用程式的安裝方式也一樣，以「電視綜藝」為例，想要隨時隨地都可使用平板來看電視上的綜藝節目，那就由市集下載電視綜藝 APP。

　　安裝「電視綜藝」APP，不管是台灣的訪談性節目、美食旅遊、綜藝搞笑、女性話題、政論財經、娛樂新聞、音樂選秀、健康命理…等節目，或是韓國的綜藝節目，都可隨時欣賞

市集收藏

　　「市集」中除了一些熱門的免費或付費的軟體與應用程式外，它還歸類了一項「收藏」，裡面分門別類收藏了許多好軟體，類別包含：學生與學者、美食盛宴、社交網路、體育面面觀、猜謎遊戲、金錢與預算、健身、數位藝廊、旅遊規劃、兒童專用、天氣、閱覽室…等，多達三十多種的類別與收藏，讓各位可以快速找到相關的 APP 程式。

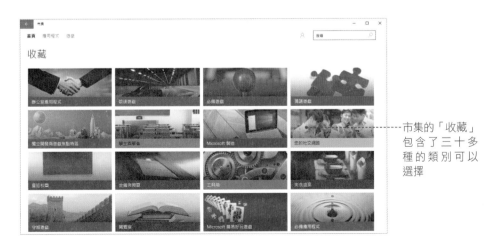

市集的「收藏」包含了三十多種的類別可以選擇

　　以「學生與學者」的類別為例，不管是英文單字的學習、聽力訓練、詞典、進階的英文字典…等教育程式，都可免費下載來學習，以擴展個人的知識。

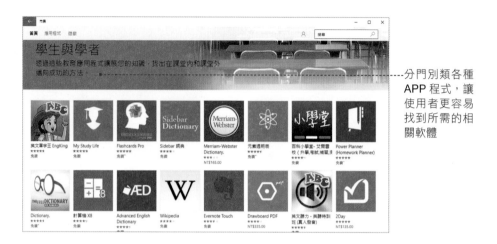

分門別類各種 APP 程式，讓使用者更容易找到所需的相關軟體

以「Sketch Me More」將相片變素描

　　「Sketch Me More」是一個快速將相片轉換成素描作品的 APP 程式，請自行由「市集」搜尋，然後完成安裝的動作。

　　此套程式的使用方法很簡單，只要按下「Gallery」鈕找到要使用的相片，也可以透過「Camera」鈕馬上透過鏡頭拍攝相片，然後程式就會自動將相片轉換成鉛筆素描的作品，而按下「Save」鈕可儲存為 jpg 的格式，也可以快速貼到 Facebooke 的社群網站上，相當好用。

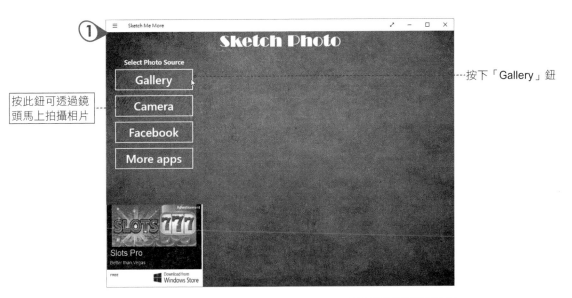

按下「Gallery」鈕

按此鈕可透過鏡
頭馬上拍攝相片

❶ 點選要使用的
相片

❷ 按下「開啟」
鈕

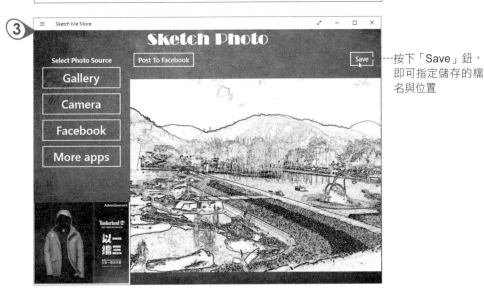

按下「Save」鈕，
即可指定儲存的檔
名與位置

App Store 與 Google Play

App Store 是蘋果公司針對使用 iOS 作業系統的系列產品：iPod、iPhone、iPad 等，所開創的讓網路與手機相融合的新型經營模式，它讓 iPhone 用戶可透過手機或上網購買或免費試用裡面的軟體，與 Android 的開放性平台最大不同之處在於，App Store 上面的各類 app，都必須經過蘋果公司工程師的審核，確定沒有問題才允許放上 App Store 讓使用者下載，也是一種嶄新的行動商務模式。各位只需要在 App Store 程式中點幾下，就可以輕鬆的更新並且查閱任何軟體的資訊。App Store 除了將所販售軟體加以分類，讓使用者方便尋找外，還提供了方便的金流處理方式和軟體下載安裝方式，甚至有軟體評比機制，讓使用者有選購的依據。

　　Google 也推出針對 Android 系統，而提供線上應用程式服務平台 -Google Play，透過 Google Play 網頁可以尋找、購買、瀏覽、下載及評級使用手機免費或付費的 app 和遊戲，Google Play 為一開放性平台，任何人都可上傳其所開發的應用程式，有鑒於 Android 平台的手機設計各種優點，可預見未來將像今日的 PC 程式設計一樣普及。

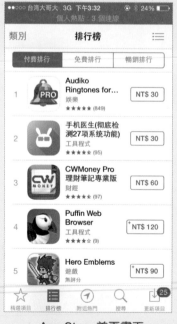

App Store 首頁畫面

Google Play 商店首頁畫面

一、選擇題

( ) 1. 下列何者非系統程式？(A) 編譯器　(B) 載入程式　(C) 文書處理程式　(D) 組譯程式。

( ) 2. 程序管理（process management）通常是由下列何者負責執行？(A) 作業系統（operating system）　(B) 編譯程式（compiler）　(C) 載入程式（loader）　(D) 連結程式（linker）。

( ) 3. 電腦啟動後經由 BIOS 檢查後需要何種軟體？(A) 防毒軟體　(B) 壓縮軟體　(C) 應用軟體　(D) 作業系統。

( ) 4. 下列何者不是應用軟體？(A) 作業系統　(B) 庫存管理系統　(C) 成績處理系統　(D) 套裝軟體。

( ) 5. 下列何者屬於系統軟體？(A) Windows 7　(B) Excel　(C) AutoCad　(D) PowerPoint。

( ) 6. 系統軟體又可稱之為 (A) 載入程式　(B) 應用軟體　(C) 連結程式　(D) 系統程式。

( ) 7. 下列何者不屬於應用軟體？(A) 學生成績檔案　(B) 文書處理程式　(C) 公用程式　(D) 電動玩具程式。

( ) 8. 下列何者屬於系統軟體（System Software）？(A) 套裝軟體　(B) 商用程式　(C) 人事檔案程式　(D) 公用程式。

( ) 9. Windows 95/98/2000/XP 屬於何種作業系統？(A) 單人單工　(B) 單人多工　(C) 多人單工　(D) 多人多工。

( ) 10. 下列何者不是作業系統的主要功能？(A) 防止電腦病毒　(B) 執行應用程式　(C) 管理系統資源　(D) 提供使用者界面。

( ) 11. 下列哪一項作業系統是屬於多人多工的作業系統？(A) MS-DOS　(B) OS/2　(C) Unix　(D) Windows 7。

( ) 12. 以下哪種作業系統，不具多人多工（Multiuser, Multitasking）之能力？(A) Windows 2000 server　(B) Windows 2000 Advanced server　(C) Windows 98　(D) Linux。

( ) 13. 下列何者不是作業系統？(A) Windows　(B) Oracle　(C) Unix　(D) Linux。

( ) 14. 下列何者為 Windows 作業系統中常見的壓縮檔副檔名？(A) .asp　(B) .htm　(C) .init　(D) .zip。

( ) 15. 有關 Windows 電腦軟體的敘述，下列何者為非 (A) 是一種電腦作業系統　(B) 有一致性的操作環境　(C) 檔名被限制在 12 個字元以內　(D) 圖形使用介面。

( ) 16. 下列關於作業系統（OS）的敘述何者錯誤？(A) 作業系統用以管理及分配電腦的資源　(B) Unix 是單人單工的作業系統　(C) OS/2 及 Win95 為常用的 32bit 的多工作業系統　(D) NetWare 及 Windows NT 為網路作業系統。

(　　) 17. 下列關於 Unix 與 Linux 的敘述，何者正確？(A) Linux 是迪吉多實驗室於 90 年代為個人電腦用戶開發的　(B) Linux 可讓使用者自行更改作業系統的原始碼，以符合個人需求 (C) Unix 是由迪吉多實驗室在 1970 年初期發展的　(D) Unix 只能在大型電腦上使用。

(　　) 18. Linux 系統要查看其他指令用途及說明，下列指令何者正確 (A) more　(B) man　(C) make　(D) mkdir。

(　　) 19. Linux 系統查看檔案目錄，下列指令何者正確 (A) ls　(B) rm　(C) cd　(D) cp。

(　　) 20. Linux 系統如果要建立目錄名稱，下列指令何者正確格式 (A) mkdir　(B) chdir　(C) rm (D) mv。

(　　) 21. Linux 系統如果要清除畫面，下列指令何者正確格式 (A) cls　(B) clear　(C) new　(D) home。

二、問答題

1. 請概述說明 Office 套裝軟體的用途與功能。

2. 請說明系統軟體、應用軟體與開發軟體的差別。

3. DOS 作業系統的工作為何？

4. 請試著上網查詢相關資料，說明 GPL 的主要精神。

5. 簡述 Linux 作業系統的特色。

6. 依照作業系統的特性來區分，可以分為哪三種？

7. 簡述程式語言演進過程分類。

8. 試說明嵌入式作業系統的意義與功能。

9. 試簡述第五代語言。

10. 請簡述 Windows 10 的桌面功用。

11. App Store 是什麼？與 Google Play 最大不同點在哪？

12. 請簡述 Windows 10 中系統設定的管道。

05 現代資訊系統的理論與應用

　　由於電腦科技的蓬勃發展與普遍,將電腦的應用帶入了企業與組織的體系中。在強調知識經濟的今天,擁有快速、正確、適合自己的資訊是每位現代人所追求的目標。在日益龐大的資訊流衝擊之下,如何有效管理並從中獲取自己所需的資訊,似乎已成為你我最迫切需要的一項技能。

　　從早期單純的作為資料處理的工具,到今日支援知識工作,甚至於協助高層管理者應用充份資訊來進行決策活動的創造競爭優勢,也導致「資訊系統」(Information System)的概念應運而生。

5-1 資訊系統簡介

　　所謂資訊系統最基本的定義乃是幫助人們收集、儲存、組織整理及使用資訊的一套機制。也就是說，資訊系統是被設計成利用電腦技術來取得不同種類的資料，並幫助人們利用各種科技方法使用所得到的資訊。首先我們來說明何謂系統（system），最簡單的定義就是一個具有特定標的集合實體，並包含了最基本的輸入、處理與輸出的組成元素。

5-1-1 資訊系統特性

　　現代化的資訊系統隨著資訊科技的日新月異與職場關係的調整，具備了以下四種特性：

人機配合

　　由於資訊系統是一個人機系統，所參與的人員及電腦必須能配合良好，才能運作順利。許多資訊系統過份重視電腦硬體，而忽略了人員訓練與溝通，導致人工作業流程失敗與人員反彈，因而影響整體資訊系統的績效。

經濟價值

　　早期的電腦價格相當昂貴，企業中的成員幾乎多人共用一台電腦，但目前拜微處理器的淨能力（Sheer Power）發展與個人電腦的快速普及，使得電腦所能處理的工作大為增加，同樣也使得資訊系統的經濟價值連帶影響企業獲利的大幅提升。

通訊網路

　　「網路」（Network）最簡單的定義就是利用一組通訊設備，透過各種不同的媒介，將多台以上的電腦連結起來，讓彼此可以達到「資源共享」與「傳遞訊息」的功用。例如：7-ELEVEN 超商每天可以透過通訊網路將分布全國各地分店的零售業進銷貨管理系統（Point Of Sale, POS）的最新銷貨資訊傳送到臺北總公司。

圖片來源：http://www.7-11.com.tw/

即時迅速

　　電腦化的資訊系統可以大大提高資料處理的速度，包括更新檔案、計算、分類、查詢、編製報表等都比人工作業處理快速。例如：最快速的線上即時訂位系統，當交易發生時，幾乎在數秒或更少時間內立刻回應。

5-2　資訊系統規劃

　　在考量資訊系統規劃的方向時，可以從許多不同角度來思考，例如：企業的目標與策略、內外部的資源與環境因素、開發研程規劃、預算個別計劃、資訊發展目標策略、組織資訊需求與資訊系統架構等。在此我們將介紹由美國人波曼（Brow man）等教授提出的三階段資訊系統規劃模型，如下所述：

5-2-1　策略性規劃

　　對於資訊系統規劃最困難之處就是如何從組織的整體策略中導引出正確的規劃。換句話說，本階段的目的在於訂定資訊系統的目標與策略，它必須與組織總體性目標、細部目標及願景策略並行不悖。也就是產生符合組織整體策略的目標與方法。在這個階段所要執行的內容有：

　　(1)定義出資訊系統的目標及收集各種資料。

　　(2)按照既定目標排定任務流程。

　　(3)通盤考量所有可能影響因素。

5-2-2　組織資訊需求分析

　　這個階段的主要成果是將資訊系統的所有流程及需求安排妥當。主要的執行內容包括：

(1) 瞭解組織對於資訊系統的整體需求。

(2) 訂定資訊系統的開發流程。

另外本階段可以使用兩項重要的輔助工具，說明如下：

企業系統規劃（Business System Planning, BSP）

BSP 是一種由 IBM 公司所提倡的一套系統化的分析方法，強調的是由上而下設計，也就是從高層主管開始，瞭解並界定其資訊需求，再依組織層次往下推衍，直到瞭解全公司的資訊需求，完成整體的系統結構為止，所強調的是企業程序導向，主要是代表企業的主要活動及決策領域，並不是針對某特定部門的資訊需求。

關鍵成功因素（Critical Success Factors, CSF）

CSF 的方法核心就是從管理的角度來找出資訊的需求。它起源於丹尼爾（R. Daniel, 1961）所提出的「成功因素」理論，也就是說 CSF 是找出管理階層所認為能讓企業成功的關鍵因素組合，不同於 BSP 之處在於它所關注的重點是企業經營成功的關鍵因素而非企業活動。它的假設是任何一個組織，要能經營成功，必定要掌握一些重要的因素，如果不能掌握這些特定因素，則必定失敗。

5-2-3　資源分配規劃

這個階段的主要目的就是擬定資源分配計劃及排程。一般企業的資源有限，不可能一次完成所有的資訊系統，所以我們可以模組化（module），將其分成許多子系統，再決定那一個子系統應該事先規劃。

5-3 常見資訊系統簡介

隨著資訊科技的進步，不同資訊系統藉由電腦的輔助，將企業內部的作業資訊與企業管理融合為一，使經營管理者從其中獲得層次及種類不同的經營情報與策略。通常企業中的作業模式有以下兩種：

結構化作業

目標明確，有一定規則可循，偏向一些日常且有重複性的工作，例如：薪資會計作業、員工出勤紀錄、進出貨倉管理紀錄。

非結構化作業

目標不明確，不能數量化或定型化的非固定性工作，例如：公司營運決策、企業行銷策略、產品開發策略。

資訊系統的目的在於協助企業更快速精確處理相關的作業模式，本節中將為各位介紹幾種常見的現代化資訊系統。

5-3-1　電子資料處理系統

電子資料處理系統（Electronic Data Processing System, EDPS），最簡單的定義就是利用電腦將各種常態型資料經過有程序與系統的處理過程後，所產生的有用資訊。通常 EDPS 是用來支援企業的基層管理與作業部門，也是資訊系統中最底層的作業系統，例如：員工薪資處理、帳單製發、應付應收帳款、人事管理等等。它的功用是讓原本屬於人工處理的作業邁向電腦化或自動化，進而提高作業效率與降低作業成本，或者也可以把一切的資訊系統都視為是一種電子資料處理系統（EDPS）。

5-3-2　辦公室自動化系統

近年來由於「電子文件資料交換標準」（Electronic Data Interchange, EDI）的流行，大幅減少了「企業與企業間」或「辦公室與辦公室間」的資料格式轉換問題，不但可將文件傳達與資訊交換全權透過電腦處理，更能加速整合客戶與供應商或辦公室各單位間的生產力。

「辦公室自動化」（Office Automation, OA）就是結合電腦與通訊設備的協助，以改進辦公室內的整體生產力，進而促使書面工作大量減少，例如：文書處理、會計處理、文件管理、或是溝通協調。讓員工在電腦上完成大部份工作，以達到高效率與高品質的工作環境。建置辦公室自動化系統時，應包括一般日常常用的應用軟體功能，例如：微軟 Office 軟體，即包含了文書處理器、試算表程式、簡報程式、資料庫管理系統及其他工具。這些軟體能被交互使用以幫助辦公室的工作。

5-3-3　管理資訊系統

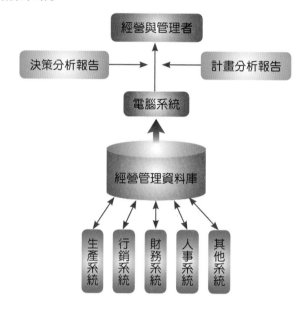

　　企業中不同層級的員工若需要存取相同類型的資訊時，多半會依照不同的限制規定方式，讓員工依權限查閱資訊。「管理資訊系統」（Management Information System, MIS）的定義就是在企業與組織內部，將內部與外部的各種相關資料，透過使用電腦硬體與軟體，處理、分析、規劃、控制等系統過程來取得資訊，以做為各階層管理者日後決策之參考，並達成企業整體的目標。

　　MIS 是一種「觀念導向」（Concept-Driven）的整合性系統，不像 EDPS 所著重的是作業效率的增加，MIS 的功用則是加強改進組織的決策品質與管理方法的運用效果，MIS 必須架構在一般電子交易系統之上，利用交易處理所得結果（如生產、行銷、財務、人事等），經由垂直與水平的整合程序，將相關資訊建立一個所謂的經營管理資料庫（Business Management Database），提供給管理者作為營運上的判斷條件，例如：產品銷售分析報告、市場利潤分析報告等等。

5-3-4　決策支援系統

　　決策支援系統（Decision Support System, DSS）是一套特殊的應用系統，利用該系統針對特定型態的商業資料進行資料收集及匯集報表，並幫助專業經理人制定更優化的決策。「決策支援系統」的主要特色是利用「電腦化交談系統」（Interactive Computer-based system）來協助企業決策者使用「資料與模式」（Data and Models）來解決企業內的「非結構化問題」，因此必須結合第四代應用軟體工具、資料庫系統、技術模擬系

統、企業管理知識於一體，而形成一套以知識資料庫（Knowledge Database）為基礎的資訊管理系統。

DSS 與 MIS 間的最大差異，在於前者所提供的多屬不確定的動態資訊，而後者則為確定的靜態資訊。由於企業經營的變動因素相當複雜，因此像是投資模擬分析、預算編訂模擬都是屬於決策支援系統的範圍。

DSS 包含了許多決策選擇模式，強調的不是決策的自動化，而是提供支援，讓管理者在解決問題的過程中，能夠嘗試各種可行的途徑。也有許多學者將 DSS、MIS 與 EDPS 比擬為一個三角形關係，EDPS 視為資訊科技應用的第一個階段，MIS 則是 EDPS 的延伸系統，而 DSS 則是建立在 MIS 所提供的資訊，並為決策者提供「沙盤推演」（What-if），如下圖所示。

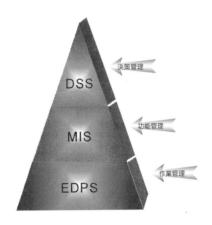

5-3-5 專家系統

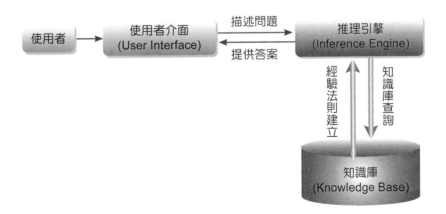

專家系統的工作是可以執行一般由人們完成的工作，並產生一些行動方案與建議給人們參考，也就是利用某種領域專業人士（如律師、醫師等）的經驗與智慧來建立所謂的知識庫（Knowledge Base），再應用推論（Inference）原則提供思考於解決問題的方法。事實上，專家系統是一種模仿人類利用各式各樣專家解決問題的模式及其所儲存的豐富知識，目前常見的專家系統有醫療診斷系統、地震預測系統、環境評估系統等等；像微軟 Office 軟體中常見的小幫手功能，也可看成一種小型的專家系統。

基本上，專家系統是針對特定的領域，集合許多人的專業知識而成。其所需資訊必須具有高度詳細的知識庫來完成，並藉由知識庫獲得更新且有價值的資訊，並配合推論引擎（inference engine）的軟體，即可從知識庫中先檢查使用者所提出的需求，然後提供最適當的或是一些可能的回應訊息。

5-3-6　策略資訊系統

「策略」（Strategy）可以視為是企業、市場與產業界三方面的交集點。而所謂「策略資訊系統」（Strategic Information System, SIS）的功能就是支援企業目標管理及競爭策略的資訊系統，或者可以看成是結合產品、市場，甚至於結合部分有效用的市場競爭利器。SIS 的目的是改變企業經營傳統方式，並且採取嶄新多元的策略切入市場，期待以成功的 SIS 達到「企業再造」（Business Reengineering）的理想。目前在國內銀行間的競爭相當激烈，各種行銷策略花招百出，例如：7-ELEVEN 中放置的自動櫃員機（ATM），就是一種增加客戶服務時間與據點的創新策略導向的 SIS。

5-3-7　企業資源規劃（ERP）

「企業資源規劃」（Enterprise Resource Planning, ERP），是企業上一種資訊軟體的解決方案，可以將企業行為用資訊化的方法來規劃管理，並提供企業流程所需的各項功能，配合企業營運目標，將企業各項資源整合，以提供即時而正確的資訊。ERP 會根據企業運作，可能包含生產、銷售、人事、研發、財務五大管理功能，其中各個管理功能間可以整合運作，也可以分開獨立作業，甚至可以整合位於不同地理位置的企業單位。ERP 在 21 世紀的知識經濟社會環境下，即將把企業的知識資源納入其管理之中並對其進行有效地管理，並非全新發展的系統，它是個逐漸演進的系統。ERP 是由傳統的 MRP（Material Requirement Planning，物料需求規劃）和 MRP II（Manufacturing Resource Planning，製造資源規劃）所延伸出來的產品。

例如：以往只針對企業的某一項功能來進行電子化，而無法提供整合性的參考資訊，而 ERP 則可以全面性考量與規劃，並提供全方位的最新資訊讓決策者或專業經理人

參考。不過要提醒各位，當 ERP 系統導入企業的過程中，往往會造成財務（軟、硬體設備）與制度的重大衝擊，因此必須審慎評估是以「全面性導入」或「漸進式導入」方式來實施。

5-3-8　顧客關係管理系統（CRM）

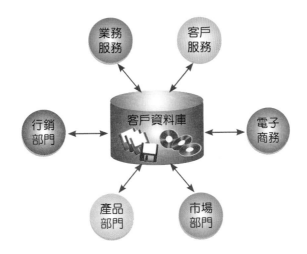

　　管理大師杜拉克（Peter Drucker）曾經說過，商業的目的不在創造產品，而在創造顧客。企業經營的最大目標不僅是向消費者推銷，而是隨時維持與顧客間的關係，瞭解顧客的需求，進而掌握顧客消費行為的趨勢。顧客關係管理（CRM）是由 Brian Spengler 提出，最早開始發展的國家是美國。

　　「顧客關係管理系統」（Customer Relationship Management, CRM），就是建立一套資訊化標準模式，大量收集且儲存客戶相關資料，加以分析管理客戶資訊與改善客戶關係，提高企業效益涵蓋，包括售前到售後的整個商業交易流程。例如：零售業可將顧客關係管理系統（CRM）與進銷存系統整合，製造業則可將 CRM 與訂單、生產、進出貨、倉儲管理等子系統加以整合。

　　對於一個企業而言，贏得一個新客戶所要花費的成本，幾乎就是維持一個舊客戶的五倍。而與客戶保持良好關係與互動的公司，通常能夠加強與客戶的關係緊密度，也能夠獲得更多的獲利回饋。因此引入 CRM 系統時，不但應該全面整合包括行銷、業務、客服、電子商務等部門，主動瞭解與檢討客戶滿意的依據，並適時推出滿足客戶個人的商品，進而達成促進企業獲利的整體目標。

5-3-9　企業再造工程

「企業再造工程」（Business Reengineering）是目前「資訊管理」科學中相當流行的課題，所闡釋的精神是如何運用最新的資訊工具，包括企業決策模式工具、經濟分析工具、通訊網路工具、電腦輔助軟體工程、活動模擬工具等，來達成企業崇高的嶄新目標。

企業再造工程的目的是為了因應企業競爭環境不斷變遷，傳統企業所隱藏的不景氣問題，須靠企業流程再造以降低營運成本、提昇產業競爭力、提高客戶滿意度來永續經營。這個目標不僅是單單改善企業中的任何作業流程，而是希望帶領企業走出一條全新的大道與願景。

例如：宏碁電腦與宏碁科技的合併案就是企業再造工程的成功案例，並轉型以服務為主的發展方向。施振榮先生指出，新宏碁公司的目標，是希望以資訊電子的產品行銷、服務、投資管理為核心業務，成為新的世界級服務公司。

圖片來源：http://www.acer.com.tw/

5-3-10　供應鏈管理（SCM）

供應鏈管理（SCM）就是一個企業與其上下游的相關業者所構成的整合性系統，包含從原料流動到產品送達最終消費者手中的整條鏈上的每一個組織與組織中的所有成員，形成了一個層級間環環相扣的連結關係，目的就是在一個令顧客滿意的服務水準下，使得整體系統成本最小化。

　　供應鏈管理系統的目標是在提昇客戶滿意度、降低公司的成本及企業流程品質最優化的三大前提下，利用電腦與網路科技對於供應鏈的所有環節以有效的組織方式進行綜合管理，希望能達到對於買方而言，可以降低成本，提高交貨的準確性，對於賣方而言，能消除不必要的倉儲與節省運輸成本，強化企業供貨的能力與生產力。

　　相對於企業電子化需求的兩大主軸而言，ERP 是以企業內部資源為核心，SCM 則是企業與供應商或策略夥伴間的跨組織整合，在大多數情況下，ERP 系統是 SCM 的資訊來源，ERP 系統導入與實行時間較長，SCM 系統實行時間較短。

康是美藥妝店建立了完相當成功的電子供應鏈管理系統

5-4 認識資料庫

　　人們當初試圖建造電腦的主要原因之一，就是用來儲存及管理一些數位化資料清單與資料，這也是資料庫觀念的由來。尤其在資訊科技發達的今日，日常的生活已經和資料庫產生密切的結合。例如：目前最熱門的網路拍賣，如何讓千萬筆交易順利完成，或者透過手機紀錄著他人電話號碼，並能分類與查詢電話。

圖書館的管理就是一種資料庫的應用

相信大家一定去過好市多等大賣場買過東西！只要是一家稍具規模的商店，都會將物品分門別類存放，方便購物時能找到，若以資料庫的特徵來看，商店本身就是一個資料庫。例如：上圖書館借書時，如果書籍沒有分類好，借書的人就得花費很大功夫來找尋欲借閱的書籍；若能有系統分類，就會讓借書過程順暢，這就是一種資料庫概念應用的優點。

5-4-1　資料庫簡介

資料庫是什麼？簡單來說，就是存放資料的所在。更嚴謹的定義，「資料庫」是以一貫作業方式，將一群相關「資料集」（Data Set）或「資料表」（Data Table）所組成的集合體，儘量以不重複的方式儲存在一起。

> **TIPS**
>
> 所謂「資料表」是一種二維的矩陣，縱的方向稱為「欄」（Column），橫的方向稱為「列」（Row），每一張資料表的最上面一列用來放資料項目名稱，稱為「欄位名稱」（Field Name），而除了欄位名稱這一列外，通通都用來存放一項項資料，則稱為「值」（Value）。

基本上，一個良好的資料庫應具備以下特徵：

資料安全性（Data Safety）

所謂「資料安全性」主要是強調資料庫的保護，也就是要維持一個資料庫的運作，首先必須將資料定時備份，遭受破壞時才能回復。另外使用者和應用程式之間也應設定不同的權限（authority），才能確保資料的安全運作。

資料獨立性（Data Independence）

在資料庫中，儲存的資料和應用程式之間沒有依賴性（dependence），也就是使用者不需知道資料庫內部的儲存結構或存取方式。例如：一個圖書管理資料庫系統，某一本書能在同一時間被借書人借閱，也能透過查詢取得此書籍的相關訊息。

資料完整性（Data Integrity）

「資料完整性」就是指資料的正確性，使用者在任何時刻所使用的資料都必須正確無誤。要達成「資料完整性」，可從四個階段來控制，分別是輸入前資料控制、輸入時資料控制、處理階段控制與輸出階段控制。

資料同作性（Data Concurrency）

「資料同作性」是避免在同一時間有許多使用者同時存取相同一筆資料。

5-4-2 資料庫管理系統

「資料庫系統」（Database System）就是電腦上所應用的數位化資料庫，一個完整的資料庫系統須包含儲存資料的資料庫，管理資料庫的「資料庫管理系統」（DataBase Management System, DBMS），還有讓資料庫運作的電腦硬體設備和作業系統，以及管理和使用資料庫的相關人員。

「資料庫管理系統」（DBMS）就是負責管理資料庫的系統軟體，它讓一個資料庫除了具有儲存資料功能外，還可提供共享資料資源的管理與定義資料庫的結構，讓資料之間的聯繫能有完整性。使用者可以透過人性化操作介面進行新增、修改的基本操作，系統也要能提供各項查詢功能，針對資料進行安全控管機制，如下圖所示。

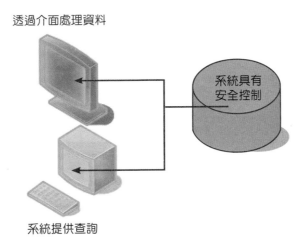

透過介面處理資料

系統具有安全控制

系統提供查詢

因此資料庫、資料庫管理系統和資料庫系統可以是三個不同的概念，資料庫提供的是資料的儲存，資料庫的操作與管理必須透過資料庫管理系統，而資料庫系統提供的是一個整合的環境：

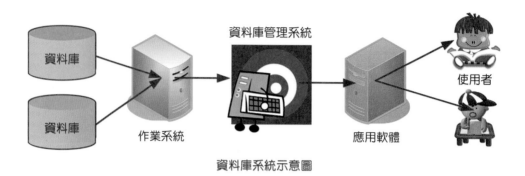

資料庫系統示意圖

5-4-3　常見資料庫結構

資料庫的結構模式如果是依照設計理念與方式來區分，有以下三種常見結構：

關聯式資料結構

以二維表格（two-dimension table）方式來儲存資料，由許多行及列資料所組成，這種行列關係，稱為「關聯」（relational），是目前時下最流行也最為普及的資料庫。優點是容易理解、設計單純、可用較簡單的方式存取資料，節省程式發展或查詢資料的時間，適合隨機查詢。缺點是存取速度慢，所需的硬體成本較高。例如：dBase、Foxpro、Access、SQL Server 、Oracle 等軟體。

階層式資料結構

此類型資料庫中各種資料都是以階層結構關係儲存，如同家族中父母與子女的關係，例如：一個父節點可擁有好幾個子節點，但是一個子節點只能有一個父節點，又可稱為「樹狀結構」。優點是適合階層式的資料應用（如一般的公司體系），如果資料不具階層性，則存取方式會較為複雜，另外當刪除父節點時，子節點的資料也會被刪除。

網狀式資料結構

類似階層式資料結構，不過除了一個父節點可擁有好幾個子節點，一個子節點也可以存在多個父節點。優點是資料不需要重複儲存，可節省儲存空間，也提供多對多存取關係，彈性較大。缺點是程式設計上相當複雜，另外查詢與修改時相當困難，也容易出問題。

以上是傳統資料庫的常見結構介紹，目前隨著物件導向設計觀念的流行，還發展出以物件導向概念為主的兩種資料庫結構，分述如下：

物件導向資料庫結構

將資料庫中的每一筆資料當作一個物件，而有相同結構的物件則稱為同一「類別」（class）。傳統資料庫模式都用來儲存文字與數值資料，不過在今日多媒體資訊充斥的時代，可能要儲存的對象就包括圖形、視訊、音訊等類型，物件導向資料庫結構就是為了處理這些複雜的資料類型而來。優點是擴充性高、彈性型態定義及操作過程簡化，缺點則是並非實體世界所有物件都具有階層式關係及所使用的查詢語言較複雜等。

物件關聯式資料庫結構

物件關聯式資料庫（Object Relational DataBase, ORDB）乃是延伸現有的關聯式資料庫系統，並嵌入物件導向功能。簡單來說，利用物件導向為發展方向的同時，另外也保留了許多關聯式資料庫系統的特質。

以現實情況而言，關聯式資料庫系統仍是主流，如果貿然將現有的資料庫系統完全改換為物件導向式資料庫，風險委實太高。因此許多產品採用折衷方式，延續現有的關聯式資料庫，例如：PostgreSQL，以及 IBM 的 DB2/6000 C/S…等即是。

5-4-4 資料倉儲與資料探勘

在資訊爆炸的時代裡，隨著企業中累積相關資料量的大增，如果沒有適當的管理模式，將會造成資料大量氾濫。許多企業為了有效的管理運用這些資訊，紛紛建立資料倉儲（Data Warehouse）模式來管理這些資料。建置資料倉儲的目的是希望整合企業的內部資料，並綜合各種外部資料，經由適當的安排來建立一個資料儲存庫，使作業性的資料能夠以現有的格式進行分析處理，讓企業的管理者能有系統的組織已收集的資料，目的在於能快速支援使用者的管理決策。

資料倉儲（Data Warehouse）可說是企業進行建立商業智慧（Business Intelligence, BI）的核心，對於企業而言，是一種兼具效率與彈性的資訊提供管道。資料倉儲的與一般資料庫雖然都可以存放資料，但是儲存架構有所不同，通常可使用線上分析處理技術建立多維資料庫（Multi Dimensional Database），這有點像試算表的方式，整合各種資料類型，日後可以設法從大量歷史資料中統計、挖掘出有價值的資訊。

TIPS ↘

商業智慧（Business Intelligence, BI）是企業決策者決策的重要依據，屬於資料管理技術的一個領域。BI 一詞最早是在 1989 年由美國加特那（Gartner Group）分析師 Howard Dresner 提出，主要是利用線上分析工具（如 OLAP）與資料探勘（Data Mining）技術來萃取、整合及分析企業內部與外部各資訊系統的資料資料，將各個獨立系統的資訊可以緊密整合在同一套分析平台，並進而轉化為有效的知識，目的是為了能讓使用者能在決策過程中，即時解讀出企業自身的優劣情況。

資料探勘（Data Mining）則是一種資料分析技術，可視為資料庫中知識挖掘的一種工具，是將資料轉化為知識的過程，也就是從一個大型資料庫所儲存的大量資料中萃取有用的知識，也可看成是一種資料轉化過程，對於現代商業及科學領域都有許多相關的應用。

資料探勘採用了許多統計方法，嘗試在現有資料庫的大量資料中進行更深層分析，發掘出隱藏在龐大資料中的可用資訊。對於企業界而言，是一門兼具問題、理論與方法的科學，並作為提供決策過程之用，國內外許多的研究都存在著許許多多資料探勘成功的案例，例如：零售業者可以更快速有效的決定進貨量或庫存量。資料倉儲與資料探勘的共同結合可幫助建立決策支援系統，以便快速有效的從大量資料中，分析出有價值的資訊，幫助建構商業智慧與決策制定。

協同商務

在e化浪潮競爭激烈的環境中,如何善用企業資源,降低營運成本,鞏固上下游客戶關係,往往將會是企業能否成功的關鍵因素。隨著網際網路的快速發展,相關商業上的功能也不斷的進步,而目前已經逐漸走向合作的應用趨勢,以提升整個價值鏈的競爭力。

裕隆日產汽車企業的協同商務工作相當成功

協同商務(Collaborative Commerce, CC)是一種全新的商業策略模式,也就是建立一種買賣雙方彼此互相分享知識並共同緊密合作的一個商業環境,將企業由內至外的所有資源,透過網際網路整合內部與供應鏈,在彼此商務往來的管理與作業上,同步化地透過資訊、知識的分享來擴展到提供整體企業間的商務服務,並達成資訊共用,以提升整個價值鏈的競爭優勢,才能使得企業獲得更大的利潤與成功。

對於全球化日漸龐大複雜的競爭環境,不論是企業資源規劃(ERP)、供應鏈管理(SCM)、顧客關係管理(CRM)或者是知識管理(KM),目前都已經無法單方面滿足企業對快速回應市場的迫切需求,只有透過協同商務與更深化的e化應用,才能將企業及其合作協力廠商連成一個整體性的智慧網路,進而提供即時與便捷的交易資訊,對外拓展客戶群、提高作業效率,最後增加企業整體獲利與競爭力。

一、選擇題

( )　1. CAI 是 ＿＿＿ 的簡稱 (A) 電腦輔助設計　(B) 電腦輔助教學　(C) 電腦輔助工作　(D) 電腦輔助學習。

( )　2. 所謂 CAD 就是？(A) 人工智慧　(B) 電腦自動化　(C) 電腦輔助製造　(D) 電腦輔助設計。

( )　3. 下列何者不屬於辦公室自動化的應用？(A) E-mail　(B) 電子黑板　(C) 文書處理　(D) 視訊會議　(E) 網路遊戲。

( )　4. 電腦輔助設計（CAD）與電腦輔助製造（CAM）是屬於下列哪一方面的應用？(A) 工廠自動化　(B) 辦公室自動化　(C) 商業自動化　(D) 政府自動化。

( )　5. 資料處理的基本作業方式為何？(A) 輸入、輸出、處理　(B) 輸入、處理、輸出　(C) 輸入輸出、處理、列印　(D) 輸入輸出、列印、顯示。

( )　6. 下列哪一種作業系統最適合處理大量且較不具時效性的資料？(A) 分時（time-sharing）作業系統　(B) 分散式（distributed）作業系統　(C) 即時（real-time）作業系統　(D) 批次（batch）作業系統。

( )　7. 一群未經處理的事實，稱為 (A) 資料　(B) 資訊　(C) 消息　(D) 資源。

( )　8. 利用電腦將資料做有系統的處理稱為 (A) 人工資料處理　(B) 機械式資料處理　(C) 打孔卡片式資料處理　(D) 電子資料處理。

( )　9. 將有關資料進行一連串有計劃、有系統的處理的過程稱為？(A) 資料處理　(B) 資訊處理　(C) 事務處理　(D) 資料管理。

( )　10. 下列哪些處理系統不適於使用交談式處理作業？(A) 薪資作業　(B) 自動匯銀機之存提款作業　(C) 機票、車票之訂票作業　(D) 線上查詢作業。

( )　11. 辦公室自動化的缺點不包含 (A) 公司生產效率降低　(B) 購置軟硬體及網路設備成本提高　(C) 電子文件及網路安全其防護安全有待考驗　(D) 工作人員不適應自動化的工作型態。

( )　12. 有關自動化之敘述，下列何者錯誤 (A) 自動化的 3A，指的是辦公室自動化、家庭自動化及工廠自動化　(B) 辦公室自動化的意義是辦公室內的一群人，使用自動化設備來提高生產力　(C) 辦公室自動化簡稱 QA　(D) 文書處理、音訊處理、影像處理及通訊網路皆是辦公室自動化的範疇。

( )　13. 企業與企業間採用一致的特定格式在通訊網路上傳輸資料，達到縮短流程及迅速交易以提昇公司效率。請問這種方式稱做 (A) RPG　(B) CPU　(C) UPS　(D) EDI。

( )　14. 達成辦公室自動化不應具備 (A) 文書處理　(B) 電子歸檔　(C) 視訊會議　(D) 手寫文書人員。

二、問答題

1. 資訊系統的基本成員包括哪些？

2. 為什麼 MIS 是一種「觀念導向」（Concept-Driven）的整合性系統？

3. 由美國人波曼（Brow man）等教授提出了所謂三階段資訊系統規劃模型為何？

4. 請簡單說明「企業再造工程」（Business Reengineering）的意義。

5. 請說明「專家系統」（Expert System, ES）的優點。

6. 試簡述商業智慧（Business Intelligence, BI）的內容。

7. 一個完整的資料庫系統須包含哪些項目？

8. 什麼是協同商務？試簡述之。

9. 請說明供應鏈管理（SCM）的內容與目標。

10. 什麼是資料庫中的資料表？試詳述之。

11. 請說明企業再造工程（Business Reengineering）的目的。

12. 請簡述資料探勘（Data Mining）。

13. 資料倉儲（Data Warehouse）有何功用？試說明之。

2 PART

網路篇

本篇以通訊網路概說、網際網路通訊與交友實務、瀏覽器與全球資訊網、最新 Web 上的網際網路應用、資訊安全實務、資訊倫理與法律、電子商務與網路行銷為介紹單元。

從認識通訊網路的入門知識開始談起,這些基礎知識包括網路的組成、網路拓樸、通訊傳輸方向、資料交換技術、通訊媒介、通訊協定、連結裝置、區域網路、無線網路等。還會介紹瀏覽器及網際網路相關應用。包括:全球資訊網、電子郵件、微網誌、臉書、檔案傳輸、網路電話…等。此外也會介紹各種網際網路服務及最新的 Web 技術。最後則會談論網路上的安全及法律問題,例如:駭客、電腦病毒、隱私權、著作權…等。其中電子商務及網路行銷的工具,也是討論的主題。

06 通訊網路概說

使用『無孔不入』來形容網路或許稍嫌誇張，但網路確實已經成為現代人生活中的一部份，全面地影響了人類的日常生活型態。網際網路的快速成長也同時激勵了資料通訊的普遍化，因此網路科技已成為整個電腦產業中最為急遽成長的領域，不論是公司、學校或者日常生活的食衣住行中，都可以發現網路通訊的相關應用。本章將為您介紹各種網路架構與相關常識，從小至企業內的區域網路到連結全世界的網際網路，最後還會介紹目前有線與無線網路應用的有關範圍。

全球網路簡單示意圖

6-1　網路簡介

　　一個完整的通訊網路系統元件，不只包括電腦與其周邊設備，甚至還可包含電話、手機、PDA 等。如果從較廣義的範圍來看，最早期的網路在我們日常生活中可是十分熟悉且常用的一項服務，它就是「公共交換電話網路」（Public Switched Telephone Network, PSTN）。通常大多數人想到網路時，就聯想到有一些電腦在同一地點共享文件與裝置，例如：印表機。或者網路可以將所有電腦與裝置納入一個部門、一個建築物、或分散在不同地理區域的數個建築物中。以下將網路依據規模、距離遠近、架設範圍區分為三種。

6-1-1　區域網路

　　「區域網路」（Local Area Network, LAN）是一種最小規模的網路連線方式，可以只包含兩或三部彼此連線而共享資源的個人電腦，它也可以包含數百部不同種類的電腦。任何位於單一建築物內，甚至一些鄰接建築物內的網路，都被視為區域網路。它可能只使用了一個集線器來連接兩、三台電腦，在家庭或小型辦公室中常見到這種網路模式。

區域網路示意圖

6-1-2　都會網路

　　「都會網路」（Metropolitan Area Network, MAN）是將一些小型的區域網路使用橋接器、路由器等裝置連接而成為較大型的區域網路。都會網路通常不被任一獨立的組織所擁有，它們的溝通裝置與設備通常由一個團體或單一的網路供應商所維護。例如：校園網路（campus area network, CAN），在傳統的大學設施中，總務處辦公室可以被連接至註冊辦公室，一旦學生繳納註冊費後，這個資訊也會被傳送至註冊系統，所以該學生可以完成入學登記的手續，而這就屬於一種規模較小的「都會網路」。如下圖所示：

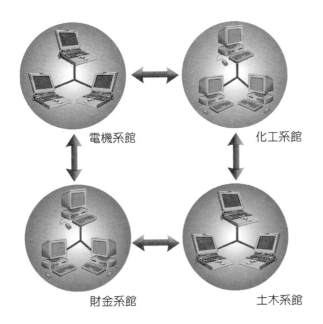

電機系館　　　　　　　　化工系館

財金系館　　　　　　　　土木系館

6-1-3　廣域網路

　　「廣域網路」（Wide Area Network, WAN）的範圍則更廣，連接無數個區域網路與都會網路，可能是都市與都市、國家與國家，甚至於全球間的聯繫。例如：一家公司總部與製造廠可能位在一個城市，而它的業務辦公室卻位於另一城市。像是網際網路則是利用光纖電纜或電話線將廣大範圍內分散各處的區域網路連結在一起，是最典型的廣域網路。

廣域網路示意圖

6-2　網路組成架構簡介

如果將網路依照資源共享架構來區分，可分為對等式架構（Peer-to-Peer）與主從式架構（Client/Server）兩種。分述如下：

6-2-1　伺服器型網路

伺服器型網路不僅包含電腦節點，也包含一部中央電腦，並具有當作共享儲存設備的高容量硬碟。正如各位先前所見，這部中央電腦被稱為檔案伺服器、網路伺服器、郵件伺服器等。由於必須應付許多電腦可能同時提出的資源請求，所以伺服器主機本身必須具備較高的運算處理能力。如下圖所示：

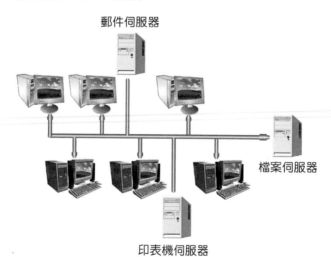

採用伺服器型網路，各伺服器會有專門管理的資源

採用伺服器網路的好處是管理方便。如果有必要,可以為不同的使用者設定不同的使用權限,而由於採用專屬的伺服器來管理資源,使用版本方面的問題也就較容易控制,不過伺服器型網路需要使用專用的伺服器,並要有專人加以管理,所以在設定此類型網路時會付出較高的成本。

6-2-2 對等型網路

這是一般人最常使用的網路類型,因為這樣的網路類型最為簡單!例如:各位在學校宿舍,您與室友們各擁有自己的電腦、印表機等,並利用了網路連結而可以分享彼此的資料,此時所採取的也許就是「對等型網路」。在對等型網路中,網路上的所有節點彼此都有相等的關係,並且全都有類似的軟體,用來支援共享資源:

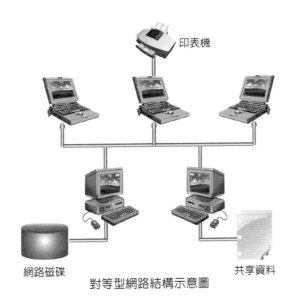

印表機

網路磁碟　　共享資料
對等型網路結構示意圖

對等型網路的優點就是簡單且設置成本便宜,只要具備網路線與網路卡,就可以將電腦彼此連結為一個網路,最常見的應用就是分享印表機了。缺點是維護不易,只能使用於小型網路中,如果今日印表機從 A 電腦移至 B 電腦,則先前透過網路使用這台印表機的其他電腦,就必須重新設定才可以再使用這台印表機。

6-3 網路連結模式

網路「拓樸」(Topology)就是指網路連線實體或邏輯排列形狀,或者說是網路連線後的外觀。網路連結型態也就是指網路的佈線方式,常見的網路拓樸有匯流排式(bus)拓樸、星狀(star)拓樸、環狀(ring)拓樸、網狀(mesh)拓樸,分別說明如下。

6-3-1　匯流排式拓樸

匯流排式拓樸是最簡單，成本也最便宜的網路拓樸安排方式，使用單一的管線，所有節點與周邊設備都連接到這線上。其外觀如下所示：

匯流排式拓樸

匯流排式網路的優點是如果要在網路中加入或移除電腦裝置都很方便，所使用的材料也頗為便宜，而且比任何網路拓樸都使用比較少的纜線，適用於剛起步的小型辦公室網路來使用。不過使用匯流排式網路的缺點是維護不易，如果某段線路有問題，整個網路就無法使用，並且需逐段檢查以找出發生問題線段並加以更換。

6-3-2　星狀拓樸

在星狀拓樸中，個別的電腦會使用各自的線路連接至一台中間連接裝置，這個裝置通常是集線器（Hub），所有的節點都被連接至集線器並透過它進行溝通。這樣的網路從集線裝置往外看起來，就像是放射形的星狀，如下圖所示：

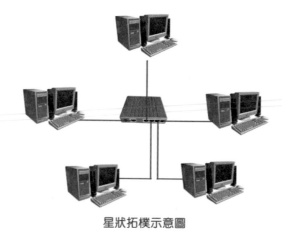

星狀拓樸示意圖

　　由於每台電腦裝置都使用各自的線路連接至中央裝置，所以即使某個線路出了問題，也不至於影響到其他的線路，星狀拓樸要移除裝置或加入裝置也十分簡單，只要將線路直接從中央裝置中移除就可以了。不過因為每台電腦都需要一條網路線與中心集線器相連，使用線材較多，成本也較多。另外當中心節點集線器故障時，則有可能癱瘓整個網路。

6-3-3　環狀拓樸

　　將網路上的每台電腦與周邊設備，透過網路線以環狀（ring）方式連結起來。其中各節點連接下一個節點，最後一個節點連接到第一個節點，而完成環狀，各節點檢查經由環狀傳送的資料。如下圖所示：

環狀網路示意圖

　　環狀拓樸一般較不常見，使用環狀拓樸的網路主要有 IBM 的「符記環」（Token Ring）網路，符記環網路使用「符記」（Token）來進行資料的傳遞。環狀網路在網路流量大時會有較好的表現，因為不管有多少裝置想要傳送資料，同樣都必須先獲得符記才可以進行資料傳送，所以不至於發生「塞車」的情況。優點是網路上的每台電腦都處於平等的地位，缺點是當網路上的任一台電腦或線路故障，其他電腦也會受到影響。

6-3-4　網狀拓樸

　　網狀拓樸則是指一台電腦裝置至少與其他兩台裝置進行連接，所以網狀拓樸的網路會具備有較高的容錯能力，也就是如果此條線路不通，還可以用另外的路徑來傳送資

料。不過網狀拓樸的成本較高，要連接兩台以上的裝置也較為複雜，所以建置不易，一般較少看到網狀拓樸的應用。如下圖所示：

網狀拓樸示意圖

6-4　網路傳輸媒介

正如電力必須透過電線才能傳送至城市的每一個角落，資料如果要透過網路來傳送，也必須透過網路連線媒介才能完成，網路所使用的連線媒介可以分為兩種：「引導式媒介」（Guided Media）與「非引導式媒介」（Unguided Media）。

引導式媒介指的就是有實體線路連結的媒介，例如：同軸電纜、雙絞線、光纖電纜等，而非引導式媒介指的是不使用實體線路就可傳送訊號或資料，例如：微波、紅外線等無需透過實體線路就可以傳遞。首先來看看常用的有線傳輸媒介特性與應用範圍。

6-4-1　同軸電纜

同軸電纜（Coaxial Cable）是相當常用的線材之一，一般有線電視用來傳送訊號的線材就是使用同軸電纜。同軸電纜是由內外兩層導體構成，所使用的材質通常是銅導體，內層導體為了避免斷裂常會以多蕊的銅導體集結而成，而外層導體形成網狀圍繞內層導體，因此具有遮蔽的效應，可以減低電磁方面的干擾，兩層導體之間以絕緣體加以隔絕，最外層則為塑膠套：

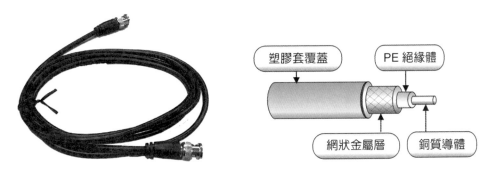

同軸電纜外部與內部構造圖

6-4-2　雙絞線

雙絞線（Twisted Pair）就是將兩條導線相互絞在一起，而形成的網路傳輸媒體，這也是最常見的網路傳輸線材。雙絞線將導線成對絞在一起的目的是為了防止雜訊（Noise）干擾與串音（Crosstalk）現象。這個問題是因為電流於導線中流動時，會產生電磁場而干擾鄰近線路傳輸中的資料。藉由兩條導線相互絞在一起，則可以降低外部電磁場的干擾（並無法完全消除此干擾），絞繞的次數越多，抗干擾的效果越好，但相對地成本也會較高。如下圖所示：

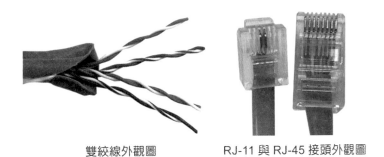

雙絞線外觀圖　　　　　RJ-11 與 RJ-45 接頭外觀圖

6-4-3　光纖電纜

光纖（Optical Fiber）的中心材質為玻璃纖維，外部則為反射物質，而最外層為保護的塑膠外套，藉由光線不斷地於玻璃纖維中反射，就可以將訊號傳送至另一個接收端。光纖傳遞原理是當光線在介質密度比外界低的玻璃纖維中傳遞時，如果入射的角度大於某個角度（臨界角），就會發生全反射的現象，也就是光線會完全在線路中傳遞，而不會折射至外界。由於所傳送的是光訊號，所以資料的傳送速度相當快速，且不易有衰減的現象，更不用怕電流流動所發生的電磁干擾，所以可以將一束光纖綁在一起也不會互相干擾。

光纖以內外介質的大小來做為標示的方式，例如：62.5/140，所指的就是中心的蕊（core）為 62.5 微米（micrometer）而外面的披覆（cladding）為 140 微米。光纖的傳輸速率極快，其最高速率可達 2Gbps，所以其應用主要是在高速網路上，例如：100BaseFX 高速乙太網路、「非同步傳輸模式」網路（Asynchronous Transfer Mode, ATM）、「光纖分散式介面」（Fiber Distributed Data Interface, FDDI）、海底電纜等高速網路上。

6-5 網路參考模型與通訊協定

由於網路的運作也是由許多不同領域的技術所結合起來，而結合的標準就規範於參考模型之中。簡單來說，設立模型的目的就是為了樹立共同的規範或標準，因為網路是個運行於全世界的資訊產物，如果不制定一套共同的運作標準，整個網路也無法整合推動起來，而且網路結合了軟體、硬體等各方面的技術，在這些技術加以整合時，如果沒有共同遵守的規範，所完成的產品，就無法達到彼此溝通、交換資訊的目的。

不建立共通的標準，就如同兩個人說不同語言，變成雞同鴨講

網路模型在溝通上扮演極重要的角色，模型或標準通常由具公信力的組織來訂立，而後再由業界廠商共同遵守，OSI 模型就是一個例子。不過有時候某些標準是許多廠商使用已久，卻沒有經由公訂組織經正式會議來制定標準，這種大家默許認同的標準，就稱之為「業界標準」（de facto），例如：DoD 模型。基於此種模型所建立起來的通訊協定就是大家耳熟能詳的 TCP/IP 協定組合；如果某些業界標準非常普及，訂立標準的公信組織有時也會順水推舟地將它納入正式的標準之中。

6-5-1　OSI 參考模型

OSI 參考模型是由「國際標準組織」（International Standard Organization, ISO）於 1988 年的「政府開放系統互連草案」（Government Open Systems Interconnect Profile, GOSIP）所訂立，當時雖然有要求廠商必須共同遵守，不過一直沒有得到廠商的支持，但是 OSI 訂立的標準有助於瞭解網路裝置、通訊協定等的運作架構，所以倒是一直被教育界拿來作為教學討論的對象。至於 OSI 模型共分為七層，如下圖所示：

OSI 參考模型示意圖

應用層

在這一層中運作的就是我們平常接觸的網路通訊軟體，例如：瀏覽器、檔案傳輸軟體、電子郵件軟體等，它的目的在於建立使用者與下層通訊協定的溝通橋梁，並與連線的另一方相對應的軟體進行資料傳遞。通常這一層的軟體都採取所謂的主從模式。

表現層

主要功能是讓各工作站間資料格式能一致，包含字碼的轉換、編碼與解碼、資料格式的轉換等。例如：全球資訊網中有文字、圖片、甚至聲音、影像等資料，而表現層就是負責訂定連線雙方共同的資料展示方式，例如：文字編碼、圖片格式、視訊檔案的開啟等等。

會議層

　　會議層的作用就是建立起連線雙方應用程式互相溝通的方式,例如:何時表示要求連線、何時該終止連線、發送何種訊號時表示接下來要傳送檔案,也就是建立和管理接收端與發送端之間的連線對談形式。例如:在連線遊戲時,就不能發生客戶端按一下方向鍵表示要移動遊戲中的人物 1 格,伺服端卻認為這是要移動人物 10 格,這就是會議層中應該實作的規範。

傳輸層

　　傳輸層主要工作是提供網路層與會議層一個可靠且有效率的傳輸服務,例如:TCP、UDP 都是此層的通訊協定。傳輸層所負責的任務就是將網路上所接收到的資料,分配(傳輸)給相對應的軟體,例如:將網頁相關資料傳送給瀏覽器,或是將電子郵件傳送給郵件軟體,而這層也負責包裝上層的應用程式資料,指定接收的另一方該由哪一個軟體接收此資料並進行處理。

網路層

　　網路層的工作就是負責解讀 IP 位址並決定資料要傳送給哪一個主機,如果是在同一個區域網路中,就會直接傳送給網路內的主機,如果不是在同一個網路內,就會將資料交給路由器,並由它來決定資料傳送的路徑,而目的網路的最後一個路由器再直接將資料傳送給目的主機。

資料連結層

　　是 OSI 模型的第二層,主要是負責資料「加框」(Frame)及「還原」(Deframe)處理,並決定資料的實際傳送位址、流量與傳送時間與偵錯的工作等。在流量考量下,會將所接收的封包,切割為較小的訊框,並在前後加上表頭及表尾,讓接收端予以辨認。此外,資料連結層通常用於兩個相同網路節點間的傳輸,因此像是網路卡、橋接器,或是交換式集線器(Switch Hub)等設備,都屬於此層的產品。

實體層

　　是 OSI 模型的第一層,所處理的是真正的電子訊號,主要的作用是定義網路資訊傳輸時的實體規格,包含了連線方式、傳輸媒介、訊號轉換等等,也就是對數據機、集線器、連接線與傳輸方式等加以規定。例如:我們常見的「集線器」(Hub),也都是屬於典型的實體層設備。

6-5-2　認識通訊協定

在網路世界中，為了讓所有電腦都能互相溝通，就必須制定一套讓所有電腦都能夠瞭解的語言，這種語言便成為「通訊協定」（Protocol），通訊協定就是一種公開化的標準，而且會依照時間與使用者的需求而逐步改進。在此將為各位介紹幾種常見的通訊協定：

TCP 協定

「傳輸通訊協定」（Transmission Control Protocol, TCP）是一種「連線導向」資料傳遞方式。當發送端發出封包後，接收端接收到封包時必須發出一個訊息告訴接收端：「我收到了！」，如果發送端過了一段時間仍沒有接收到確認訊息，表示封包可能遺失，必須重新發出封包。也就是說，TCP 的資料傳送是以「位元組流」來進行傳送，資料的傳送具有「雙向性」。建立連線之後，任何一端都可以進行發送與接收資料，而它也具備流量控制的功能，雙方都具有調整流量的機制，可以依據網路狀況來適時調整。

IP 協定

「網際網路協定」（Internet Protocol, IP）是 TCP/IP 協定中的運作核心，存在 DoD 網路模型的「網路層」（Network Layer），也是構成網際網路的基礎，是一個「非連接式」（Connectionless）傳輸，主要是負責主機間網路封包的定址與路由，並將封包（packet）從來源處送到目的地。而 IP 協定可以完全發揮網路層的功用，並完成 IP 封包的傳送、切割與重組，也就是說可接受從傳輸層所送來的訊息，再切割、包裝成大小合適 IP 封包，然後再往連結層傳送。

UDP 協定

「使用者資料協定」（User Datagram Protocol, UDP）是一種較簡單的通訊協定，例如：TCP 的可靠性雖然較好，但是缺點是所需要的資源較高，每次需要交換或傳輸資料時，都必須建立 TCP 連線，並於資料傳輸過程中不斷地進行確認與應答的工作。對於一些小型但頻率高的資料傳輸，這些工作都會耗掉相當多的網路資源。而 UDP 則是一種非連接型的傳輸協定，允許在完全不理會資料是否傳送至目的地的情況進行傳送，當然這種傳輸協定就比較不可靠。不過它適用於廣播式的通訊，也就是 UDP 還具備有一對多資料傳送的優點，這是 TCP 一對一連線所沒有。

6-6 有線區域網路

　　現在的電腦如果無法與區域網路上的其他電腦連線，或是直接連上網際網路，那麼這部如同孤鳥般的電腦，所能進行與支援的工作必定相當有限。一般說來，區域網路可以區分為有線區域網路（LAN）與無線區域網路兩種（WLAN），所謂有線區域網路就是必須依靠實體的傳輸媒介來連結各個節點，如同軸電纜、雙絞線等。一般常見的區域網路架構有「記號環網路」（Token Ring）、「光纖分散式資料介面」（FDDI）、「乙太網路」為主，簡單介紹如下。

6-6-1 記號環網路

　　由 IBM 在 1980 年代所發展的區域網路技術，網路相關資訊則規範於 IEEE 802.5 標準中，它的存取速度有 4Mbps 與 16Mbps 兩種，可謂區域網路架構的鼻祖。在外觀上，符記環網路看起來像是星狀網路，但實際線路結構則是屬於環狀網路，傳輸速度為 4Mbps，並利用記號傳遞（Token Passing）來做媒介存取控制，傳送資料時毋須做碰撞偵測動作，不過傳送資料之前，電腦必須先取得記號封包。符記傳遞的方式在流量高的網路上使用時較為適用，在網路流量較低的網路上，所提供的效率反而效能差。

6-6-2 光纖分散式資料介面網路

　　「光纖分散式資料介面」（FDDI）是由 ANSI 與 ISO 於 1990 年代所制定的標準，採用分離式雙環狀網路架構與環狀網路的結構，不過是一種具備有「兩個環」的環狀網路，也就是一個為「主環」與另一個為「次環」。可預留一個備份線路以防不時之需，即光纖式網路，傳輸速率為 100Mbps，主要是用來作為骨幹網路或高性能的區域網路。不過原本備受市場看好，速度可以達到 100Mbps 的 FDDI 光纖網路，則因為當時光纖接頭價格太高，而無法成功推動市場、宣告失敗。

6-6-3 乙太網路

　　乙太網路（Ethernet）是目前最普遍的區域網路存取標準，通常用於匯流排型或星型拓樸。由於它具備有傳輸速度快、相關設備組件便宜與架設簡單等特性，使得中小企業或學校的辦公室中，大部份都是採用此種架構來建立區域網路。乙太網路的起源於 1976 年 Xerox PARC 將乙太網路正式轉為實際的產品，1979 年 DEC、Intel、Xerox 三家公司（稱為 DIX 聯盟）試圖將 Ethernet 規格交由 IEEE 協會（電子電機工程師協會）制定成標準。IEEE 並公佈適用於乙太網路的標準為 IEEE802.3 規格，直至今日 IEEE 802.3 和

乙太網路意義是一樣的，一般我們常稱的「乙太網路」，都是指 IEEE 802.3 CSMA/CD
中所規範的乙太網路。想要架設乙太網路將家中或辦公室的電腦連結起來並不是一件困
難的事，只要備妥集線器、網路線以及電腦中裝妥網路卡後，依照乙太網路的架構來安
裝，就可輕易組成一個小型區域網路：

乙太網路架構圖

6-7 認識網路連線裝置

　　要形成一個網路，並不是隨意地將電腦與線路加以連結即可運作，不同的網路類型
或需求，通常會使用不同的連線裝置，有的是為了讓衰減的訊號再生，以進行更長距離
的傳送。還有些裝置則是為了轉送網路上的封包，使其能夠到達正確的目的地；而有的
是用來轉換不同的通訊協定，使世界各地不同的網路都能相互溝通。在本節中，我們將
介紹各種不同的連線裝置與其用途。

6-7-1　中繼器

　　除了光纖線路的訊號是以光來進行資料的傳送之外，其餘的有線媒體幾乎都是以電
位訊號來進行資料的傳送，由於所使用的是銅導體之類的媒介，所以電位訊號在傳送的
過程中就會損耗，也就是所謂的信號衰減，因此這些連線媒介在使用上都會有距離上的
限制。為了讓訊號能夠傳送更長的距離，可以使用中繼器（Repeater）來再生訊號，其
可以將衰減的電位訊號予以模擬放大，然後再傳送至下一個網段中，不過由於是根據原
來衰減過的訊號加以模擬放大，與原訊號相比就有失真的情況，如果經過長距離多次放
大之後，訊號就會變得無法辨識了，所以通常使用中繼器來進行再生訊號的話，所使用
的中繼器最多不超過三台。

中繼器可以將訊號重新整理再傳送

6-7-2　集線器

集線器（Hub 或 Concentrator）主要使用於星狀網路中，用來連接網路上不同的電腦裝置，集線器可以分為「被動式集線器」與「主動式集線器」，被動式集線器單純地用來連接電腦裝置，而主動式集線器尚具備有中繼器的功能，可以將訊號  再生後再傳送至網路上。雖然集線器上可同時連接多個裝置，但在同一時間僅能有一對（兩個）的裝置在傳輸資料，而其他裝置的通訊則暫時排除在外。

6-7-3　橋接器

橋接器是在 OSI 模型的實體層與資料連結層運作，除了具備中繼器或集線器的功能外，也還有「訊框」（Frame）過濾的功能，也就是有過濾資料封包的能力。對於每個抵達橋接器的封包，橋接器會根據自己的紀錄進行比對，如果目的地是屬於同一網段上的封包，則不轉送至其他的網段，如果目的地是屬於另一個網段上的封包才讓它通過，所以橋接器具備有封包過濾的功能。而橋接器可以連接兩個相同類型但通訊協定不同的網路，並藉由位址表（MAC 位址）判斷與過濾是否要傳送到另一子網路，是則通過橋接器，不是則加以阻止，如此就可減少網路負載與改善網路效能。

6-7-4　交換器

交換器（Switch）看起來像是個集線器，它也具備有過濾封包的功能，所以您可以將交換器看作是一個多埠橋接器；由於集線器並不具備有過濾封包的功能，所以使用集線器連接的電腦裝置會共享所有的頻寬。然而交換器具有橋接器過濾封包的功能，所以若不屬於另一個網段上的封包，則會過濾不予通過，所以若有一個電腦裝置連接至交換器，它將會擁有該條線路上所有的頻寬，連接至交換器上的電腦可以是伺服器，或是一整個區域網路，通常為了提高伺服器的存取效率，會將伺服器直連接至交換器上，而將其他個別的網路以集線器連接後，再連接至交換器，如下圖所示：

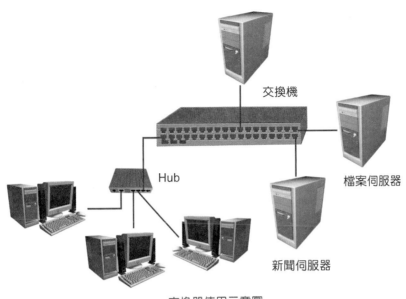

交換機

Hub

檔案伺服器

新聞伺服器

交換器使用示意圖

6-7-5　路由器

　　「路由器」（Router）又稱「路徑選擇器」，是屬於 OSI 模型網路層中運作的裝置，它可以過濾網路上的資料封包，且將資料封包依照大小、緩急來選擇最佳傳送路徑，好將封包傳送給指定的裝置。路由器除了具備中繼器、集線器、橋接器功能外，它還具有「尋徑」（Routing）的功能。它與橋接器或交換器不同的地方是路由器過濾封包的依據並不是裝置的實體 MAC 位址，而是裝置的邏輯位址，例如：IP 位址。它根據這個位址以決定將封包留在原有的網路內，或是根據路由表決定適當的傳遞路徑，以將封包傳送至其他的網路中。路由器雖然可以使用不同的連線媒介、不同的存取方式或不同的網路拓樸，但是它們所採用的通訊協定必須相同才行。如果兩個網路一個是採取 TCP/IP 協定，而一個是採取 IPX 協定，就不能使用路由器來進行連結。

6-7-6　閘道器

　　閘道器可以運作於 OSI 模型的七個階層，所以它可以處理不同格式的資料封包，不論網路系統使用何種廠牌、硬體或軟體，只要閘道器有支援都可以順利連接與轉換，因此可以使用閘道器來連接不同通訊協定的網路系統。

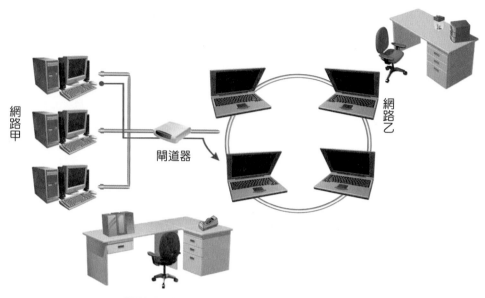

網路甲

閘道器

網路乙

閘道器可轉換不同網路拓樸的協定與資料格式

物聯網

物聯網（Internet of Things, IOT）是近年資訊產業中一個非常熱門的議題，它的特性是將各種具裝置感測設備的物品，例如：RFID、環境感測器、全球定位系統（GPS）雷射掃描器等種種裝置與網際網路結合起來而形成的一個巨大網路系統，透過網際網路技術讓各種實體物件、自動化裝置彼此溝通和交換資訊。4G 時代來臨帶動數位匯流，正快速翻轉整個產業面貌，隨著業者端出越來越多的解決方案，物聯網概念將為全球消費市場帶來新衝擊，包括應用範圍與牽涉到的軟體、硬體與之間的整合技術層面都十分地廣泛。

物聯網時代代表著未來資訊技術在運算與溝通上的演進趨勢，在這個龐大且快速成長的網路演進過程中，物件將可與其他物件彼此直接進行交流，無需任何人為操控，提供了智慧化識別與管理。目前在我們生活當中，已經有許多整合物聯網的技術與應用，包括如醫療照護、公共安全、環境保護、政府工作、平安家居、空氣汙染監測、土石流監測等領域。

物聯網系統的應用概念圖

圖片來源：www.ithome.com.tw/news/88562

一、選擇題

(　　) 1. 資料傳輸可作雙向傳輸，但無法同時雙向傳輸的傳輸方法是下列哪一種方式？(A) 單工　(B) 半雙工　(C) 多工　(D) 全雙工。

(　　) 2. RS-232C 介面是屬於 (A) 序列式介面　(B) 顯示介面　(C) 搖桿介面　(D) 並列式介面。

(　　) 3. 小明將家中的三台電腦連接組成網路，藉以分享檔案與印表機，此種網路類型屬於 (A) LAN　(B) MAN　(C) WAN　(D) Internet。

(　　) 4. 對於對等式網路而言，哪一個敘述是對的？(A) 比伺服器網路提供更佳的安全及更多的控制　(B) 建議使用於只有十個或更少的網路使用者之環境下　(C) 需要有功能強大的中央伺服器　(D) 一般而言，使用者是分散在很廣的地理範圍中。

(　　) 5. 在主從式網路架構中，專門提供特定服務（如收發信件）的電腦稱為 (A) 伺服器　(B) 用戶端　(C) 集線器　(D) 媒體。

(　　) 6. 數據通信系統中，傳輸網路兩端之節點可作雙向資料傳輸，但無法同時雙向傳輸的資料通訊方式是？(A) 單工　(B) 半雙工　(C) 全雙工　(D) 倍雙工。

(　　) 7. 使用串列傳送訊號的滑鼠與主機相連接可透過 (A) RS-232C　(B) Centronic　(C) SCSI　(D) ESDI 介面。

(　　) 8. 個人電腦與鍵盤之間的資料傳輸屬何種通訊模式？(A) 單工　(B) 半雙工　(C) 全雙工　(D) 多工。

(　　) 9. 網路卡在 OSI 中屬於哪一層應用 (A) 實體層　(B) 應用層　(C) 網路層　(D) 表現層。

(　　) 10. OSI 模型中哪一層負責資料壓縮？(A) 網路層　(B) 資料鏈結層　(C) 實體層　(D) 表現層。

(　　) 11. 在 OSI 七層中負責翻譯資料的格式的是下列哪一層？(A) 應用層　(B) 會議層　(C) 資料鏈結層　(D) 表現層。

(　　) 12. 在 ISO 的 OSI 七層協定中，下列哪層負責訂定電腦連接的電氣特性協定，讓資料可經由傳輸媒介，在兩個實際相連的機器間傳送？(A) 實體層　(B) 網路層　(C) 表現層　(D) 虛擬層。

(　　) 13. 下列何者不是 TCP/IP 協定中所訂定的層架構之一？(A) 應用層　(B) 傳輸層　(C) 網路層　(D) 虛擬層。

(　　) 14. TCP/IP 協定中的應用層不包含 OSI 七層協定中的哪一層？(A) 應用層　(B) 表現層　(C) 傳輸層　(D) 會議層。

(　　) 15. 下列何者不屬於封包中標頭或標尾資訊的功用？(A) 標明封包的起始與結束　(B) 標示封包編號　(C) 註明拓樸形式　(D) 提供檢查資料正確性的資料。

( ) 16. 下列哪一種類型的封包是屬於非連結導向的封包，此協定並不在乎封包是否正確無誤的送達目的端？ (A) TCP (B) UDP (C) ICMP (D) SSP。

( ) 17. TCP 協定未保證資料是可信賴的，在其安全機制中當資料遺失時，系統會要求 (A) 重送 (B) 丟掉 (C) 資料重排 (D) 不理會。

( ) 18. 燒錄在每張網路卡上獨一無二的編號是 (A) MAC 位址 (B) IP 地址 (C) 子網路遮罩 (D) 私有地址。

( ) 19. 連接網際網路時，用以決定封包傳輸路徑的設備是 (A) 中繼器 (B) 集線器 (C) 路由器 (D) 閘道器。

( ) 20. 使用下列何種設備可減少 Ethernet 網路封包碰撞？ (A) 集線器（Hub） (B) 橋接器（Bridge） (C) 印表機（Printer） (D) 增訊器（Repeater）。

( ) 21. IP 封包經過不同類型的網路時，下列哪一種裝置設備具有 IP 封包切割與重組的功能呢？ (A) 集線器 (B) 交換器 (C) 訊號加強器 (D) 路由器。

( ) 22. 兩個系統不同的網路可利用下列哪項設備連接 (A) Bridge (B) Gateway (C) HUB (D) Repeater。

二、問答題

1. 目前通訊媒介可以區分成哪兩大類？

2. 何謂公眾數據網路？

3. 何謂 UDP 協定？

4. 請說明網路層的工作內容。

5. 簡述光纖的特性與傳遞原理。

6. 七層中的傳輸層的主要功能為何？

7. 試簡述路由器的功用。

8. 試簡述物聯網（Internet of Things, IOT）。

9. OSI 參考模型有哪七層？

10. 何謂 UDP 協定？

11. 試解釋主從式網路（client/server network）與對等式網路（peer-to-peer network）兩者間的差異。

12. 依照通訊網路的架設範圍與規模，可以區分為哪三種網路型態？

MEMO

07 無線網路與行動通訊

　　由於無線通訊技術與網際網路的高度普及化，上網的裝置已不限於傳統的個人電腦及筆電，因此也帶動了速度更快、範圍更廣的無線網路需求。無線網路的定義就是不需經過任何實體線路的連接便可以進行資料的傳輸，範圍從數個使用者的區域網路到幾百萬位使用者的廣域網路，提供了有線網路無法達到的無線漫遊的服務。各位可以輕鬆在會議室、走道、旅館大廳、餐廳及任何含有熱點（Hot Spot）的公共場所連上網路存取資料。

國內各級縣市政府積極提供免費無線上網服務

　　行動裝置產業可以說是近幾年最快速成長的新興產業，隨著 4G 行動寬頻時代來臨，個人行動裝置已成為全球人們使用科技的主要工具，根據各項數據都顯示消費者已經使用手持行動裝置來處理生活中的大小事情，甚至包括了購物與付款，現代人的生活正全面朝向行動化應用領域發展。

TIPS ↘

所謂「熱點」（Hotspot），是指在公共場所提供 WLAN 服務的連結地點，讓大眾可以使用筆記型電腦或智慧型裝置，透過熱點的「無線網路橋接器」（AP）連結上網際網路，無線上網的熱點愈多，代表涵蓋區域愈廣。

iTaiwan 網站可查詢全國各地的熱點分佈圖

7-1　無線傳輸媒介

　　雖然不受到線路的限制，但無線通訊還是必須要靠特定的傳輸媒介來進行資料傳送。以現在的無線通訊技術而言，無線傳輸媒介可以分成兩大類，分別是「光學傳輸」與「無線電波傳輸」。

7-1-1　光學傳輸

　　光學傳輸的原理就是利用光的特性來進行資料傳送。以目前所知道的傳輸媒介中，光的傳播速率是最快的。因此在無線通訊技術中，便利用光的特性來進行資料的傳送，以提升資料傳輸的效率。目前採用「光」方式來作為傳輸媒體的光線，有「紅外線」（Infrared）與「雷射」（Laser）兩種：

紅外線（Infrared, IR）

紅外線傳輸乃是採取「點對點」（Peer to Peer）的傳輸架構，其傳輸速率在 9.6Kbps ～ 4Mbps 範圍間。另外它的傳輸距離在 1.5 公尺以內，而且兩設備（節點）間訊號的接收角度必須控制在 ±15 度內。不過在 IrDA 最新制訂的規範中，已經將紅外線的傳輸速率大幅提升到 16Mbps，且訊號接收角度也增加到 ±60 度之間。

紅外線

紅外線適合筆記型電腦間的傳輸

雷射光（Laser）

雷射光較一般光線不同之處在於它會先將光線集中成為「束狀」，然後再投射到目的地。除了本身所具備的能量較強外，同時也不會產生「漫射」的情形。在光學無線網路傳輸的安全機制中，雷射就遠比紅外線來得強，而且傳輸距離也較紅外線遠。

7-1-2　無線電波傳輸

目前無線網路技術中以「無線電波」為主要的傳輸媒體，因為無線電波的發射方向是全方位的，並不會受限於某個特定方向。另外無線電波對障礙物的穿透能力也較一般光線來得強，因此非常適合使用於環境複雜的無線網路中。

由於無線電波的「頻帶」（Band）在每一個國家中都屬於相當珍貴的資源，「頻帶」（Band）就是在資料通訊中所使用的頻率範圍，通常會訂定明確的上下界線，也有相當嚴格的使用管制。不過依照國際慣例，一般會將 2.4 ～ 2.4835 GHz 的頻率範圍，定訂為「公用頻帶」區，而不加以管制，以提供給國家內的工業、醫療、科技等方面來使用。而無線網路通訊中所使用的頻帶，也同樣是這個開放的「公用頻帶」範圍。

TIPS ↘

微波（Microwave ）就是一種波長較短的波，頻率範圍在 2GHz ～ 40GHz。與無線電波相比，發射方向是單向，傳輸速率較快，傳送與接收端間不能存有障礙物體阻擋，並且其所攜帶之能量通常隨傳播之距離衰減，必須設置有微波基地台高臺來加強訊號，經常用來作為長距離大容量地面幹線無線傳輸的主要手段。

7-2 行動通訊系統

無線網路的種類包括了無線廣域網路（Wireless Wide Area Network, WWAN）、無線都會網路（Wireless Metropolitan Area Network, WMAN）、無線區域網路（Wireless Local Area Network, WLAN）與無線個人網路（Wireless Personal Area Network, WPAN）四種。

行動通訊系統是屬於無線廣域網路的一種，是行動電話及數據服務所使用的數位行動通訊網路（Mobil Data Network），由電信業者所經營，其組成包含有行動電話、無線電、個人通訊服務（Personal Communication Service, PCS）、行動衛星通訊等。

7-2-1　AMPS

AMPS（Advance Mobile Phone System, AMPS）系統是北美第一代行動電話系統，採類比式訊號傳輸，即是第一代類比式的行動通話系統。類比式行動電話的缺點是通話品質差、服務種類少、沒有安全措施、門號容量少等。在國內，類比式行動電話系統已經正式走入歷史，例如：早期耳熟能詳的「黑金剛」大哥大，原本 090 開頭的使用者將自動升級為 0910 的門號系統。

7-2-2　GSM

全球行動通訊系統（Global System for Mobile communications, GSM）是 1990 年由歐洲發展出來，故又稱泛歐數位式行動電話系統。GSM 是屬於無線電波的一種，因此必須在頻帶上工作，由於各個國家所使用的 GSM 系統規格有所不同，因此 GSM 經常被使用在三種頻帶上－ 900MHz、1800MHz、1900MHz。GSM 通訊系統的訊號傳送方式與傳統的有線電話一樣，是屬於一種「電路交換」（Circuit Switch）式的傳輸技術。由於 GSM 通訊系統的誕生，刺激了行動通訊市場，也拉近了全球的通訊距離，不過它還是有一個相當致命的缺點，那就是無法與使用「封包交換」（Packet Switch）的 Internet 互相連結，因此後來才會有 GPRS 通訊系統的產生，期待達到行動上網的最終理想。

7-2-3　GPRS

整合封包無線電服務技術（General Packet Radio Service, GPRS）是一種透過 GSM 通訊系統的最新科技，並運用「封包交換」的處理技術。GPRS 採用的無線調變標準、頻帶、結構、跳頻規則及「分時多重擷取技術」（Time Division Multiple Access, TDMA）都與 GSM 相同，但是 GPRS 允許兩端線路在封包轉移的模式下發送或接收資料，而不需要經由電路交換的方式傳遞資料。由於資料傳輸速率提升，而且用戶的手機

開機後,即處於全天候連線狀態,用戶可同時使用語音和多媒體或視訊等資料。也就是來電時,仍然可連線而不須斷線重新上網。

7-2-4 3G/3.5G/3.75G

3G(3rd Generation)就是第 3 代行動通訊系統,與所謂 2.5G 相比,具有傳輸速率更高的優點,最高可到 2Mbps,主要目的是透過大幅提升數據資料傳輸速度,並採用與 Internet 相同的 IP 技術,將無線通訊與網際網路等多媒體通訊結合的新一代通訊系統。除了 2G 時代原有的語音與非語音數據服務,還多了網頁瀏覽、電話會議、視訊電話、傳送或下載資料等多媒體動態影像傳輸。目前常見的第三代行動通信標準(3G)技術種類有 CDMA2000(劃碼多路進階 2000)、W-CDMA(寬頻劃碼多路進階)以及 TDS-CDMA(同步 CDMA)三種規格。

3.5G 使用的技術為 HSDPA(High-Speed Downlink Packet Access),為 3G 技術的升級版本,主要用來加快用戶端設備(User Equipment, UE)的下行傳輸速率,如今全球都在推行 HSDPA,例如:3G 基地台軟體升級成支援 3.5G、HSDPA 功能擴充卡、支援 HSDPA 的新款手機或筆記型電腦內建 HSDPA 等。如果上網的地方未支援 3.5G 無線網路,3.5G 無線網路還會自動轉換為 3G 或 GPRS 無線網路。

由於 HSDPA 上傳速度不足(只有 384Kb/s),後來又開發了高速上行分組接入(High Speed Uplink Packet Access, HSUPA)的技術,又稱為 3.75G,其上傳速度達 5.76Mb/s,3.75G 提供了雙向視訊或網路電話更佳傳輸速率的頻寬環境。

7-2-5 4G

4G(fourth-generation)是指行動電話系統的第四代,為新一代行動上網技術的泛稱,4G 所提供頻寬更大,由於新技術的傳輸速度比 3G/3.5G 更快,傳輸速度理論值約比 3.5G 快 10 倍以上,能夠達成更多樣化與更私人化的網路應用,也是 3G 之後的延伸,所以業界稱為 4G。WiMax(Worldwide Interoperability for Microwave Access,微波存取全球互通)與 LTE(Long Term Evolution,長期演進技術)同被外界視為 4G 的新世代技術,但兩者不同協定規格系統的競爭卻是越趨白熱化,分述如下:

WiMax

WiMax 近幾年來已經成為無線網路界最流行的專用字彙,這項技術的標準規格又稱為 IEEE802.16,其傳輸速度最高可達 70Mbps,傳輸範圍最廣可達 30 英哩,WiMax 基地台以單點對多點(PTMP)的無線網路為主。我國是在 2005 年開始以 WiMax 做為發

展 4G 網路的技術，後來發現另一 4G 技術 LTE 較受國際各電信大廠歡迎，WiMax 曾聲勢看好但後繼乏力，主要原因在於 LTE 可向下相容於先前的 3G，之後 WiMax 技術便慢慢淡出台灣電信主流。

LTE

LTE（Long Term Evolution，長期演進技術）則是以現有的 GSM ／ UMTS 的無線通信技術為主來發展，能與 GSM 服務供應商的網路相容，最快的理論傳輸速度可達 170Mbps 以上，例如：各位傳輸 1 個 95M 的影片檔，只要 3 秒鐘就完成，除了頻寬、速度與高移動性的優勢外，LTE 的網路結構也較為簡單。目前台灣民眾已經可透過台灣電信業者申辦 4G 行動網路服務，也將與手機廠商配合，提供相對應的手機與方案。

LTE 最有可能成為全球電信業者發展 4G 標準的新寵兒

7-3 無線都會網路

無線都會區域網路（WMAN）是指傳輸範圍可涵蓋城市或郊區等較大地理區域的無線通訊網路，主要透過無線基地台發射無線電波作為資料傳輸的媒介，例如：可用來連接距離較遠的地區或大範圍校園。此外，IEEE 組織於 2001 年 10 月完成標準的審核與制定 802.16 為「全球互通微波存取」（Worldwide Interoperability for Microware Access, WiMax），是一種應用於都會型區域網路的無線通訊技術。

7-3-1　認識 WiMax

　　WiMax 最早於 2001 年 6 月由 WiMax 論壇（WiMax Forum）提出，固定式 WiMax 於 2004 年完成規格的制定，其標準稱為 IEEE 802.16-2004。而於 2005 年底完成規格 制定的 IEEE 802.16e 標準可同時支援固定式及移動式的存取。WiMax 通常被視為取代 固網的最後一哩，以提高網路佈建效率，解決有線網路鋪設費時的問題，作為電纜和 xDSL 之外的選擇，實現廣域範圍內的移動 WiMax 接入，能夠藉由寬頻與遠距離傳輸， 協助 ISP 業者建置無線網路。也就是說，利用 WiMax 無線天線，不需要任何的固接性寬 頻實體線路連結，在室內就能直接行動無線上網。例如：許多學校將逐步嘗試於校園中 建立 802.16 試驗網路。

7-4　無線區域網路

　　無線區域網路則是目前我們所使用最廣泛的一項技術，即大家所熟知的 Wi-Fi （Wireless fidelity），一個簡單無線網路環境只需有一個無線 AP 和一張無線網卡即可， 電腦便可直接與無線 AP 連線，省去了麻煩的網路線佈線問題。

> **TIPS** ↘
>
> 無線基地台（Access Point, AP）扮演中介的角色，用來和使用者的網路來源相接，一般無線 AP 都具有路由器的功能，可將有線網路轉化為無線網路訊號後發射傳送，做為無線設備與無 線網路及有線網路設備連結的轉接設備，類似行動電話基地台的性質。

　　無線區域網路通訊標準是由「美國電子電機學會」（IEEE），在 1990 年 11 月制訂出 一個稱為「IEEE802.11」的無線區域網路通訊標準，採用 2.4GHz 的頻段，資料傳輸速 度可達 11Mbps。IEEE 802.11 詳細訂定了有關 Wi-Fi 無線網路的各項內容，除了無線區 域網路外，還包含了資訊家電、行動電話、影像傳輸等環境。

> **TIPS** ↘
>
> Wi-Fi（Wireless Fidelity）是泛指符合 IEEE802.11 無線區域網路傳輸標準與規格的認證，也 就是當消費者在購買符合 802.11 規格的相關產品時，只要看到 Wi-Fi 這個標誌，就不用擔心 各種廠牌間的設備不能互相溝通的問題。

　　不過隨著使用者增加與應用範圍擴大，2Mbps 頻寬的傳輸速度無法滿足大眾需求。 因此在 1999 年 IEEE 同時發表 IEEE 802.11b 及 IEEE 802.11a 兩種標準。不過由於

802.11a 與 802.11b 是兩種互不相容的架構，這也讓網路產品製造商無法確定那一種規格標準才是未來發展方向，因此在 2003 年才又發展出 802.11g 的標準，後續又推出 802.11n、802.11ac 等。Wi-Fi 無線網路的發展已經超過十年，以下將對 IEEE802.11 的各種通訊標準的發展過程，完整說明如下：

7-4-1　802.11a

802.11a 採用一種多載波調變技術，稱為「正交分頻多工技術」（Orthogonal Frequency Division Multiplexing, OFDM），工作於 5GHz 頻段上，最大傳輸速率可達 54Mbps，傳輸距離約 50 公尺，而 802.11a 的優勢在於傳輸速率快且受干擾少，不過價格相對較高。

> **TIPS** ↘
>
> 正交分頻多工技術（OFDM）是一種高效率的多載波數位調製技術，可將使用的頻寬劃分為多個狹窄的頻帶或子頻道，資料就可以在這些平行的子頻道上同步傳輸。

7-4-2　802.11b

802.11b 是利用 802.11 架構來作為一個延伸的版本，採用的展頻技術是採用「高速直接序列」，頻帶為 2.4GHz，最大可傳輸頻寬為 11Mbps，傳輸距離約 100 公尺，是目前相當普遍的標準。802.11b 使用的是單載波系統，調變技術為 CCK（Complementary Code Keying）。在 802.11b 的規範中，設備系統必須支援自動降低傳輸速率的功能，以便可以和直接序列的產品相容。另外為了避免干擾情形的發生，在 IEEE 802.11b 的規範中，頻道的使用最好能夠相隔 25MHz 以上。

7-4-3　802.11g

802.11g 標準就是為瞭解決 802.11b 傳輸速度過低以及相容性的問題所提出，結合了目前現有 802.11a 與 802.11b 標準的精華，算是 802.11b 的進階版，在 2.4G 頻段使用 OFDM 調製技術，使數據傳輸速率最高提升到 54 Mbps 的傳輸速率。由於與 802.11b 的 Wi-Fi 系統後向相容，又擁有 802.11a 的高傳輸速率，使得原有無線區域網路系統可以向高速無線區域網延伸，同時延長了 802.11b 產品的使用壽命。總而言之，802.11g 穩定的效能與 54Mbps 的傳輸速率已經成為無線區域網路的一項新標準，而且在成本價格逐漸滑落的情況下，成為前幾年時無線區域網路的主流產品。

7-4-4　802.11n

　　IEEE 802.11n 是一項較新的無線網路技術，雖然基本技術仍是 Wi-Fi 標準，基本架構上與 802.11g 相當類似，最大的差異是又加強利用包括「多重輸入與多重輸出技術」（Multiple Input Multiple Output, MIMO）與「通道匯整技術」（Channel Binding）兩項技術，除了能以雙頻寬來傳輸，更可以增強傳輸效能並擴大收訊範圍，所建立的裝置能提供比傳統 802.11b、802.11a 和 802.11g 技術明顯高出許多的效能水準。尤其在未來數位家庭環境中，隨著無線多媒體設備的普及，將大量以無線傳輸取代有線連接，802.11n 理論最高傳輸速率將達 540Mbit/s，目前許多廠商寄望 802.11n 能成為數位家庭中主要的無線網路技術，並做為數位影音串流的應用。

7-4-5　802.11ac

　　802.11ac 俗稱第 5 代 Wi-Fi（5th Generation of Wi-Fi），第一個草案（Draft 1.0）發表於 2011 年 11 月，是指它運作於 5GHz 頻率，也就是透過 5GHz 頻帶進行通訊，追求更高傳輸速率的改善，並且支援最高 160 MHz 的頻寬，傳輸速率最高可達 6.93Gbps，比目前主流的第四代 802.11n 技術在速度上將提高很多，並與 802.11n 相容，算是它的後繼者，在最理想情況下可以達到驚人的 6.93Gbps，如果在考慮到線路及雜訊干擾等情況下，實際傳輸速度仍可達到與有線網路相比擬的 Gbps 等級高速，由此可見 802.11ac 將對現有市場造成衝擊，進而創造出更多無線應用。

> **TIPS**
>
> IEEE 802.11p 是 IEEE 在 2003 年以 802.11a 為基礎所擴充的通訊協定，稱為車用環境無線存取技術（Wireless Access in the Vehicular Environment, WAVE），使用 5.9GHz（5.85-5.925GHz）波段，此頻帶上有 75MHz 的頻寬，以 10MHz 為單位切割，將有七個頻道可供操作，可增加在高速移動下傳輸雙方可運用的通訊時間。

7-5　無線個人網路

　　無線個人網路（WPAN），通常是指在個人數位裝置間作短距離訊號傳輸，通常不超過 10 公尺，並以 IEEE 802.15 為標準。通訊範圍通常為數十公尺，目前通用的技術主要有：藍芽、紅外線、Zigbee、RFID、NFC 等。最常見的無線個人網路（WPAN）應用就是紅外線傳輸，目前幾乎所有筆記型電腦都已經將紅外線網路（Infrared Data Association, IrDA）作為標準配備。

7-5-1　藍牙技術

藍牙技術（Bluetooth）最早是由「易利信」公司於 1994 年發展出來，接著易利信、Nokia、IBM、Toshiba、Intel…等知名廠商，共同創立一個名為「藍牙同好協會」（Bluetooth Special Interest Group，Bluetooth SIG）的組織，大力推廣藍牙技術，並且在 1998 年推出了「Bluetooth 1.0」標準。可以讓個人電腦、筆記型電腦、行動電話、印表機、掃瞄器、數位相機等等數位產品之間進行短距離的無線資料傳輸。

造型特殊的藍牙耳機

藍牙技術主要支援「點對點」（point-to-point）及「點對多點」（point-to-multi points）的連結方式，它使用 2.4GHz 頻帶，目前傳輸距離大約有 10 公尺，每秒傳輸速度約為 1Mbps，預估未來可達 12Mbps。藍牙已經有一定的市占率，也是目前最有優勢的無線通訊標準，未來很有機會成為物聯網時代的無線通訊標準。

7-5-2　ZigBee

ZigBee 是一種低速短距離傳輸的無線網路協定，是由非營利性 ZigBee 聯盟（ZigBee Alliance）制定的無線通信標準，目前加入 ZigBee 聯盟的公司有 Honeywell、西門子、德州儀器、三星、摩托羅拉、三菱、飛利浦等公司。ZigBee 聯盟於 2001 年向 IEEE 提案納入 IEEE 802.15.4 標準規範之中，IEEE802.15.4 協定是為低速率無線個人區域網路所制定的標準。ZigBee 工作頻率為 868MHz、915MHz 或 2.4GHz，主要是採用 2.4GHz 的 ISM 頻段，傳輸速率介於 20kbps ～ 250kbps 之間，每個設備都能夠同時支援大量網路節點，並且具有低耗電、彈性傳輸距離、支援多種網路拓撲、安全及最低成本等優點，成為各業界共同通用的低速短距無線通訊技術之一，可應用於無線感測網路（WSN）、工業控制、家電自動化控制、醫療照護等領域。

7-5-3　RFID

「無線射頻辨識技術」（radio frequency identification, RFID）是一種自動無線識別和數據獲取技術，可以利用射頻訊號以無線方式傳送及接收數據資料，而且卡片本身不

需使用電池即可永久工作。RFID 主要是由 RFID 標籤（Tag）與 RFID 感應器（Reader）兩個主要元件組成，原理是由感應器持續發射射頻訊號，當 RFID 標籤進入感應範圍時，就會產生感應電流，並回應訊息給 RFID 辨識器，以進行無線資料辨識及存取的工作。也就是讓 RFID 標籤取代了條碼，RFID 感應器取代了條碼讀取機。

例如：在所出售的物品貼上晶片標籤，通過晶片中讀卡機系統來偵測，並讀出標籤中所存的資料，再送到後端的資料庫系統來提供資訊查詢或物品辨別的功能。因為 RFID 讀取設備利用無線電波，只需要在一定範圍內感應，就可以自動瞬間大量讀取貨物上標籤的訊息。不用像讀取條碼的紅外掃描儀般需要一件件手工讀取。RFID 辨識技術的應用層面相當廣泛，甚至包括如地方公共交通、汽車遙控鑰匙、行動電話、寵物所植入的晶片、醫療院所應用在病患感測及居家照護、航空包裹、防盜應用、聯合票證及行李的識別等領域內。

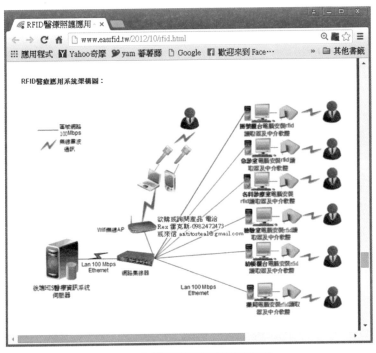

RFID 在醫療系統的應用示意圖

圖片來源：http://www.easrfid.tw/2012/10/rfid.html

7-5-4 NFC

NFC（Near Field Communication，近場通訊）是由 PHILIPS、NOKIA 與 SONY 共同研發的一種短距離非接觸式通訊技術，又稱近距離無線通訊，以 13.56MHz 頻率範圍

運作，一般操作距離可達 10~20 公分，資料交換速率可達 424 kb/s，可在您的手機與其他 NFC 裝置之間傳輸資訊，例如：手機、NFC 標籤或支付裝置；因此逐漸成為行動交易、服務接收工具的最佳解決方案。

　　NFC 技術其實並非新技術，它是由 RFID 感應技術演變而來的一種非接觸式感應技術，簡單來說，RFID 是一種較長距離的射頻識別技術，而 NFC 是短距離的無線通訊技術。NFC 最簡單的應用只要讓兩個 NFC 裝置相互靠近，就可開始啟動 NFC 功能，接著迅速將內容分享給其他相容於 NFC 行動裝置。例如：下載音樂、影片、圖片互傳、購買物品、地圖、交換名片、下載折價券和交換通訊錄和電影預告片等，未來也可當門禁卡使用。

　　未來 NFC 將是一個全球快速發展的趨勢，透過將 NFC 整合在手機系統的解決方案中，手機的功能性及附加價值將大幅提升。其中全球行動支付的應用，NFC 就是主要運用技術，例如：國際上 NFC 在電子錢包上的應用相當普遍，就連蘋果的 iPhone 6/6 Plus 也搭載 NFC，目前可以使用 Apple Pay 支付服務。

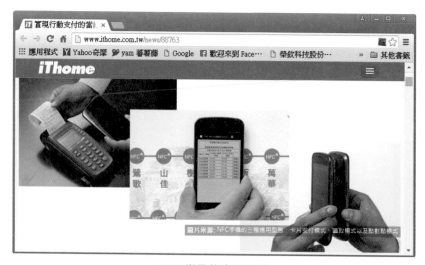

NFC 常見的應用模式

圖片來源：http://www.ithome.com.tw/news/88763

行動支付

行動時代已經正式來臨了，根據各項數據都顯示消費者已經使用手機來處理生活中的大小事情，甚至包括了購物與付款。自從蘋果推出了 Apple Pay 服務之後，行動支付的話題再度受到重視。所謂行動支付（Mobile Payment），就是指消費者透過手持式行動裝置進行轉帳、繳付帳單、線上購物等帳務支付，取代傳統使用實體貨幣、信用卡支付的方式。自從金管會宣布開放金融機構申請辦理手機信用卡業務開始，正式宣告引爆全台「行動支付」的商機熱潮。消費者在有提供行動支付的商店購物，只要拿出手上的智慧型手機或平板電腦，選好要支付的那張信用卡，「嗶」一聲可完成交易。

對於行動支付解決方案，成功地將各位的手機與錢包整合，真正出門不用帶錢包的時代來臨！目前主要是以 NFC（近場通訊）與 QR Code 兩類技術架構為主。NFC 手機信用卡必須將既有信用卡或金融卡予以汰換，改採支援 NFC 的新卡片，而且只能綁一個卡號，還必須更換帶 NFC 功能的手機，這造成了用戶使用成本高，但優點是「嗶一聲」就可快速刷卡完畢。至於 QR-Code 行動支付，優點則是免辦新卡、可設定多張信用卡，等於把多張信用卡放在手機內，還可上網購物，但缺點是刷卡付款時，持卡人需先開啟相關程序，還得選卡號與輸入密碼，手續較為繁複。

中華電信與悠遊卡公司聯名合作推出「Easy Hami」錢包

課後評量

一、問答題

1. 何謂「熱點」（Hotspot）？

2. 請舉出常見的無線網路的類型？

3. 常見的第三代行動通信標準（3G）技術種類有哪幾種規格。

4. 請說明無線廣域網路的意義及組成。

5. 請簡述 GSM 的優缺點。

6. Wi-Fi 是指哪一方面的認證？

7. 請簡述藍芽技術的特點。

8. 試簡述「頻帶」（Band）的意義。

9. 何謂 802.11p？試簡述之。

10. 請簡述 802.11ac 的內容。

11. 請簡述 NFC 技術與 RFID 技術有何不同？

12. 試說明 ZigBee 協定的內容。

13. 什麼是 NFC？試簡述之。

14. 何謂正交分頻多工技術（OFDM）？

15. 什麼是行動支付（Mobile Payment）？

08 網際網路通訊與社群實務

　　由於網路的快速普及，漸漸的改變了我們日常生活的習慣，不但讓使用者可以從個人電腦上存取多樣化資訊，也給了我們一個新的購物、研讀、工作、社交和釋放心情的新天地。特別是在通訊交友方面，更是實現了天涯若比鄰的夢想，而且開展了多元的交友模式，甚至還可加上聲光十足的多媒體與語音功能，讓人與人之間的溝通距離縮短了許多。

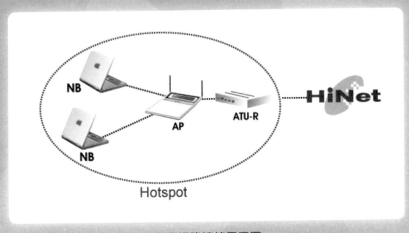

網際網路連線示意圖

圖片來源：http://pwlan.hinet.net/htm/info/info.htm

8-1 連線上網簡介

網際網路（Internet）最簡單的說法，就是一種連接各種電腦網絡的網路，並且可為這些網路提供一致性的服務。電腦裝置除了在自身所在的區域網路之內進行資料存取之外，也常有跨越網路進行資料傳送的需求。

網際網路之所以能運作是因為每一部連向它的電腦都使用相同規則和程序（即 TCP/IP 協定）來控制時間及資料格式。要將電腦連線到網際網路，其實是一件十分輕鬆簡單的事情，但是連線的方式卻有許多種。

目前最流行的上網方式是無線連結，現在各位可以透過各種無線上網的方式，收發郵件、瀏覽網頁和存取其他網路資源。早期大多數民眾連接網際網路的方式，最普遍的選項是找到一個 ISP，能讓你使用家裡的電腦及傳統 56K 數據機進行撥接上網，不過這種傳統數據機撥接方式早已被市場淘汰，現在有越來越多的連線上網方式可供選擇。本節中我們將會一一介紹，各位可以考慮本身的主客觀條件來選擇最合適的連線方式。

T I P S ↘

ISP 是 Internet Service Provider（網際網路服務提供者）的縮寫，所提供的就是協助用戶連上網際網路的服務。像目前大部分的用戶都是使用 ISP 提供的帳號，透過數據機連線上網際網路。另外如企業租用專線、架設伺服器、提供電子郵件信箱等等，都是 ISP 所經營的業務範圍。目前台灣比較著名的 ISP 有：中華電信的 HiNet、資策會的 SeedNet、供學術研究專用的 TANet 等，當然還有許多民營企業的 ISP 業者。

8-1-1 撥接連線上網

電話線路　　數據機（Modem）　　ISP 主機　　Internet

最傳統的撥接方式適用於上網時間短的使用者，只要有一條電話線、一部電腦及數據機，再向 ISP 申請一個撥接帳號，就可以準備上網。當我們向 ISP 申請撥接帳號時，會取得一張用戶碼通知單，電話撥接到 ISP 時，輸入通知單上的 username（用戶識別

碼）及 password（用戶密碼），經系統確認無誤後，就可以連上網路了。撥接上網的優點是費率低，但連接速率最高只有 56Kbps/sec，目前大概已經沒人使用了。

8-1-2　ADSL 連線上網

ADSL（Asymmetric Digital Subscriber Line, ADSL），中文翻譯為「非對稱性數位用戶專線」。基本上還是利用電話線來傳遞資料，但是資料的接收、傳送頻道與語音頻道是分開的，所以只要在電話線上利用濾波器分出一條電話線給電話機，就可以同時上網與打電話。ADSL 的下載速度與上傳速度並不相同，所以才稱之為「非對稱性」，下載速度為 1.5MB 到 9MB，上傳速度為 64KB 到 640KB。要建構一個 ADSL 寬頻上網的環境，通常需要一部 ADSL 數據機、分歧器、網路卡、撥號連線軟體，與相關的連接線等。ADSL 原來設計的理念是各位一打開電腦就可以連接上網路，這是屬於「固接式」的連線方式，不過 ISP 所提供給一般使用者的是「計時制」的 ADSL，必須透過撥接的方式才能使用 ADSL。

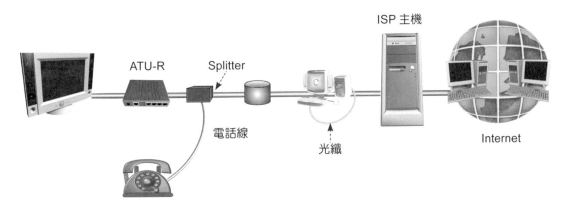

8-1-3　纜線數據機上網

纜線數據機（Cable Modem）的連線方式與 ADSL 數據機類似，不過是以有線電視線路（CATV）來取代電話線路。使用纜線數據機來連接網際網路可獲得較高的傳輸頻寬，傳輸速率甚至可高達 36 Mbps。纜線數據機的正面有相關的訊息燈號，背面則是各種連接插孔。通常有線電視同軸電纜的頻寬高達 750 MHz，電視頻道每個需要 6 MHz 的頻寬，所以頻道數可高達 121 個，大多數有線電視頻道未達 100 個，因此多餘的頻道就可以拿來當作資料傳輸用，由於數據資料傳輸所用的頻道與電視的頻道不同，彼此間不會互相干擾，因此一條同軸電纜線，可同時作為資料傳輸和收看電視之用。

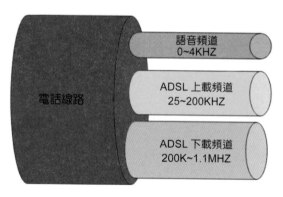

語音頻道
0~4KHZ

ADSL 上載頻道
25~200KHZ

電話線路

ADSL 下載頻道
200K~1.1MHZ

電話線路頻率架構示意圖

　　Cable Modem 上網因有線電視傳輸技術的不同，可分為單向與雙向二種傳輸方式，單向是指上傳時電腦將資料透過電話線傳到有線電視系統再連上 Internet，而資料下載則經由有線電視線及 Cable Modem 傳回到電腦，因為此種方式還要透過電話撥接上傳資料，所以仍須負擔電話費。雙向是指資料的上傳及下載，都是透過 Cable Modem 經由有線電視纜線來完成。

8-1-4　光纖上網

　　隨著通訊技術的進步，上網的民眾對於頻寬的要求越來越高，與 ADSL 相較，光纖（Optical Fiber）上網可提供更高速的頻寬，最高速度可達 1Gbps，隨著光纖成本日益降低，更提供了穩定的連線品質，光纖的主要用戶群已經首度超越 ADSL 的主要用戶群。

　　FTTx 是「Fiber To The x」的縮寫，意謂光纖到 x，是指各種光纖網路的總稱，其中 x 代表光纖線路的目的地，也就是目前光世代網路各種「最後一哩（last mile）」的解決方案。因應 FTTx 網路建置各種不同接入服務的需求，根據光纖到用戶延伸的距離不同，區分成數種服務模式，包括「光纖到交換箱」（Fiber To The Cabinet, FTTCab）、「光纖到路邊」（Fiber To The Curb, FTTC）、「光纖到樓」（Fiber To The Building, FTTB）、「光纖到家」（Fiber To The Home, FTTH），常用的有以下兩種模式：

FTTB（Fiber To The Building，光纖到樓）

　　光纖只拉到建築大樓的電信室或機房裡。再從大樓的電信室，以電話線或網路線等等的其他通訊技術到用戶家。從中央機房直接拉光纖纜線到用戶端的那棟大樓電信室。

FTTH（Fiber To The Home，光纖到家）

　　是直接把光纖接到用戶的家中，範圍從區域電信機房局端設備到用戶終端設備。

光纖到家的大頻寬，除了可以傳輸圖文、影像、音樂檔案外，可應用在頻寬需求大的 VoIP、寬頻上網、CATV、HDTV on Demand、Broadband TV 等，不過缺點就是佈線相當昂貴。

8-1-5 專線上網

一般中小企業可以透過向 ISP 申請一條固定傳輸線路與網際網路連接，利用此數據專線，達到提供二十四小時全年無休的網路應用服務。專線的頻寬有 64Kbps、512Kbps、T1、T2、T3、T4 等。

> **T I P S** ↘
>
> T1 是一種擁有 24 個頻道，且每秒傳送可達 1.544Mbps 的數位化線路，T2 則擁有 96 個頻道，且每秒傳送可達 6.312Mbps 的數位化線路。T3 則擁有 672 個頻道，且每秒傳送可達 44.736Mbps 的數位化線路。T4 擁有 4032 個頻道，且每秒傳送可達 274.176Mbps 的數位化線路。

8-1-6 衛星直撥

衛星直播（Direct PC）就是透過衛星來進行網際網路資料的傳輸服務。它採用了非對稱傳輸（ATM）方式，可依使用者的需求採用預約或即時，經由網路作業中心及衛星電路，以高達 3Mbps 的速度，下載資料至用戶端的個人電腦。衛星直撥的使用者必須加裝一個碟型天線（直徑約 45 ～ 60 公分），並在電腦上連接解碼器，如此就能夠透過衛星從網際網路中接收下載資料。

8-2 IP 位址表示法

任何一部連接網際網路的電腦都必須有一個獨一無二的位址。因為在網際網路上存取資料時，就必須靠著這個位址來辨識資料與傳送方向，而這個網路位址就稱為「網際網路通訊協定位址」，簡稱為「IP 位址」。一個完整的 IP 位址是由 4 個位元組，即 32 個位元組合而成。而且每個位元組都代表一個 0~255 的數字，要連接上網路的每一台電腦，都必須要有一個 IP 位址。

8-2-1　IP 位址結構

　　一個 IP 位址主要是由「網路識別碼」（Network ID）與「主機識別碼」（Host ID）兩個部份組成，網路識別碼與主機識別碼的長度並不固定，而是依等級的不同而有所區別。

IP 位址可以區分為「網路識別碼」與「主機識別碼」

IP 位址組成元件	說明與介紹
網路識別碼	在同一個區域網路中的電腦所分配到的 IP 位址，都會有相同的網路識別碼，以代表其所屬的網路，例如：202.145.52.115 就屬於 202.145.52.0 這個網路。
主機識別碼	主機識別碼則用來識別該位址是屬於網路中的第幾個位址，例如：202.145.52.115 即為 202.145.52.0 這個網路下的第 115 個位址。

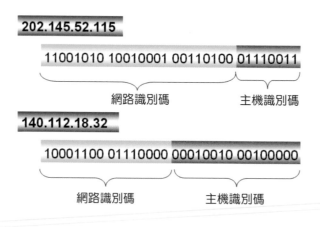

網路識別碼與主機識別碼的劃分示意圖

　　請注意！IP 位址具有不可移動性，也就是說您無法將 IP 位址移到其他區域的網路中繼續使用。IP 位址的通用模式如下：

0~255.0~255.0~255.0~255

8-2-2　IP 位址等級分類

為了管理上的方便，IP 位址當初在設計時區分為五個等級（Class），分別以 ABCDE 來加以標示，目前最常接觸的是 Class A、Class B 與 Class C，而 Class D 是用來作為「多點廣播」（Multicast）之用，而 Class E 則是用在於實驗之用，以下分別對這五個等級的 IP 位址加以說明：

等級	前導位元	判斷規則	IP 範例與說明	圖示說明
A	0	第一個數字為 0 ～ 127	12.18.22.11。其網路識別碼部份佔了 8 個位元，而主機識別碼部份佔了 24 個位元，因此每一個 A 級網路系統下轄 2^{24}=16,777,216 個 IP 位址。因此通常是國家級網路系統，才會申請到 A 級位址的網路。	
B	10	第一個數字為 128 ～ 191	129.153.22.22。其網路識別碼部份佔了 16 個位元，而主機識別碼部份佔了 16 個位元，因此每一個 B 級網路系統下轄 2^{16}=65,536 個主機位址。因此 B 級位址網路系統的對象多半是 ISP 或跨國的大型國際企業。	
C	110	第一個數字為 192 ～ 223	194.233.2.12。其網路識別碼部份佔了 24 個位元，而主機識別碼部份佔了 8 個位元，因此每一個 C 級網路系統僅能擁有 2^{8}=256 個 IP 位址。適合一般的公司或企業申請使用。	
D	1110	第一個數字為 224 ～ 239	239.22.23.53。此類 IP 位址屬於「多點廣播」位址，就是針對網路中某一個特定的群組中之電腦進行訊息的發送。因此只能用來當作目的位址等特殊用途，而不能作為來源位址。	
E	1111	第一個數字為 240 ～ 255	245.23.234.13。全數保留未來使用，所以並沒有此範圍的網路。	

8-2-3　IPv6

　　目前現行的 IP 位址劃分制度稱為「IPv4」（第四版 IP 位址），IPv4 的表示法是以八個位元為一個單位，共區分為四個部份，而以十進位的方式來表示。採用 32 個位元來表示所有的 IP 位址，所以其最多只能有 42 億個 IP 位址，其中有些還保留作其他用途，或是因不適當的分配而浪費掉，所以舊有的 IPv4 面臨了 IP 位址不足的困境。IPv6 採取 128 個位元來表示 IP 位址，所以最多可以有 2^{128}=3.4028236692093846346337460743177e+38 個 IP 位址，這樣的的數字相當於舊有 IP 位址的 2^{96} 倍，簡直是個天文數定，日後 IPv6 發展起來，每部電腦要分配到一個以上的 IP 位址絕對不成問題，所有主機上線的理想就可以實現。

　　IPv6 則是以兩個位元組（Byte）為一個單位，共區分為八個部份，在表示時則是每個單位以 16 進位制加以表示，而以冒號來加以區隔，例如：

IPv6 的 IP 位址表示法

　　基本上，IPv6 的出現不僅在於解除 IPv4 位址數量之缺點，更加入許多 IPv4 不易達成之技術，例如：IPv6 的設計允許未來新功能的擴充，例如：在表頭上增加了「流量等級」（Traffic class）與「流量標示」（Flow Label）等欄位，同時也提供更好的網路層服務品質（Quality of service, QoS）機制。兩者的差異可以整理如下表：

特性	IPv4	IPv6
發展時間	1981 年	1999 年
位置數量	2^{32}=4.3x10^9	2^{128}=3.4x10^{38}
行動能力	不易支援跨網段；需手動配置或需設置系統來協助	具備跨網段之設定；支援自動組態，位址自動配置並可隨插隨用
網路服務品質	QoS 支援度低	表頭設計支援 QoS 機制
網路安全	安全性需另外設定	內建加密機制

8-3 網域名稱系統

之前在說明 Internet Protocol 時，我們知道 IP 位址是由一連串的數字所組成，但是這樣的數字並不適宜人類記憶。為了方便 IP 位址的記憶與使用，於是想出了在連線指定主機位址時，以實際的英文縮寫名稱來取代 IP 位址的使用。例如：使用類似 www.drmaster.com.tw 這樣的「網域名稱」（Domain Name），您就可以得知這是用來連接至博碩文化的網站，www 代表這個網站提供全球資訊網服務，drmaster 是博碩文化的英文名稱縮寫，com 表示這是個商業（commerce）組織，而 tw 代表這個網站是位於台灣（Taiwan）地區。

8-3-1 網域名稱簡介

網路上辨別電腦的方式是利用 IP Address，而一個 IP 共有四組數字，很不容易記，因此，我們可以使用一個有意義又容易記的名字來命名，這個名字我們就叫它「網域名稱（Domain Name）」。例如：您很容易記得蕃薯藤的首頁是 www.yam.com.tw，但是並不一定記得相對應的 IP Address 是 211.72.254.6，不管在瀏覽器網址列輸入 www.yam.com.tw 或是 211.72.254.6，兩者都能連上蕃薯藤首頁。

事實上，對電腦來說只有 IP Address 才有意義，因此必須要能將使用者輸入的網域名稱轉換為 IP Address，而這項工作是由「網域名稱伺服器」（Domain Name Server, DNS）來負責，當我們輸入網域名稱（www.yam.com.tw）之後，電腦的第一個動作是將網域名稱轉換成 IP Address（211.72.254.6），再透過這 IP Address 連上蕃薯藤首頁。

每一個網域名稱都是唯一的，不能夠重複，因此每一個網域名稱都需要經過申請才能使用，國際上負責審核網域名稱的單位是「網際網路名稱與號碼分配組織」（Internet Corporation for Assigned Names and Numbers, ICANN），在我國負責的單位是「財團法人台灣網路資訊中心」（Taiwan Network Information Center, TWNIC）。網域名稱的命名是有規則的，每組文字都代表不同意義，其架構如下：

主機名稱 . 網站名稱 . 組織類別代碼 . 國別碼

例如：台灣大學的網域名稱是：www.ntu.edu.tw

由左到右各組文字的意義如下：

- 「www」：代表全球資訊網。
- 「ntu」：代表台灣大學。
- 「edu」：代表教育機構、學校。
- 「tw」：代表台灣。

其中「網站名稱」是網站管理者自訂的名稱，「國別代碼」是指網站註冊的國家，在我國註冊的網站，國別代碼是「tw」，網路常見的國別代碼請參考下表：

中文國名	英文國名	國別代碼	中文國名	英文國名	國別代碼
台灣	Taiwan	tw	日本	Japan	jp
德國	Germany	de	韓國	South Korea	kr
英國	United Kingdom	uk	俄羅斯	Russian Federation	ru
法國	France	fr	新加坡	Singapore	sg
香港	Hong Kong	hk	中國	China	cn
義大利	Italy	it			

由於網際網路是由美國發展出來，起初網域名稱就沒有國別代碼，到現在美國的網域名稱仍不需要加上國家代碼。「組織類別代碼」可以讓瀏覽者輕易分辨網站的類別，例如：商業機構是「com」，教育機構是「edu」，如下表所示：

組織類別	說明
com	商業機構
edu	教育機構、學校
gov	政府機構
int	國際組織
mil	軍事機關
org	非營利組織
net	網路服務供應商（ISP）

8-4 Wi-Fi 與無線上網

　　近幾年無線網路（IEEE 802.11 標準）興起，許多政府管轄的地區架設起免費公用的無線網路服務，例如：車站、機場或餐廳。如果想上網查詢資料或瀏覽網頁，就可以內含（或外接）有無線網路卡的筆電或平板連線 Wi-Fi，來使用網際網路的各項資源。無線網路 IEEE 802.11 標準的制訂規則可視為 IEEE 802.3 的延伸，其基本組件與乙太網路差異不大，同樣需具備數據機以及路由器，這種無線網路的架構，其最簡易的做法即是將具備路由器功能的無線基地台，直接與數據機連接並設定即可。

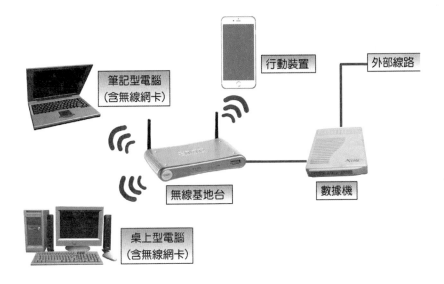

8-4-1　連接 Wi-Fi

　　一般而言，第一次設定 Windows 時就可能已經連上網路，但如果沒有，可以查看現有的網路清單，再進行連線的工作。如果您要查看目前可用網路清單，首先請按一下檢查網路圖示 ，接著找到訊號強度較強的網路進行連線。您必須先點選所要連接的網路名稱，然後按一下「連線」。在連線過程中，可能會要求輸入登入的密碼，如果您希望每次在連線範圍內時，都能自動連線到這個網路，請記得選取「自動連線」核取方塊。完成連線 Wi-Fi 的操作過程如下：

如果勾選「自動連線」核取方塊後，下次在連線範圍內時，都會自動連線到這個網路

❷ 點選訊號較強的網路名稱，按一下「連線」，可以進行無線網路的連線工作

❶ 按一下檢查網路圖示

系統可能會要求您提供網路的密碼，您可以向網路管理員取得密碼。如下圖所示：

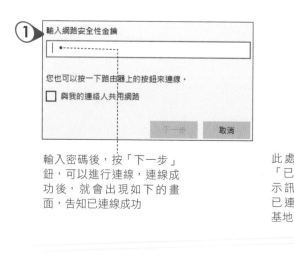

輸入密碼後，按「下一步」鈕，可以進行連線，連線成功後，就會出現如下的畫面，告知已連線成功

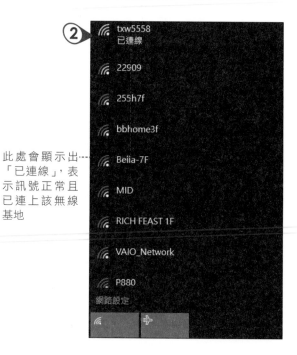

此處會顯示出「已連線」，表示訊號正常且已連上該無線基地

8-5 認識電子郵件

由於網路的快速普及，漸漸的改變了我們日常生活的習慣，最明顯的例子就是電子郵件。電子郵件具有免費、快速、方便的優點，將郵件寄送至世界各地只需短短幾分鐘，拉近了彼此之間的距離，甚至在電子郵件中還可加上聲光十足的多媒體功能，本章將帶領各位開始進行電子郵件的學習之旅。

e-mail 是網路上使用率最高的網路服務

就像我們寄信一樣，必須書寫正確的寄件者與收件者地址，才能使郵件無誤的寄達，電子郵件也是如此。不管寄信者或收信者首先都必須要有「電子郵件地址（E-Mail Address）」也就是 E-Mail 帳號。

8-5-1 郵件帳號說明

一般來說，電子郵件地址的格式主要由「使用者名稱」與「郵件伺服器名稱」兩部分組成，兩者之間以「@」符號作區隔，如下行所示：

andyfeng@yahoo.com.tw

「使用者名稱」是由使用者自己選定的，目前只能使用英文字母與數字，命名方式最好是能讓其他人容易識別，例如：以自己的英文名字或中文名字的縮寫來命名。「@」正確讀法是「at」,「在」的意思；「@」後面接的是郵件伺服器名稱，也就是使用者電子郵件帳戶的主機名稱。電子郵件地址具有唯一性，每一個 Internet 上的 E-Mail 帳號都不相同。

8-5-2　郵件伺服器

上圖中位址符號「@」之後的「yahoo.com.tw」就是郵件伺服器主機的位置，當各位利用電子郵件軟體寄出信件後，這封信件會透過寄件者的「外寄郵件伺服器」（SMTP協定）發送到收件人的「內收郵件伺服器」（POP3 協定）上，正如同「網路郵局」一般，如下圖所示：

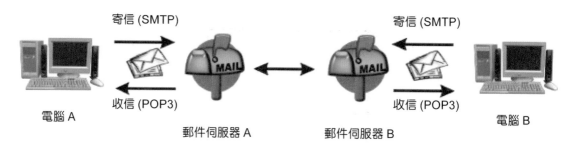

其中常見電子郵件通訊協定有下列三種，分述如下：

電子郵件通訊協定	說 明 與 介 紹
SMTP	發送電子郵件時所使用的通訊協定，通常取決於您上網的 ISP 所提供的郵件伺服器位址。
POP3	收取郵件時所使用的通訊協定，一般 POP3 和各位電子郵件後的 DNS 位址相同。
IMAP	可直接在郵件伺服器上編輯郵件或收取郵件的協定，但較不普及。

8-5-3　電子郵件收發方式

目前常見的電子郵件收發方式可以分為兩類：POP3 Mail 及 Web-Based Mail。POP3 Mail 是傳統的電子郵件信箱，通常由使用者的 ISP 所提供，這種信箱的特點是必須使用專用的郵件收發軟體（例如：Windows Mail、Outlook 等郵件軟體）才能收發郵件，且郵件收進來以後，信件會保存在電腦之中，方便您進行信件的分類與管理。缺點是取得帳號後，必須進行郵件伺服器的設定，對初學者而言，學習不易；另外要使用專用的郵件收發軟體，才可以收發郵件。

Web Mail 則是在網頁上使用郵件服務，具備了基本的郵件處理功能，包括寫信、寄信、回覆信件與刪除信件等等，只要透過瀏覽器就可以隨時收發信件，走到哪收到哪。缺點是郵件擺在遠端電腦主機上集中管理，要閱讀信件一定得先上網，另外，通常這

類的信箱容量大小會有所限制，使用者必須定期手動方式刪除郵件、轉寄郵件來加以備份，當信件量相當多的時候，會造成信件管理的不方便性。

8-6 Skype 網路電話

網路電話（IP Phone）是利用 VoIP（Voice over Internet Protocol）技術將類比的語音訊號經過壓縮與數位化（Digitized）後，以數據封包（Data Packet）的型態在 IP 數據網路（IP-based data network）傳遞的語音通話方式。Skype 是一套簡單小巧的語音通訊的免費軟體，無需支付通話費用。想要使用 Skype 網路電話，通話雙方都必須具備電腦與 Skype 軟體，而且要有麥克風、耳機、喇叭或 USB 電話機，如果想要看到影像則必須有網路攝影機（Web CAM）。

8-6-1 下載 Skype 軟體

各位可以自行到下列網址下載 Skype 最新版軟體來安裝：

圖片來源：http://skype.pchome.com.tw/download.html

當下載完畢後，通常會要求建立一個新的 Skype 帳號，如果你的電腦的網路攝影機有安裝的狀態下，在啟用 Skype 軟體前，會測試攝影機的效果，當完成視訊的設定，你的 Skype 通話將可以使用視訊。對於 Skype 新手來說，會經過一連串的設定過程，包

括：要求使用者檢查音效與視訊裝置，以確認可以聽到測試音、自己的聲音、看到自己的影像，另外再新增一張個人影像，各位可以馬上透過攝影機拍攝相片，或是瀏覽電腦中的其他圖片，設定完成後，各位將看到如下的視窗畫面。

8-6-2　新增聯絡人

在進入 Skype 程式後，首先我們可以將有 Skype 帳號的好友先加入到自己的好友清單當中，這樣連絡人是否在線上，我們就一目了然。

執行此指令

❶ 輸入對方的 Skype 帳號、姓名或電子郵件，並按下搜尋鈕

❷ 先點選找到的聯絡人

❸ 按此鈕可加入到聯絡人的名單中

　　當將對方加入聯絡人後，就可以在聯絡人的清單，找到有聯絡人的資料。如果對方正在線上，就可以傳送訊息或語音通話，如果對方也有攝影機，雙方還可以進行視訊通話。

8-6-3　用 Skype 撥打市話或手機

　　除了剛剛我們所介紹的，直接從聯絡人的清單進行通話外，如果要加入的連絡人沒有 Skype 帳號，各位也可以輸入他的市話或行動電話，這樣可以較低費率與對方進行通話。

❶按此鈕切換到「撥號」標籤

❷由此輸入台灣當地的電話或行動電話

也可以直接按數字按鈕來輸入電話號碼

❸按此鈕開始撥打電話

不過，要使用 Skype 撥打市內或行動電話，必須事先購買 Skype 點數卡或購買月租方案，否則當各位撥打電話後，會出現如下圖的說明視窗：

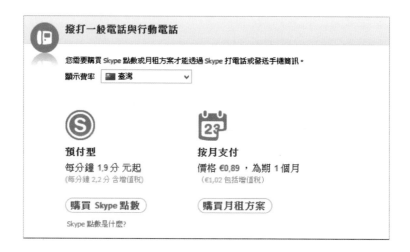

8-7 臉書（Facebook）

臉書（Facebook）是一個社交網路服務網站，希望透過社群的力量，以認識朋友的朋友作為擴大交友群的方式，藉此認識新朋友的機會。在 Facebook 註冊的網路用戶，可以建立自己專屬的個人資訊，包括個人興趣、設定照片。

8-7-1 註冊成為會員

要利用 Facebook 來將親朋好友聯繫在一起，並保持聯絡，首先就必須連上 facebook 的首頁，網址為 http://www.facebook.com，每個人都可以免費註冊加入 facebook。當您註冊成為 facebook 的會員之後，下次連上 Facebook 的首頁時，只要輸入電子郵件位址及密碼就可以登入 Facebook。建議不妨將 Facebook 首頁加入我的最愛，同時在登入時，要切記輸入完整的電子郵件位址，並勾選「保持我的登入狀態」。

8-7-2 尋友工具

「尋友工具」會要求你輸入電子郵件和密碼。接著 Facebook 會在你輸入的電子郵件通訊錄中檢查，看看這些朋友是否已在 Facebook 建立個人檔案，並寄送邀請；這是因為在 Facebook 上的朋友關係必須經過雙方確認之後，才能正式成立。所以必須先寄邀請給對方，並等待對方的回應邀請，才可以在 Facebook 成為朋友。關於如何利用「尋友工具」找尋朋友的完整過程，說明如下：首先請點選「朋友」功能下的「尋友工具」：

接著請輸入你電郵地址，並按下「尋友工具」鈕，這項功能就是利用你的電子郵件帳號，尋找曾互通電子郵件的朋友，而這種方式也是一種搜尋 Facebook 朋友的最快的方式。

當各位按下「尋友工具」鈕之後，會出現下圖畫面，詢問如果要匯入連絡人，就必須輸入登入 Windows Live ID 的密碼：

當按下「登入」鈕後，就可以找到在你的通訊錄，有那些朋友已在 Facebook 上了。接著選出你想要加為朋友的人，並按下「加入好友」鈕。

除了找出已在 Facebook 的朋友，網站還會列出尚未加入 Facebook 的聯絡人，並提供你勾選，以邀請加入。

8-7-3　搜尋同學及同事

除了搜尋朋友外，還可以利用「搜尋同學」找尋高中或大學時代的好朋友，要使用「搜尋同學」，到頁面最上方的選單「朋友」中選擇「尋友工具」。可以在該頁面的最下方找到進入搜尋同學的連結，你可以依照高中或大專院校進行搜尋，如下圖所示：

就以搜尋大學同學為例，只要按要搜尋同學的連結，就可以設定各種搜尋條件，讓你更精細地搜尋同學。

各位在上圖中應該有注意到，除了可以搜尋同學外，還可以依人員名稱、電子郵件或依公司來進行搜尋同事，所謂搜尋同事是找到你目前或之前工作所認識朋友的最簡便方式。

8-7-4　與朋友聊天

在 Facebook 也有聊天室，可以隨時與上線的朋友對談，如果將朋友進行適當的分類，就能清楚哪些類別的朋友正在上線。

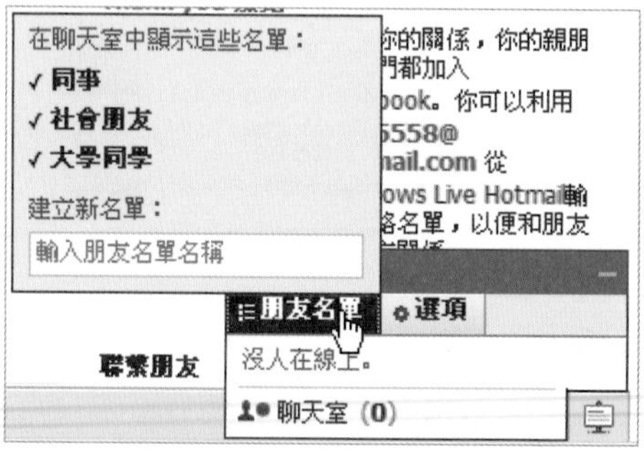

要建立新名單也相當容易，只要輸入朋友名稱，再於所有朋友中去挑選該朋友名單的成員，就可以將其歸類於該朋友名單中。

8-7-5 上傳相片

除了編輯各種基本資料外，還可以上傳相片或視訊拍照，就以「上傳相片」為例，目前照片檔案大小以不超 4MB 為限，上傳完畢後，就可以在個人檔案資料中看到所上傳的相片了。

各位可以上傳幾張不同的圖片，當要更改圖時，只要將滑鼠移向照片右上角，就會出現「更換照片」的功能，當按下滑鼠後，便會出現功能表，提供多種更換圖片的方式。

編輯個人檔案

在這個功能表，包括了再上傳一張相片、拍照或從相簿選擇等途徑，各位可以依需求，選擇其一。當你上載相片時，你的朋友就可以從相片看出你的最新近況。

TIPS ↘

Google+ 是 Google 新推出的社群服務，功能有點像 Facebook，透過 Google+ 的傳訊工具，把大家通通拉入一個群組通訊畫面，如此一來，就可以同時和一群人同步溝通。在 Google+ 的社交圈提供了分類功能，可以將不同背景關係的朋友，設定不同的社交圈。Google+ 還整合原有相簿服務，可以讓你輕鬆查看及分享你所有的 Picasa 相片和影片。在 Google+ 中也整合了即時通訊服務 Google Talk，可以讓同一社群的人即時分享訊息，也可以在 Google Docs、Gmail 等服務中看到即時的通知。最特別的是，擁有強大搜尋功能的 Google+，不論是網路上的新聞或社交圈的消息以及公開訊息，都可以透過搜尋功能快速找到，再分享給社交圈的同好，而 Google+ 視訊功能，應該會給目前知名社群網站相當程度的競爭壓力。

8-8 年輕世代的社群軟體 -Instagram

　　Instagram 是一個結合手機拍照與分享照片機制的新媒體社群軟體，目前有超過 4 億的全球用戶，Instagram 操作相當簡單，而且具備即時性、高隱私性與互動交流相當方便，時下許多年輕人與學生會發佈圖片搭配簡單的文字來抒發心情。這個軟體主要在 iOS 與 Android 兩大作業系統上使用，讓手機直接拍攝相片後，用手指輕鬆點幾下就可以使用它內建的藝術特效，然後馬上傳送相片到個人相簿中，並分享到 Facebook、Twitter、Flickr、Swarm、Tumblr 或新浪微博等社群網站上，而好友看過相片後也可以給予評論。Instagram 的崛起，代表用戶對於影像的興趣開始大幅提升，由於藝術特效的加持，加上上傳分享的便利性，透過 Instagram，我們有機會看到很多平常網站上看不到的作品。

Instagram 也可以直接在電腦上做登錄，用以查看或編輯個人相簿

Instagram 主要在 iOS 與 Android 兩大作業系統上使用

8-8-1 Instagram 程式下載與登入

　　想要由手機下載 Instagram 程式，各位可以透過 App Store 搜尋「Instagram」的關鍵字，這樣就可以快速找到 Instagram 程式，完成軟體的安裝後，手機桌面就會看到相機的 圖示，各位可以選擇透過 Facebook 帳號登入，或是選擇以電話號碼、電子郵件來註冊，註冊之後即可透過手機來查看朋友的相片和影片。

---Instagram 的帳號註冊方式有三種：Facebook
帳號、電話號碼、或電子郵件

---已經有帳號者，請按此進行登入

8-8-2 設定追蹤對象

第一次進入 Instagram 程式後，各位可以在介面上看到哪些 Facebook 朋友或聯絡人已有使用 Instagram 程式，此時可針對這些朋友或聯絡人清單進行追蹤的設定。

---登入 Instagram 後，可針對自己的聯絡人或朋友清單，選擇想要追蹤的對象

---按下「追蹤」鈕，就會送出請求給對方

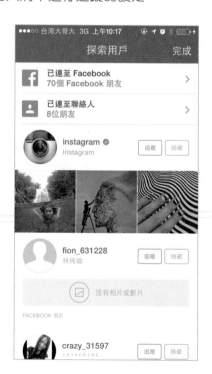

除了自己的朋友與聯絡人外，對於 Instagram 上有興趣的對象，也可以將他們加入到追蹤與探索的清單當中，如右上圖所示。

8-8-3 拍照與分享技巧

為了讓各位體驗一下 Instagram 所帶來的便利性，這裡先示範它的操作技巧，讓您從拍照、特效設定、分享好友一次搞定。各位進入 Instagram 程式後，會在視窗下方看到如下的五個按鈕，如下圖示：

按下中間的相機 [O] 圖鈕後，接著會有三種選擇方式：各位可以由「圖庫」中直接選擇已拍攝好的相片，也可以點選「相片」來開啟照相機功能，或是點選「影片」來進行攝影機的錄影，如左下圖。若是選擇「相片」功能，將會看到右下圖的畫面，此時按下藍色的拍攝圓鈕，就會將相機鏡頭所看到的畫面拍照下來。

緊接下來會看到左下圖的「濾鏡」畫面，多達二十多種的濾鏡特效，只要透過手指輕鬆點選下方的縮圖，就能夠馬上套用特效。此外，切換到「Lux」 鈕，則可針對畫面的明暗程度進行調整。而切換到「工具」 鈕，則可針對相片做進一步的調整，諸如：亮度、對比、結構、暖色調整、飽和度、淡化、陰影…等變更。如右下圖所示：

── 按此鈕進入「分享對象」

── 濾鏡功能鈕

按此鈕可調整明暗變化

── 濾鏡所提供的二十多種效果

當相片調整好之後，接著進入左下圖的「分享對象」視窗，視窗上方可輸入相片的解說文字，也可以標註人名或地點，再選擇要分享的社群網站，按下「分享」鈕後，個人的帳號中就可看到剛剛拍照與分享的相片，如右下圖所示，同時你在 Instagram 裡的好友，都可以看到你所拍攝的相片。

❶ 由此輸入相片的說明文字

❷ 選擇分享的社群網站

❹ 顯示分享的相片

❸ 按下「分享」鈕

如果在「分享對象」的視窗中切換到「DIRECT」標籤,那麼可以直接選擇要傳送的對象,而非針對所有的粉絲進行分享,如下圖所示:

❶ 切換到「DIRECT」標籤

❷ 由此可選擇分享的對象

❸ 再按此鈕傳送檔案

8-8-4 動態追蹤與瀏覽

　　在 Instagram 視窗中,各位隨時可以追蹤好友的相關訊息,請由視窗下方按下 ❤ 鈕,切換到「追蹤中」,即可看到好友的相片與貼文。而按下 🏠 鈕將顯示 Instagram 首頁的所有最新訊息,讓各位輕鬆看到追蹤與自己的相片、解說的文字,以及好友對於上傳相片的評論,如右下圖所示:

由此三鈕可分別按讚、留言、
或傳送相片給指定者

8-8-5　快速傳送相片 / 影片與訊息

在 Instagram 首頁中如果按下右上角的 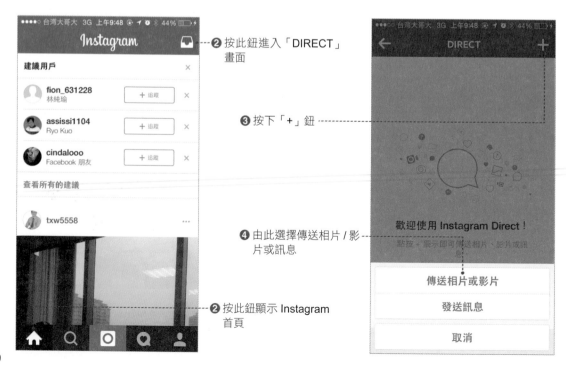 鈕，將會進入「DIRECT」畫面，繼續按下「+」鈕，視窗會顯示「傳送相片或影片」與「發送訊息」的按鈕，透過此功能即可快速傳送訊息給特定的人，或是快速將拍攝的影片或相片傳送出去。

❷ 按此鈕進入「DIRECT」畫面

❸ 按下「+」鈕

❹ 由此選擇傳送相片 / 影片或訊息

❷ 按此鈕顯示 Instagram 首頁

8-8-6 編輯個人檔案

在 Instagram 視窗下方若按下  鈕,將可編輯個人的檔案。包含個人曾經上傳的相片、貼文、粉絲人數、與追蹤名單。而視窗右上角的 ⚙ 鈕則是提供帳號、網站、個人簡介、電子郵件、電話、個人相片等資訊的編輯。

對於 Instagram 軟體的使用有所了解後,各位不妨安裝 Instagram 軟體來試玩看看,相信各位也會喜歡利用相片 / 影片來分享自己的心情故事。

網路電視（IPTV）

隨著寬頻上網技術和基礎設施不斷擴增下，網路影音串流正顛覆我們的生活習慣，宅商機的家用娛樂市場因此開始大幅成長，加上數位化高度發展打破過往電視媒體資源稀有的特性，網路影音入口平台再次受到矚目，網路電視（Internet Protocol Television, IPTV）就是透過網際網路來進行視訊節目的直播，並可利用機上盒（Set Top Box, STB）透過普通電視機播放的一種新興服務型態，提供觀眾在任何時間、任何地點來自行選擇節目，能充份滿足現代人對數位影音內容即時且大量的需求。服務模式包含免付費頻道、基本頻道與收費頻道三種，還能提供包括網路遊戲、網路點播、網路購物、社群網站瀏覽與遠距教學等服務。

網路電視充分利用網路的即時性以及互動性，提供觀眾傳統電視頻道外的選擇，觀眾不再只能透過客廳中的電視機來收看節目，越來越多人利用智慧型手機或行動裝置看電視。只要有足夠的網路頻寬，網路電視提供用戶在任何時間、任何地點可以任意選擇節目的功能，因為在網路時代，終端設備可以是電腦、電視、智慧型手機、資訊家電等各種多元化平台。

大陸樂視網推出的網路電視劇 - 羋月傳下載數超過 75 億次

一、選擇題

( ) 1. 由全世界大大小小的網路連接而成的全球性網路稱為 (A) 區域網路（LAN） (B) 企業網路（Intranet） (C) 網際網路（Internet） (D) 環狀網路（Ring Network）。

( ) 2. 將網際網路的架構應用在企業營運的架構，模擬成網際網路上的各種服務，此種網路稱為？ (A) WAN (B) Internet (C) Intranet (D) ISDN。

( ) 3. 在電腦網路中，使用者與遠端伺服主機連線進行檔案傳輸，所使用的協定稱之為下列何者？ (A) DNS (B) BBS (C) FTP (D) TCP/IP。

( ) 4. TANet 意指 (A) 網際網路 (B) 網路伺服器 (C) 台灣學術網路 (D) 廣域網路。

( ) 5. 下列何者是提供使用者網際網路服務的公司？ (A) IBM (B) ISP (C) III (D) ITRI。

( ) 6. 下列 IP 位址的寫法，何者正確？ (A) 168.95.301.83 (B) 207.46.265.26 (C) 40.222.0.1 (D) 140.333.111.56。

( ) 7. 下列何者是屬於 Class C 網路的 IP？ (A) 120.80.40.20 (B) 140.92.1.50 (C) 192.83.166.5 (D) 258.128.33.24。

( ) 8. IP 位址基本上是由四組數字，以「.」符號隔開組成，請問每一組數字的最大值為何？ (A) 128 (B) 225 (C) 226 (D) 255。

( ) 9. 每部主機在 Internet 上都有一個獨一無二的識別代號，此一代號稱為： (A) FTP 位址 (B) IP 位址 (C) ISP 位址 (D) E-mail 位址。

( ) 10. 下列哪個 IP 位址，可作為網路廣播用的 IP 位址？ (A) 0.0.0.0 (B) 127.0.0.1 (C) 192.168.10.1 (D) 255.255.255.255。

( ) 11. IPv6 使用幾個位元來定址？ (A) 32 (B) 64 (C) 128 (D) 256。

( ) 12. 在 IPv4 位址的 Class B 格式中，每一個網路可連接的主機數目為下列何者？ (A) 126 部 (B) 254 部 (C) 65,534 部 (D) 16,777,214 部。

( ) 13. 下列何者是屬於 ClassB 的 IP 網址？ (A) 120.80.40.20 (B) 140.92.1.50 (C) 14.83.166.5 (D) 258.128.33.24。

( ) 14. 使用電子郵件的優點不包括？ (A) 快速 (B) 省錢 (C) 有效率 (D) 郵寄實體包裹。

( ) 15. 電子郵件運作模式的三要素不包括？ (A) 電子郵件位址 (B) 個人網站伺服器 (C) 電子郵件軟體 (D) 郵件伺服器。

( ) 16. 常見的電子郵件通訊協定不包括？ (A) SMTP (B) FTP (C) POP3 (D) IMAP。

( ) 17. Yahoo 上的免費電子信箱，是使用哪一種電子郵件通訊協定？ (A) SMTP (B) HTTP (C) POP3 (D) IMAP。

( ) 18. 完成一封新電子郵件時，信件是被放在 (A) 收信匣 (B) 寄件匣 (C) 寄件備分 (D) 刪除的郵件匣內。

( ) 19. 下列有關電子郵件的敘述何者不正確？ (A) 電子郵件中不可以沒有郵件內容　(B) 電子郵件可以同時送給許多人　(C) 電子郵件位址不可以沒有 @ 的符號　(D) 電子郵件軟體可以隨時送收電子郵件。

二、問答題

1. 寬頻與窄頻的區隔為何？

2. 而頂層網域如果從橫的方向來看可分為哪些網域？

3. 何謂 Domain Name ？

4. 簡述 ADSL 上網技術的主要原理。

5. 網域名稱的組成是屬於階層性的樹狀結構，共包含哪四部份？

6. ADSL 的寬頻服務分為「固定制」和「計時制」兩種，兩者間有何差別？

7. 何謂 IPv6 ？試說明之。

8. 試說明專線上網的內容。

9. 請比較 POP3 與 SMTP 的差異性。

10. 請比較 POP3 Mail 及 Web-Based Mail 的優缺點。

11. 什麼是網路電話（IP Phone）？

12. 試簡介網路電視（IPTV）。

09 全球資訊網與瀏覽器

CHAPTER

近年來由於寬頻網路的盛行，經常性使用網際網路的人口也大幅的增加，隨著網路相關技術的不斷進步，Internet 的服務功能如百家爭鳴般讓使用者不斷有驚喜之處，而在網際網路所提供的服務中，又以「全球資訊網」（WWW）的發展最為快速與多元化。

http://www.pts.org.tw/

http://office.microsoft.com/zh-tw/images

公視影音網站與微軟影像圖庫類別

當各位想要瀏覽全球資訊網的資訊時，首先一定需要瀏覽器的協助，雖然全球資訊網普及至今不過短短十幾年的時間，但是瀏覽器卻是日新月異，功能越來越強大，我們就先來瞭解一下網頁與瀏覽器的關係。

9-1 WWW 的運作方式

　　WWW 的原理是透過網路客戶端（Client）的程式去讀取指定的文件，並將其顯示於您的電腦螢幕上，而這個客戶端（好比我們的電腦）的程式，就稱為「瀏覽器」（Browser）。目前市面上常見的瀏覽器種類相當多，各有其特色。

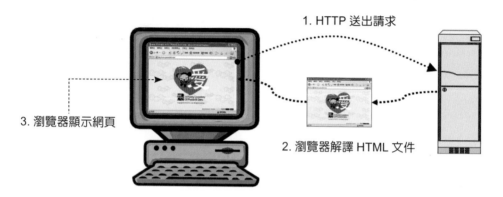

1. HTTP 送出請求

3. 瀏覽器顯示網頁

2. 瀏覽器解譯 HTML 文件

　　例如：我們可以使用家中的電腦（客戶端），並透過瀏覽器來開啟某個購物網站的網頁。這時家中的電腦會向購物網站的伺服端提出顯示網頁內容的請求。一旦網站伺服器收到請求時，隨即會將網頁內容傳送給家中的電腦，並且經過瀏覽器的解譯後，再顯示成各位所看到的內容。

TIPS ↘

所謂超連結就是 WWW 上的連結技巧，透過已定義好的關鍵字與圖形，只要點取某個圖示或某段文字，就可以直接連結上相對應的文件。而「超文件」是指具有超連結功能的文件。

9-1-1 網頁

　　透過瀏覽器在 WWW 上所看到的每一個頁面都可以稱為網頁（Web Page），網頁可分為「靜態網頁」與「動態網頁」兩種，如果網頁內容只呈現文字、圖片與表格，這類網頁就屬於靜態網頁。

玩法簡單容易上手，老少咸宜無負擔

《新無敵炸彈超人》的遊戲操作相當簡單，僅須使用鍵盤上的方向鍵及 M、N按鍵，(或者亦可自行裝置搖桿)，便能輕鬆自在地進行遊戲。遊戲方式類似以往家用遊戲主機上的『炸彈超人遊戲』，運用炸彈轟炸敵人或障礙物，以取得道具與寶物，達成過關條件。絕對能讓各個年齡層的玩家們，用不到三十秒的時間內，便能在輕輕無負擔下，立即上手遊戲！

角色動作超多樣，遊戲內容超豐富

在人物角色方面，針對敵我雙方的八名主要人物，以超強的電腦3D繪圖技術，細心繪製出精緻可愛，又格外逗趣的造型。而每個主要人物角色，還各自擁有風格互異的專屬炸彈及爆炸特效，並提供各種可愛的專屬影件，在遊戲中協助玩家過關斬將。要是您仔細留意每個遊戲中的角色，一旦遭遇到不同的危機狀況時，還會臨場表現出千變萬化的表情及動作，增加遊戲的新鮮感，也豐富了整個遊戲的娛樂性。

由文字、影像與表格所構成的靜態網頁

　　如果 HTML 語法再搭配 CSS 語法或是 DHTML 語法等等，不僅能讓網頁產生絢麗多變的效果，而且還能與瀏覽者進行互動。

動態網頁絢麗有趣，容易吸引瀏覽者目光

台灣迪士尼網站

圖片來源：http://www.disney.com.tw

TIPS

CSS 的全名是 Cascading Style Sheets，一般稱之為串聯式樣式表，其作用主要是為了加強網頁上的排版效果，它可用來定義 HTML 網頁上物件的大小、顏色、位置與間距，甚至是為文字、圖片加上陰影等等功能。DHTML 一般稱為「動態網頁」，全名是「Dynamic HTML」，不單指一項網頁技術，而是由不同的網頁技術所組成的，包括 HTML、CSS 與 JavaScript 等，可以讓使用者隨心所欲的調整網頁。

9-1-2　首頁

　　進入一個網站時所看到的第一個網頁，通稱為首頁，由於是整個網站的門面，因此網頁設計者通常會在首頁上加入吸引瀏覽者的元素，例如：動畫、網站名稱與最新消息等等。

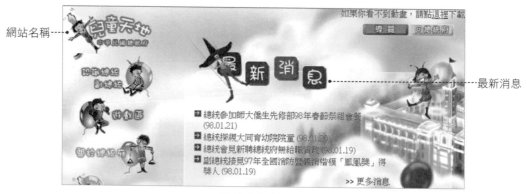

總統府兒童天地

圖片來源：http://www.president.gov.tw/2_children/index.htm

9-1-3　瀏覽器

　　用來連上 WWW 網站的軟體程式稱為「瀏覽器」（Browser），早期的瀏覽器只支援簡易的 HTML，由於瀏覽器的迅速發展，各種版本的瀏覽器紛紛出現。「瀏覽器」必須具有解譯 HTML 標記的能力，才能以適當方式將圖、文、影、音等多媒體資料顯示出來。就以 Firefox 瀏覽器為例，它不僅有較佳的安全性及網頁標準、還包含眾多的輔助套件、分頁瀏覽及支援搜尋引擎的搜尋列等功能。

9-1-4　URL

　　URL 全名是全球資源定址器（Uniform Resource Locator），主要是在 WWW 上指出存取方式與所需資源的所在位置來享用網路上各項服務。使用者只要在瀏覽器網址列上輸入正確的 URL，就可以取得需要的資料，例如：「http://www.yahoo.com.tw」就是 yahoo! 奇摩網站的 URL，而正規 URL 的標準格式如下：

protocol://host[:Port]/path/filename

其中 protocol 代表通訊協定或是擷取資料的方法，常用的通訊協定如下表：

通訊協定	說明	範例
http	HyperText Transfer Protocol，超文件傳輸協定，用來存取 WWW 上的超文字文件（hypertext document）。	http://www.yam.com.tw（蕃薯藤 URL）
ftp	File Transfer Protocol，是一種檔案傳輸協定，用來存取伺服器的檔案。	ftp://ftp.nsysu.edu.tw/（中山大學 FTP 伺服器）
mailto	寄送 E-Mail 的服務	mailto://eileen@mail.com.tw
telnet	遠端登入服務	telnet://bbs.nsysu.edu.tw（中山大學美麗之島 BBS）
gopher	存取 gopher 伺服器資料	gopher://gopher.edu.tw（教育部 gopher 伺服器）

host 可以輸入 Domain Name 或 IP Address，[:port] 是埠號，用來指定用哪個通訊埠溝通，每部主機內所提供之服務都有內定之埠號，在輸入 URL 時，它的埠號與內定埠號不同時，就必須輸入埠號，否則就可以省略，例如：http 的埠號為 80，所以當我們輸入 yahoo! 奇摩的 URL 時，可以如下表示：

http://www.yahoo.com.tw:80/

由於埠號與內定埠號相同，所以可以省略「:80」，寫成下式：

http://www.yahoo.com.tw/

9-2 Mozilla Firefox

Mozilla Firefox 瀏覽器是一個開放原始碼的應用程式，2004 年 11 月才由 Mozilla 基金會發佈正式版，Firefox 的載入速度比 Netscape 和 Internet Explorer 快了很多，同時可以跨平台使用。Firefox 可以說是瀏覽器的當紅炸子雞，不僅有較佳的安全性及網頁標準、還包含眾多的輔助套件、分頁瀏覽及支援搜尋引擎的搜尋列等功能，還內建了郵件程式、網頁編輯器、新聞群組、AOL 傳訊和 ICQ 等功能。

9-2-1　Firefox 下載與安裝

Firefox 內建阻擋彈出視窗功能，可以將廣告性質較高的彈出式視窗阻絕在外，要下載這套軟體可以至下列的網址：http://www.mozilla.com/zh-TW/firefox/。

在上圖中可以直接按下「」鈕，就可以將 Firefox 瀏覽器安裝程式下載到指定的路徑，接著利用「檔案總管」找到安裝的下載位置，並執行其安裝程式，各位只要跟著安裝精靈的引導，就可以順利完成 Firefox 瀏覽器的安裝，並在電腦桌面看到該瀏覽器的執行捷徑。如下圖所示。

第一次執行 Firefox 瀏覽器程式時，會啟動「匯入精靈」，這個精靈可以將您的「我的最愛」、設定及個人資料全數匯入，你可以選擇匯入的來源或選擇不要匯入任何東西：

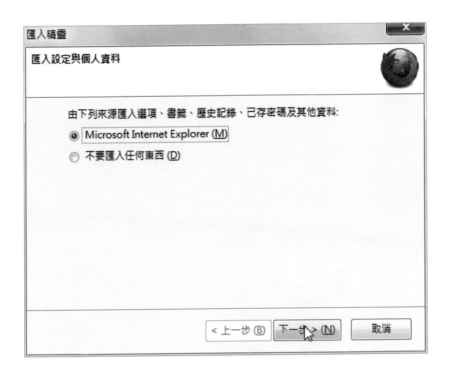

同時，也可以選擇首頁，可以設定「Firefox Start」作為首頁，或是直接由 Internet Explorer 匯入首頁：

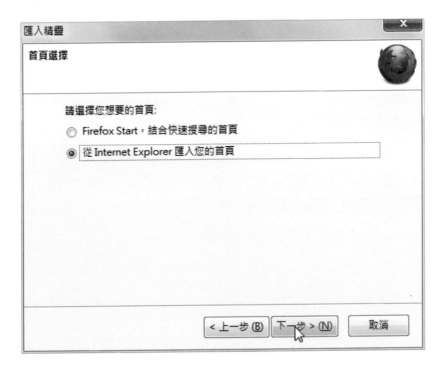

9-2-2　基本功能簡介

接著就可以開啟瀏覽器，底下為其主畫面視窗：

在上圖的視窗中各位可以注意到，Firefox 瀏覽器支援分頁瀏覽，可以讓各位在同一視窗的不同分頁觀看多個網頁，利用這種分頁的功能，將連結開啟於背景分頁，先行瀏覽其他頁面的網頁，而在瀏覽網頁的等待過程中，下載的頁面已完全載入，如此可以節省許多等待網頁開啟的時間。

為了降低個人資料的隱私及電腦系統安全性遭受破壞，Firefox 瀏覽器可以過濾有破壞性的 ActiveX 控制項，防範惡意的間諜軟體侵入電腦及侵犯隱私，這些工具都可以在「選項」設定視窗找到「個人隱私」及「安全」的設定頁面，這些多樣的保護工具，可以讓網頁的瀏覽過程安全，且無後顧之憂：

在工具列中已內建 Google 搜尋功能，如果要查詢某個單字的意思，只要輸入「dict [欲查詢單字]」便可查閱字典，例如：下圖輸入 dict [dilemma]，就可以找到 dilemma 這個英文字的意思：

其實 Firefox 還有許多相當實用的功能，包括整合 RSS，讓你更方便訂閱網站的更新及最近消息。另外，還可以自訂工具列添加按鈕、或安裝擴充套件、佈景主題、整合搜尋引擎與瀏覽器的介面。

9-3 Google Chrome

Google Chrome 則是由 Google 所出品的網頁瀏覽器，從上市到現在人氣一直居高不下。設計的主旨就在快速，希望盡可能縮短使用時間，例如：快速桌面啟動、瞬間載入網頁，還可迅速執行複雜的網路應用程式。使用外掛來強化 Chrome 的功能，讓 Chrome 除了速度之外又增加了強大的附加功能。Chrome 還具有多項安全機制，包括排除惡意軟體與網路釣魚的侵入等。

9-3-1　Chrome 的下載與安裝

要取得 Google 瀏覽器可以至下列網址下載：http://www.google.com.tw/chrome?hl=zh-TW。

當下載完畢並完成安裝後,可以迅速從桌面啟動。除了整體介面相當人性化外,由於其獨有的技術,能以相當快的速度執行互動式網頁、網路應用程式以及 JavaScript 指令碼,幾乎可以在瞬間載入網頁:

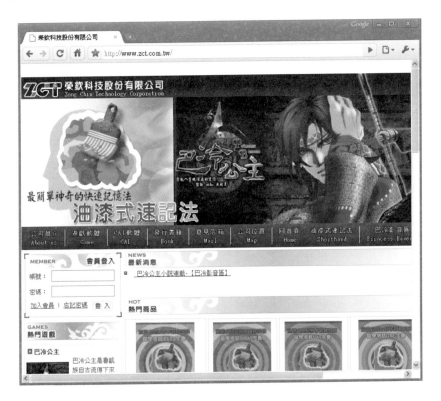

有了「Google 瀏覽器」，在網址列中輸入資訊，可以瀏覽網頁或搜尋任何內容，上圖是輸入瀏覽網頁的網址，而下圖則是輸入要查詢的關鍵字，例如：「巴冷公主」：

輸入完畢後，按下 Enter 鍵，就可以找到該關鍵字的相關網頁，如下圖所示：

9-3-2　Chrome 的換裝功能

如果各位瀏覽器的外觀一成不變，Google 瀏覽器主題庫 https://tools.google.com/chrome/intl/zh-TW/themes/index.html 提供各種藝術圖片或圖案裝飾您的瀏覽器，只要選用喜愛的主題，按下「 套用主題 」，Google 瀏覽器就會改變成設定的主題背景，如下圖所示：

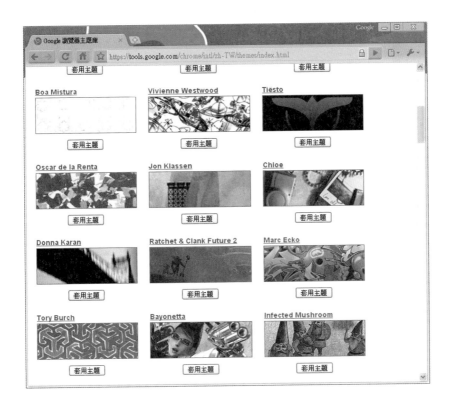

9-3-3 加入書籤

和其他瀏覽器一樣，各位可以將最愛的網頁加入書籤，如果要儲存您正在瀏覽的網頁，請按一下網址列上的星號圖示，在彈出式視窗中決定要將網頁放入哪一個書籤資料夾：

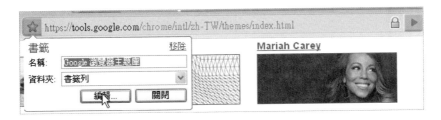

要利用 Google 瀏覽器建立書籤，「書籤列」和「書籤管理員」是管理書籤的好幫手，您所有的書籤與書籤資料夾都會顯示在書籤列上。要將書籤列固定顯示在網址列下方，只要按下 Ctrl + B 鍵即可，如下圖中筆者所開啟的書籤列，它的位置是固定在網址列下方：

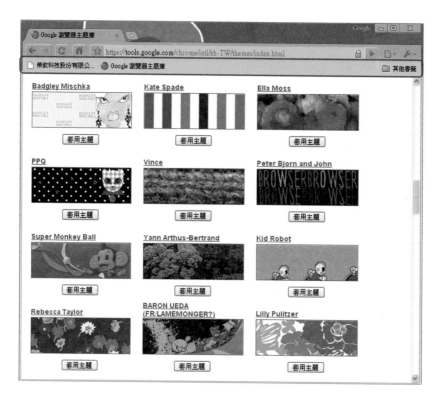

但如果要搜尋或編輯書籤及書籤資料夾時，只要按下 Ctrl + Shift + B 鍵開啟「書籤管理員」即可：

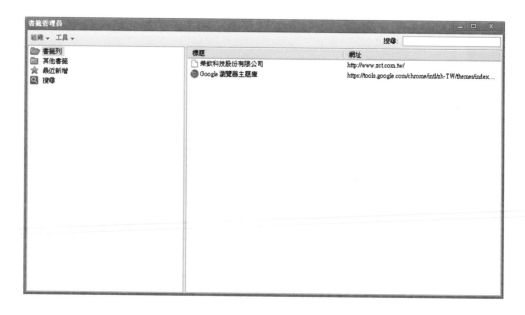

9-3-4　分頁瀏覽

這個瀏覽器也提供同一視窗的分頁瀏覽功能，要開啟新分頁，請按一下最後一個分頁旁的 ＋ 圖示 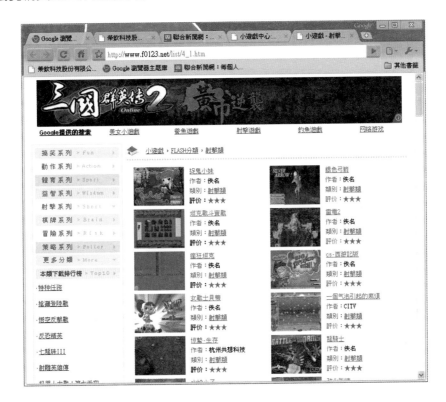，而按住並拖曳分頁來重新排列分頁的順序，甚至還能把分頁拉到新視窗，或放回原來的視窗。各位可以試著按下最後一個分頁旁的 ＋ 圖示開啟新分頁，並試著拖曳分頁改變順序或在不同視窗中交換分頁，這種特有的感受，讓瀏覽網頁的工作無比舒暢。

9-4　全新瀏覽器 Microsoft Edge

Microsoft Edge 是 Windows 10 最新型的瀏覽器，因為它可以在網路上找尋資料、閱讀、作筆記或做標記，讓各位可以充分利用瑣碎時間來充實知識，增長見聞，也可以將所看到或塗鴉內容分享給好友。因此這一小節要來瞭解 Microsoft Edge 使用技巧，讓它成為你生活上的好幫手。請由「視窗」鈕中直接點選 Microsoft Edge 圖磚，即可開啟程式。

❷ 點選此圖磚

❶ 按下「視窗」鈕

顯示 Microsoft
Edge 瀏覽器

9-4-1　加強閱讀檢視功能

　　和一般瀏覽器一樣，Microsoft Edge 能透過圖片和標題，快速瀏覽國內外、兩岸、國際、財經、運動、娛樂、影音、美食⋯等各類型的新聞要件。

新聞類型、標題、圖片
輔助，讓新聞一目了
然，點選圖 / 文即可閱
讀新聞內容

Edge 比其他瀏覽器更強的地方是，對於自己有興趣的新聞內容，可在網址列後方按下「閱讀檢視」📖 鈕，它會以潔淨的空間來讓各位閱讀內容。

按下「閱讀檢視」鈕

新聞附近通常還會有許多的圖鈕或標題會干擾文章的閱讀

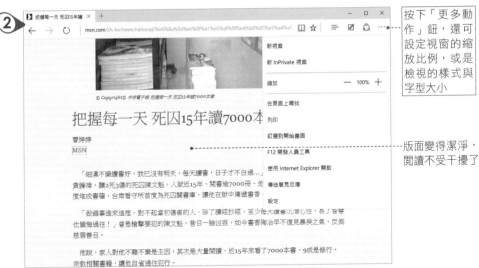

按下「更多動作」鈕，還可設定視窗的縮放比例，或是檢視的樣式與字型大小

版面變得潔淨，閱讀不受干擾了

如果嫌瀏覽器上的文字不夠大，按下「更多動作」 ••• 鈕可在「縮放」選項處，直接按下「+」或「-」來放大 / 縮小視窗比例，或是下拉點選「設定」指令，就能預先設定閱讀檢視樣式和字型大小。如下圖所示：

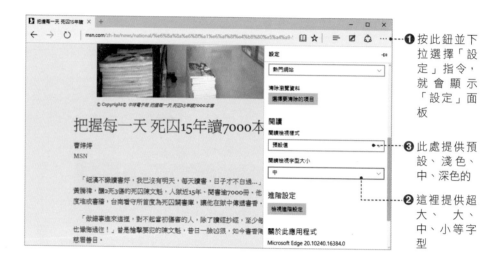

❶ 按此鈕並下拉選擇「設定」指令，就會顯示「設定」面板

❸ 此處提供預設、淺色、中、深色的

❷ 這裡提供超大、大、中、小等字型

9-4-2　善用閱讀清單

對於有興趣或想要瞭解的主題，只要透過瀏覽器的搜尋列或網址列輸入關鍵標題，就可以快速找到相關的文章或內容。而 Microsoft Edge 比其他瀏覽器更強的地方是，你可以把有興趣，但還沒有時間細讀的網頁儲存在「閱讀清單」中，等有空閒的時候再來仔細閱讀。如此一來，瑣碎的時間就可以妥善運用，隨時充電自己，增長見聞。設定「閱讀清單」的方式如下：

❶ 先找到有興趣的網站

❷ 按 ☆ 鈕

❸ 切換到選「閱讀清單」

❹ 按下「新增」鈕

加入閱讀清單後，當你有空想閱讀時，只要按下「中心」 ≡ 鈕，即可看到「閱讀清單」的內容。

❶ 按下「中心」鈕

❷ 點選「閱讀清單」鈕

❸ 瞧！剛剛加入的網頁顯示在此，點選即可顯示網頁內容

Microsoft Edge 的「中心」 ☰ 鈕，是保存各位在網路上所蒐集的資料。包含「我的最愛」、「閱讀清單」、「歷程紀錄」、「下載」等資訊，都可以透過它來切換。如圖示：

我的最愛

閱讀清單

下載

歷程紀錄

9-4-3 網頁筆記輕鬆做

Microsoft Edge 還有一個令人激賞的功能，那就是可以輕鬆建立網頁筆記。瀏覽器裡提供了手寫筆、螢光筆、橡皮擦等工具可作醒目的提示或擦除，也可以加入文字方塊作輸入筆記，甚至做區塊的剪裁，相當的方便。請由瀏覽器右上方按下 ☑ 鈕，使進入建立網頁筆記狀態。

❶ 按下手寫筆或螢光筆，還可以下拉選擇筆的色彩和大小

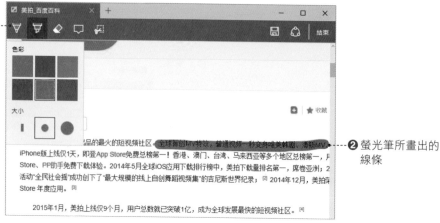

❷ 螢光筆所畫出的線條

各位也可以隨手塗鴉，在網頁上加入註記，然後透過「儲存網頁筆記」🖫 鈕將它儲存到 OneNote、我的最愛、或閱讀清單中。

❶ 利用手寫筆可以隨手塗鴉、標記

❷ 按下「儲存網頁筆記」

❸ 點選「OneNote」

❹ 按下「傳送」鈕將檔案傳送到 OneNote

所作的筆記傳送到 OneNote 後，利用空檔時間就可以打開來複習，或是透過「分享」🖧 鈕也可以分享給其他人。

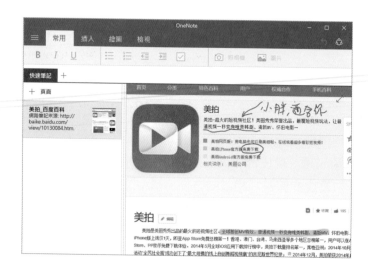

雲端服務簡介

「雲端服務」，簡單來說，其實就是「網路服務」，只要是經由網路連線取得由遠端主機提供的服務等，都可以算是雲端服務，就像許多人經常使用 Flickr、Picasa 等網路相簿來放照片，或者是雲端掃毒功能，都算是一種雲端服務。由於目前網路基礎建設的普及，加上行動上網設備越來越便宜，雲端服務也越來越流行，主要因為它提供了高速的運算環境，以及低價的儲存空間，不需投入大量的固定資產採購軟硬體，只要連上網路，就能跨平台、跨地點，在很短的時間內就可以迅速取得服務，真的是非常方便。

Google 雲端硬碟所提供的各種應用程式

目前已經堂堂跨入 4G 時代，大眾都能隨時隨地存取雲端上的資料，雲端服務的應用也就越來越廣泛。最普遍的雲端服務項目就是雲端硬碟，例如：Google 雲端硬碟（Google Drive）就能提供各位儲存相片、文件、試算表、簡報、繪圖、影音等內容，並且無論是透過智慧型手機、平板電腦或桌機在任何地方都可以存取到雲端硬碟中的檔案。

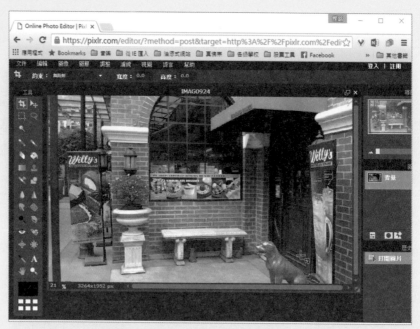

Pixlr 是一套相當免費好用的雲端影像編輯軟體

　　各位別以為雲端只能處理文件、安排行事曆，如果想要修修相片，或者做些簡單的影像處理，也不用各位自掏腰包花大錢去買軟體。透過雲端影像處理服務，就可以輕鬆編輯影像。雲端音樂也是熱門的雲端服務項目之一，將自己上傳音樂檔案到雲端空間，打造自己的雲端音樂台，只要透過筆電、手機、平板就能隨時隨地點播音樂。

一、選擇題

( ) 1. 瀏覽器通常須設定 Proxy 伺服器，為什麼？ (A) 可防止電腦當機　(B) 可避免電腦中毒　(C) 可加快遠端網頁的下載速度　(D) 可定期更新網頁內容。

( ) 2. 下列何者不是常見的搜尋引擎？ (A) Openfind　(B) 蕃薯藤　(C) Yahoo　(D) 人力銀行。

( ) 3. 下列有關全球資訊網瀏覽器的敘述何者不正確？ (A) 在瀏覽器中可以預設首頁的網址　(B) 在瀏覽器中可以停止下載網頁　(C) 瀏覽器是全球資訊網的伺服器端　(D) Internet Explorer 是一種瀏覽器。

( ) 4. 在瀏覽網頁時，如果想要選取今天曾拜訪的網站，要從哪一個資料夾中選取？ (A)「紀錄」資料夾　(B)「頻道」資料夾　(C)「搜尋」資料夾　(D)「我的最愛」資料夾。

( ) 5. 瀏覽器可以藉由下列哪個功能，防止青少年進入色情及暴力等網站？ (A) 組織我的最愛　(B) 刪除網路頻道　(C) 分級　(D) 刪除紀錄。

( ) 6. 如果要將網頁中的某張圖片內容儲存在電腦中，應如何操作？ (A) 選取「檔案」功能表的「儲存檔案」指令　(B) 選取圖片，再選取「編輯」功能表的「複製」按鈕，再貼上於影像處理軟體中儲存　(C) 在圖片上按一下右鍵，選取「另存圖片」指令　(D) 以上皆可。

( ) 7. 網址名稱 http:// www.cea.org.tw/tvc/title.html 之中，「http」所代表的涵意是？ (A) 一種通訊協定　(B) 電腦目前的網址　(C) 網頁名稱　(D) 路徑。

( ) 8. 在全球資訊網中，瀏覽器與網站之間傳送訊息時，使用的通訊協定是 (A) HTML　(B) URL　(C) HTTP　(D) ASP。

二、問答題

1. 試說明 URL 的意義。

2. Firefox 的功用為何？試簡述之。

3. 試說明超連結與超文件的意義。

4. 試簡述「雲端服務」。

5. 請簡述 Microsoft Edge 的網頁筆記功能。

6. 什麼是超連結？什麼是超文件？

7. 試列舉三種雲端服務。

MEMO

10 Web 時代的網際網路應用

CHAPTER

　　隨著網際網路的快速興起,從最早期的 Web 1.0 到目前即將邁入 Web 3.0 的時代,每個階段都有其象徵的意義與功能。隨著 Web 的不斷進步,對人類生活與網路文明的創新影響也越來越大,尤其目前即將進入 Web 3.0 世代,更是徹底改變了現代人工作、休閒、學習、表達想法與花錢的方式。

　　在 Web 上資源非常豐富,除了一般的上網瀏覽網頁,還有很多其他資源可供運用,隨著 Web 精神與價值的轉變,如雨後春筍般產生了許多流行的應用服務,我們將針對幾種最當紅的 Web 工具來做說明。

部落格是一種日記類型的網頁畫面

10-1 建立我的部落格

　　Blog 有人稱為「部落格」，也有人稱為「網誌」，是由「Web」與「Log」兩個英文單字簡化而成，是一種新興的網路創作與出版平台，Blog 跟 BBS 一樣可以自由發表文章，而且功能比 BBS 來得多，可以依自己喜好更改網站外觀、設定文章分類，而且還有搜尋的功能。想要使用 Blog 服務必須先申請，之後就可以擁有個人專屬的創作站台。

10-1-1　申請與登錄 Blog 服務

　　想要經營自己的 Blog，一開始必須先選好 Blog 空間，再來就是到該 Blog 空間註冊會員，註冊完成之後，通常會有個人相簿、個人網誌、影音、好友、嘀咕..等服務可供使用，底下我們以痞客邦「https://www.pixnet.net/」作說明，只要各位有 Facebook 帳號，透過「免費註冊」鈕，就可以進行會員的簡易註冊、立即開通；如果沒有也沒關係，可以帳號申請。

❶ 在「網址」列上輸入痞客邦的網址「https://www.pixnet.net/」

❷ 如果是非會員，按此鈕免費註冊

　　啟動帳號後，必須分別點選各種服務的超連結，才算完成帳號的整合程序。順利完成啟用服務後，進入痞客邦的首頁，從視窗左側按下「會員登入」鈕，輸入會員的帳號與密碼，就可以直接登堂入室，進入個人部落格空間。

10-1-2　發表文章

　　各位要發表新文章，只要從「發表文章」鈕進入，再依照下面的步驟進行，就可以開始編輯文章內容。

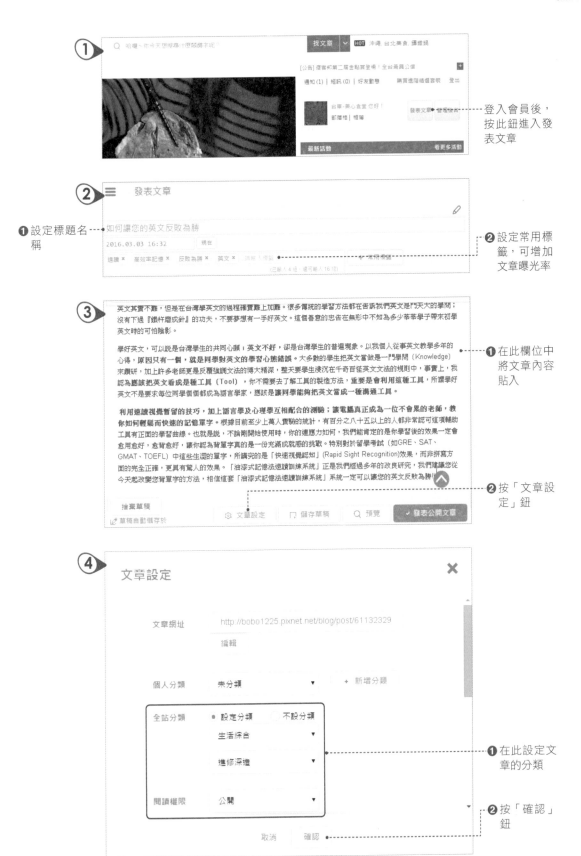

登入會員後，按此鈕進入發表文章

❶ 設定標題名稱

❷ 設定常用標籤，可增加文章曝光率

❶ 在此欄位中將文章內容貼入

❷ 按「文章設定」鈕

❶ 在此設定文章的分類

❷ 按「確認」鈕

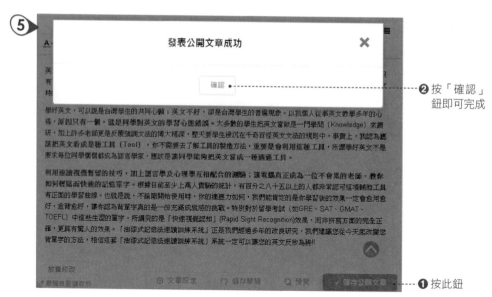

⑤

發表公開文章成功　✕

確認 ⋯⋯⋯⋯⋯⋯⋯⋯⋯⋯⋯⋯❷ 按「確認」鈕即可完成

英文其實不難，但是在台灣學英文的過程確實難上加難。很多傳統的學習方法都在告訴我們英文是一門天大的學問；沒有下過『鐵杵磨成針』的功夫，不要夢想有一手好英文。這個善意的忠告在無形中不知為多少莘莘學子帶來初學英文時的可怕陰影。

學好英文，可以說是台灣學生的共同心願；英文不好，卻是台灣學生的普遍現象。以我個人從事英文教學多年的心得，原因只有一個，就是同學對英文的學習心態錯誤。大多數的學生把英文當做是一門學問（Knowledge）來鑽研，加上許多老師更是反覆強調文法的博大精深，整天要學生浸沉在千奇百怪英文文法的規則中，事實上，我認為應該把英文看成是種工具（Tool），你不需要去了解工具的製造方法，重要是會利用這種工具，所謂學好英文不是要求每位同學個個都成為語言學家，應該是讓同學能夠把英文當成一種溝通工具。

利用速讀視覺暫留的技巧，加上語言學與心理學互相配合的測驗；讓電腦真正成為一位不會累的老師，教你如何輕鬆而快速的記憶單字。根據目前至少上萬人實驗的統計，有百分之八十五以上的人都非常認可這項輔助工具有正面的學習曲線。也就是說，不論剛開始使用時，你的適應力如何，我們能肯定的是你學習後的效果一定會愈用愈好，愈背愈好，讓你認為背單字真的是一份充滿成就感的挑戰。特別對於留學考試（如GRE、SAT、GMAT、TOEFL）中這些生澀的單字，所講究的是「快速視覺認知」(Rapid Sight Recognition)效果，而非拼寫方面的完全正確，更具有驚人的效果。「油漆式記憶法速讀訓練系統」正是我們經過多年的改良研究，我們建議您從今天起改變您背單字的方法，相信這套「油漆式記憶法速讀訓練系統」系統一定可以讓您的英文反敗為勝!!

放棄修改

❶ 按此鈕

⑥

美心食堂的部落格

歡迎光臨美心食堂在痞客邦的小天地【美心食堂】兩個年輕爸媽的異國甜情與一個可愛小男孩所運營的中泰式早午餐美食小館。店址：臺東市知本路三段152號(位於知本風松半內爐旁)

相簿

MAR 03 THU　如何讓您的英文反敗為勝

分享　喀啦　f　⋯　G+1　f讚　0

英文其實不難，但是在台灣學英文的過程確實難上加難。很多傳統的學習方法都在告訴我們英文是一門天大的學問；沒有下過『鐵杵磨成針』的功夫，不要夢想有一手好英文。這個善意的忠告在無形中不知為多少莘莘學子帶來初學英文時的可怕陰影。　⋯⋯⋯⋯ 文章順利發表了

學好英文，可以說是台灣學生的共同心願；英文不好，卻是台灣學生的普遍現象。以我個人從事英文教學多年的心得，原因只有一個，就是同學對英文的學習心態錯誤。大多數的學生把英文當做是一門學問（Knowledge）來鑽研，加上許多老師更是反覆強調文法的博大精深，整天要學生浸沉在千奇百怪英文文法的規則中，事實上，我認為應該把英文看成是種工具（Tool），你不需要去了解工具的製造方法，重要是會利用這種工具，所謂學好英文不是要求每位同學個個都成為語言學家，應該是讓同學能夠把英文當成一種溝通工具。

10-2　歷久彌新的老朋友－ BBS

　　BBS（Bulletin Board System）就是所謂的電子佈告欄，主要是提供一個資訊公告交流的空間，它的功能包括發表意見、線上交談、收發電子郵件等等，早期以大專院校的校園 BBS 最為風行。BBS 具有下列幾項優點，包括完全免費、資訊傳播迅速、完全以鍵盤操作、匿名性、資訊公開等，因此到現在仍然在各大校園受到歡迎。

10-2-1 Telnet 登入方式

Windows 作業系統裡內建有簡易的 Telnet 程式，可以使用它來登入 BBS，只要執行「開始功能表 / 執行」指令，依照底下格式輸入就可以登入 BBS 站：

telnet BBS 主機名稱或 IP Address

例如：各位想要登入到中山大學美麗之島 BBS，則可以輸入如下行：

telnet bbs.nsysu.edu.tw

按下「確定」鈕之後，就會顯示終端機視窗，並且已連線到中山大學的美麗之島 BBS 了。

接下來只要輸入代號（帳號）與密碼，就可以登入進去，如果各位只想參觀一下這個 BBS 站，可以輸入「guest」，以參觀者身分進去逛逛。

10-2-2 BBS 的基本操作

與 BBS 站台連線成功之後，會出現歡迎登入的畫面，畫面上會顯示目前 BBS 站上人數與請您輸入帳號、密碼的訊息。如果各位想要使用 BBS 站台所提供的正式服務的話，就必須註冊新帳號，請輸入「new」，並依照指示輸入自訂的帳號與密碼，就可以進入 BBS 站台，日後只要使用自己的帳號進入就可以了。進站之後映入眼簾的是 BBS 公告，告訴參觀者關於此站的最新消息，進到了這裡，您的滑鼠就可以先暫擱一旁，BBS 裡是純文字的介面，只需要用到鍵盤按鍵，滑鼠在這裡可是完全無用武之地。

我們現在就要準備離開公告區，您可以從提示列找找，就是方向鍵「←」或「q」鍵：

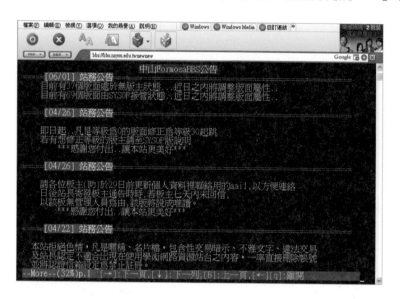

10-3 FTP 檔案傳輸協定

　　網路上資源相當豐富，不管是圖檔、電子書、遊戲，甚至是免費軟體（Freeware）、共享軟體（Shareware）、公共軟體（Public Domain Software）、展示軟體（Demo）或試用軟體（Trial）應有盡有，使用者可以透過 FTP 檔案傳輸協定來取得所需的檔案。所謂 FTP 是 File Transfer Protocol（檔案傳輸協定）的縮寫，主要是讓使用者能夠在 Internet 上進行檔案傳輸的一套通訊協定標準。FTP 用戶端程式分為兩種，一種是 Web 下的 FTP，第二種是視窗化的 FTP 軟體，接下來就分別為您介紹使用方式：

> **TIPS** ↘
>
> 免費軟體是擁有著作權，在網路上提供給網友免費使用的軟體，並且可以免費使用與複製，不過不可將其拷貝成光碟販賣圖利。共享軟體是擁有著作權，可讓人免費試用一段時間，但如果試用期滿，則必須付費取得合法使用權。公共軟體則是作者已放棄著作權或超過著作權保護期限的軟體。

10-3-1　Web 下的 FTP

　　Web FTP 是直接利用瀏覽全球資訊網所用的瀏覽器來進行檔案上傳與下載，由於 Browser 也提供 FTP 傳輸協定，只要在網址輸入「ftp:// 伺服器名稱或 IP 位址」即可，

例如：想要連到中山大學檔案伺服器，只要在網址列輸入「ftp://ftp.nsysu.edu.tw」按下
「Enter」鍵就可以了：

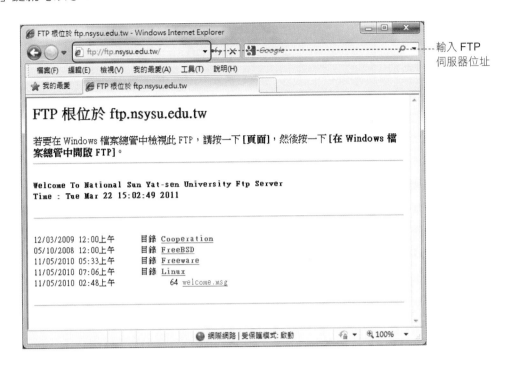

輸入 FTP
伺服器位址

有些檔案伺服器更貼心的提供了 http 的搜尋介面，能夠直接先搜尋需要的檔案，再進
行下載，相當方便，下圖為中山大學檔案伺服器的 http 搜尋介面，網址為 http://ftp.nsysu.
edu.tw/。

http 的搜尋
介面

10-3-2　FTP 軟體傳輸

　　FTP 軟體種類相當多，有些 FTP 軟體不僅操作容易，而且提供續傳、分段下載、FTP 站台管理等沒辦法做到的功能。例如：CuteFTP 也是很受歡迎的檔案傳輸軟體之一，操作介面相當具有親和力，主畫面與 WS_FTP 一樣分為左右兩個窗格，可以使用滑鼠拖曳檔案或目錄直接進行上傳或下載，直覺化的使用方式，非常適合 FTP 的初學者使用。CuteFTP 的特色包括內建 HTML 編輯工具、排程傳輸、同時下載多個檔案、支援連線加密保護功能、即時同步功能等。CuteFTP 是 GlobalScape 公司的產品，您可以到該公司網站（http://www.globalscape.com/）下載最新試用版，或是到各大 FTP 也很容易可以找到：

　　緊接著出現的是 CuteFTP 的連線精靈，如下圖所示。各位可以利用精靈設定好 FTP 站台資訊，或是按下「取消」鈕，等到要使用時再開啟 CuteFTP 進行設定。進入 CuteFTP 軟體之後，可以執行「File/Connect/Connect」指令進行 FTP 站台資訊的設定，連線成功後，就可以進入 FTP 站台內存取檔案了：

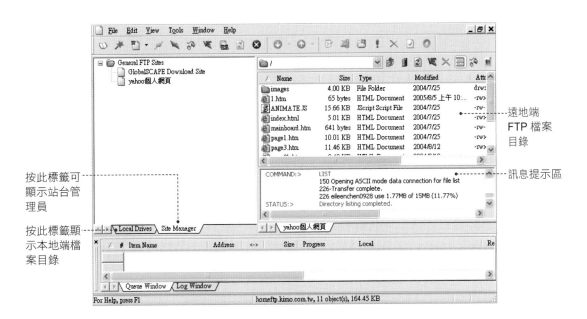

按此標籤可
顯示站台管
理員

按此標籤顯
示本地端檔
案目錄

遠地端
FTP 檔案
目錄

訊息提示區

　　如果要下載檔案，可以在遠端 FTP 檔案目錄先選好檔案與資料夾，再直接拖曳到本
地端檔案目錄；上傳檔案時，只要在本地端檔案目錄選擇好檔案與資料夾，再拖曳到遠
端 FTP 檔案目錄裡就可以了，如下圖所示：

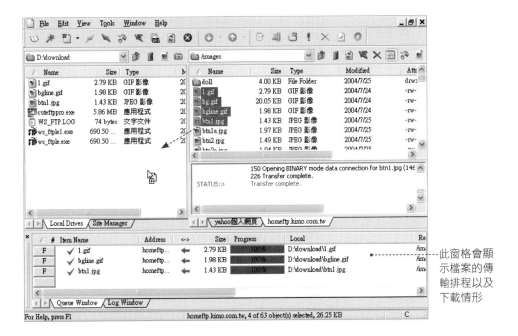

此窗格會顯
示檔案的傳
輸排程以及
下載情形

10-4　維基－ Wiki

　　Wiki 稱得上是一種人類知識匯集的網路平台，任何人都可以在 Wiki 網站中貢獻及獲得知識，不分種族與國界，一起為知識的發展與延續而努力。Wiki 是由 Ward Cunningham 於 1995 年所創，它提供了一種開放式網路資訊平台，可同時讓多人一起進行資訊創作，而瀏覽 WiKi 網站的人也能自由的編輯其資料內容，因此非常適用於團隊來建立及共享其特定領域的知識。維基百科（Wikipedia）就是使用 WiKi 系統的一個非常有名的例子，它讓全世界的使用者共同建立起一個屬於全人類知識的百科全書，在維基百科中提供了超過二百五十種語言的版本，也無限定編輯者的身份資格，任何人都可針對其本身的專業知識來將其加入到網站中，讓這個知識百科隨時都可以維持在最新的狀態。

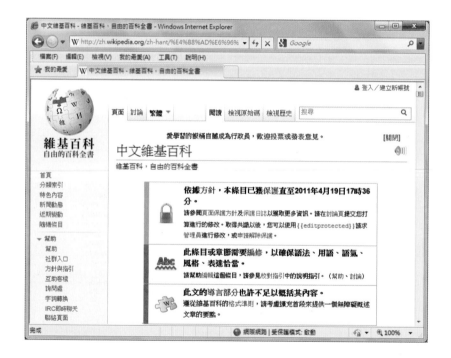

10-4-1　資料搜尋功能

　　各位到 Wiki 網站上搜尋資料是非常容易，而且所搜尋的資料結果會以樹狀結構的方式條列展示，讓使用者可以很清楚的查看資料內容，這裡就以 Wiki 百科的網站為例。

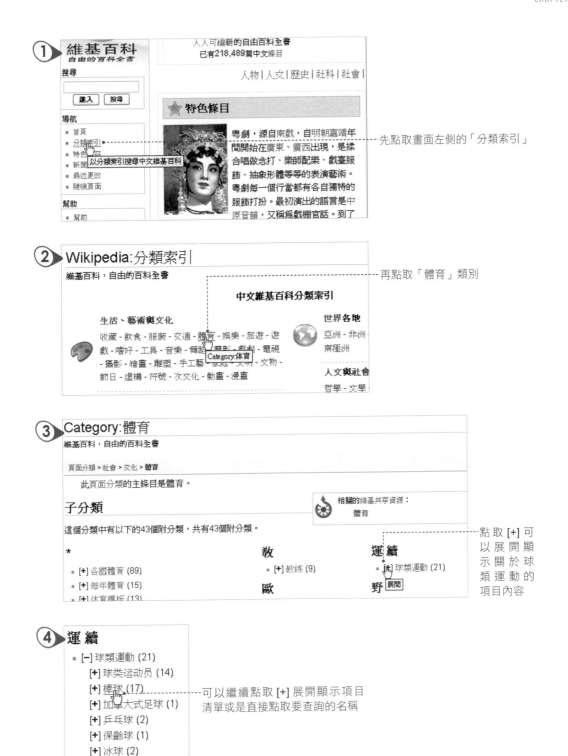

① 先點取畫面左側的「分類索引」

② 再點取「體育」類別

③ 點取 [+] 可以展開顯示關於球類運動的項目內容

④ 可以繼續點取 [+] 展開顯示項目清單或是直接點取要查詢的名稱

當找到需要的資料名稱後，直接點取即可在畫面上顯示資料內容：

① ⋯⋯⋯點取此文字

② 顯示所查詢的資料內容

10-5 Google 搜尋密技

「搜尋引擎」（Searching Engine）是一種自動從網際網路的眾多網站中蒐集資訊，經過一定整理後，提供給使用者進行查詢的系統，例如：Yahoo、Google、蕃薯藤等。Google 憑藉其快速且精確的搜尋效能，站穩其在搜尋引擎界的超強霸主地位，接下來的內容將帶您一窺 Google 搜尋引擎的各種專業搜尋功能。

10-5-1　Google 基本搜尋技巧

Google 的布林運算搜尋語法包含「+」、「-」和「OR」等運算子，也是一般使用者經常會使用的基本功能。如果想讓搜尋範圍更加廣泛，可以使用「+」或「空格」語法連結多個關鍵字。如果想要篩選或過濾搜尋結果，只要加上「-」語法即可。例如：只想搜尋單純「電話」而不含「行動電話」的資料。使用「OR」語法可以搜尋到每個關鍵字個別所屬的網頁，是一種類似聯集觀念的應用。以輸入「東京 OR 電玩展」搜尋條件為例，其搜尋結果的排列順序為「東京」「電玩展」「東京電玩展」。

10-5-2　特定條件搜尋

　　Google 的超強搜尋力真的無所不能，如果各位想要針對某些特定條件或網頁來進行搜尋，Google 也同時提供了實用的特定條件搜尋功能。例如：如果想要搜尋具備完整字詞的網頁，可以使用「""」語法。使用「intitle」語法可以搜尋包含關鍵字中指定網頁標題的網站或網頁。其語法格式如下：

　　「intitle」「：」「關鍵字 1」「空格」「關鍵字 2」…（注意：「關鍵字」之間須有一個空格。）

　　如果只想搜尋符合關鍵字且不包含網頁標題和連結文字的網頁內容，可以使用「intext」語法。其語法格式如下：

　　　　　　　　　　「intext」「：」「關鍵字」

　　通常網站管理者會將網頁中使用的元件放置在依其性質命名的資料夾內，例如：音樂檔存放在「music」或「mp3」的資料夾、圖片檔存放在「pic」資料夾以及文字檔存放在「doc」資料夾等。使用「inurl」可以搜尋這些資料夾內的檔案。其語法格式如下：

　　「inurl」「：」「資料夾名稱」「空格」「關鍵字」（注意：「資料夾名稱」和「關鍵字」之間須有一個空格。）

　　如果想要搜尋特定網站內的特定資料，可以使用「site」語法。例如：搜尋博客來網路書店（www.books.com.tw）中，與「哈利波特」相關的資料。

　　「關鍵字」「空格」「site」「：」「網址」（注意：「關鍵字」和「site」之間須有一個空格。）

　　「site」語法除了可以搜尋指定網站內的資料，還可以搜尋指定網域內的特定資料。其語法格式如下：

　　「關鍵字」「空格」「site」「：」「網域名稱」（注意：「關鍵字」和「site」之間須有一個空格。）

　　使用「filetype」語法可以快速地搜尋到 PDF 檔。除了 PDF 檔之外，「filetype」語法支援的常見檔案格式另有：DOC、PPT、PS、RTF、SWF、TXT 和 XLS 等。其語法格式如下：

　　「filetype」「：」「檔案格式」「空格」「關鍵字」（注意：「檔案格式」和「關鍵字」之間須有一個空格。）

如果想要知道與目前所搜尋網站相互連結的一些網頁，可以使用「link」語法。如果想參考更多相同類型網站的資料內容，可以使用「related」語法。link 語法格式如下：

「link」「：」「網址」

10-5-3　其他進階功能

進階搜尋技巧使查詢變得更為廣泛，可以幫助您有效率地找到所要查詢的資料，還能搜尋頁庫存檔、圖片、新聞等。除了基本的搜尋技巧外，本節將進一步介紹 Google 的進階搜尋用法，滿足各位對各種資料的搜尋要求：

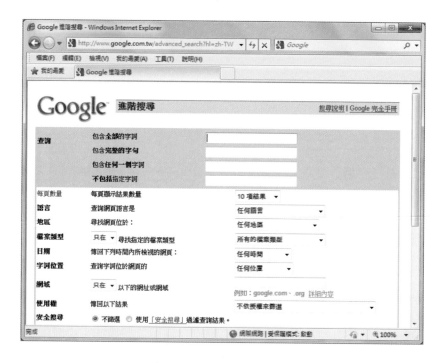

在網際網路上有許多有心人把精心繪製的圖放在網站上供人使用。其中 Google 收錄了數億張的索引圖片可供搜尋。

Google 的新聞內容來自全球超過四千個新聞網站，並且每 15 分鐘更新一次，隨時提供最新的新聞資訊。

　　除此之外，iGoogle 是您的個人化 Google 網頁。您可以將網路上的新聞、相片、氣象資訊和各種內容加入自己的網頁。底下是 iGoogle 台灣首頁的網址：http://www.google.com.tw/ig，下圖就是個人化 Google 網頁的一種外觀：

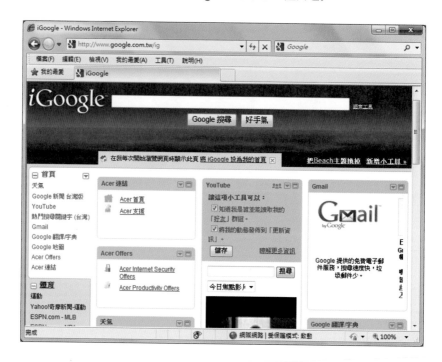

10-5-4　Google 文件（Google Docs）

　　在網路的世界中，Google 的雲端運算平台最為先進與完備，所提供的應用軟體包羅萬象，統稱 Google Apps。真正實現了你可以在任何能夠使用網路存取的地方，連接你需要的雲端運算服務，即便你不是在自己的電腦上。在雲端運算架構中，伺服器並不會在乎你使用的電腦有優秀的運算能力，你只需要上網登錄 Google 文件軟體（Google Docs），就可以具備像購買一套昂貴辦公室軟體所擁有的類似效果。它可以讓使用者以免費的方式，透過瀏覽器及雲端運算就可以編輯文件、試算表及簡報。

　　Google 文件軟體（Google docs）包含了四大功能：Google 文件、Google 試算表、Google 簡報、Google 繪圖，將檔案儲存在雲端上還有另外一個好處，那就是您能從任何設有網路連線和標準瀏覽器的電腦，隨時隨地變更和存取文件，也可以邀請其他人一起共同編輯內容。當各位要建立第一份 Google 文件，只要擁有與登入各位的 Google 帳戶，接著選擇要建立的文件類型或上傳現有的檔案。當各位建立好文件檔案後，只需要借重瀏覽器，文件、試算表和簡報會安全地儲存在網路上。

只要能網路連線就可以開啟雲端的文件

10-6 OneDrive 雲端硬碟

OneDrive 雲端硬碟原名為 SkyDrive，目前提供的免費儲存空間為 15GB，適用的平台包括：手機、平板、桌機平台，透過 OneDrive 雲端硬碟，Windows 10 的用戶可以將資料儲存在本機端電腦外，也可以同步儲存在雲端硬碟中，以達到在各種裝置平台上分享、存取資料及文件或照片資源。簡單來說，有了這個雲端硬碟，各位不再需要透過電子郵件傳送檔案給自己，或是帶著 USB 隨身碟到處走。

10-6-1 OneDrive 檔案的下載與上傳

首先各位可以透過複製或移動的方式，將電腦上的檔案新增到 OneDrive。

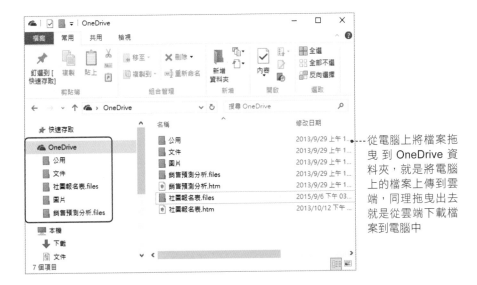

從電腦上將檔案拖曳到 OneDrive 資料夾，就是將電腦上的檔案上傳到雲端，同理拖曳出去就是從雲端下載檔案到電腦中

當您儲存新的檔案時，也可以選擇將檔案儲存到 OneDrive，這樣就可以從任何裝置存取檔案並且與其他人共用。

10-6-2　下載不同平台的 OneDrive

目前微軟的系統及裝置內建 OneDrive，事實上，如果您是使用其他平台的手機、平板或系統，在 OneDrive 的官網也提供各種平台的使用者端，請各位參考底下網址，https://onedrive.live.com/about/zh-tw/download/，可以下載適用各種平台的 OneDrive，包括：Windows、Android、Max OSX、iOS、Windows Phone、Xbox 等。

10-6-3　瀏覽器登入 OneDrive 網站

如果要瀏覽您存放在 OneDrive 檔案，需要前往 OneDrive 網站，並以 Microsoft 帳戶登入，就可以在 OneDrive 雲端進行檔案的管理工作，首先請開啟瀏覽器，並輸入 https://onedrive.live.com/about/zh-tw/ 連向官網。

在網頁的右上方按下「登入/註冊」鈕

❶ 輸入微軟帳戶的電子郵件地址

❷ 按「下一步」鈕

❶ 輸入登入密碼

❷ 按下「登入」鈕

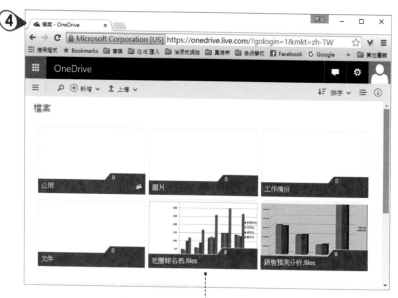

進入雲端 OneDrive 硬碟的首頁，
各位可以看到現有的檔案與資料夾

10-6-4　邀請朋友

在 OneDrive 也可以寄送電子郵件邀請朋友一起編輯指定的檔案，至於如何邀請朋友，作法如下：

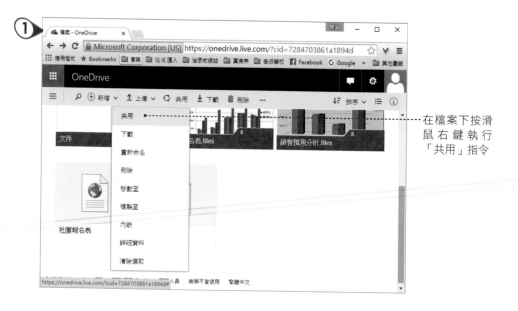

在檔案下按滑鼠右鍵執行「共用」指令

❶ 選擇「邀請
朋友」

❷ 按下要共用
檔案的朋友
的電子郵件
地址

❸ 按下「分享」
鈕

❶ 秀出此連結
已傳送至您
指定的電子
郵件訊息

❷ 最後按下「關
閉」鈕

10-6-5　新增純文字文件

　　要新增純文字文件，請下拉「新增」功能表，就可以依下列步驟在 OneDrive 雲端硬碟上建立一份純文字文件，作法如下：

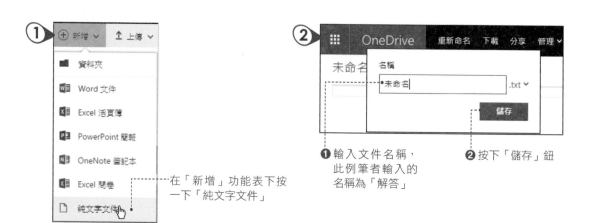

① 在「新增」功能表下按一下「純文字文件」

❶ 輸入文件名稱，此例筆者輸入的名稱為「解答」

❷ 按下「儲存」鈕

❷ 按下「儲存」將本純文字文件儲存到雲端硬碟

❶ 輸入文件的內容

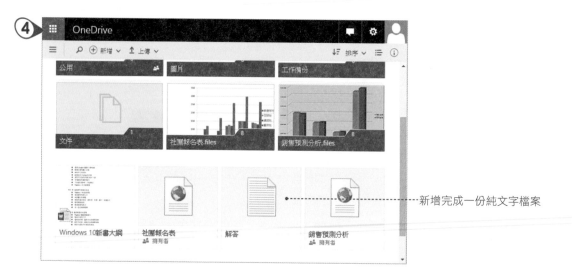

新增完成一份純文字檔案

正在來到的 Web3.0

在 Web 1.0 時代，受限於網路頻寬及電腦配備，對於 WWW 的網站內容，主要是由網路內容提供者所提供，使用者只能單純下載、瀏覽與查詢，例如：我們連上某個政府網站去看公告與查資料，使用者只能乖乖被動接受，不能輸入或修改網站上的任何資料。

Web 2.0 一詞的源起，始於知名出版商 O'Reilly Media，強調大部份應用程式都可以透過瀏覽器進行，也就是說網路只是運作的平台，加上這時期寬頻及上網人口的普及，其重要精神在於鼓勵使用者的參與，讓使用者可以參與網站這個平臺上內容的產生，如部落格、網頁相簿的編寫等。

PChome Online 網路家庭董事長詹宏志曾對 Web 2.0 作了個論述：Web 2.0 並非替代 Web 1.0，並以一個相當明確的比諭，說明了 Web 1.0 和 Web 2.0 兩者間的主要差異：如果說 Web 1.0 時代，網路的使用是下載與閱讀，那麼 Web 2.0 時代，則是上傳與分享。

在網路及通訊科技迅速進展的情勢下，我們即將進入全新的 Web 3.0 時代，Web 3.0 跟 Web 2.0 的核心精神一樣，仍然不是技術的創新，而是思想的創新，強調的是任何人在任何地點都可以創新，而這樣的創新改變，使得各種網路相關產業開始轉變出不同的樣貌。

Web 3.0 最大不同之處是社群力量的主導與應用，透過你的人際關係來加值其他服務，網路將發展成以社群為中心來分享資源的網路服務媒體。Web 3.0 的精神就是網站與內容都是由使用者提供，不但能有 Web 2.0 的行為模式，而且不再是單純提供資訊，隨著網路資訊的爆炸與氾濫，正式進入了大數據的世代，整理、分析、過濾、歸納資料更顯得重要，因此 Web 3.0 不但能提供具有人工智慧功能的網路系統，網路也能越來越瞭解你的偏好，而且基於不同需求來篩選，同時還能夠幫助使用者輕鬆獲取感興趣的資訊。

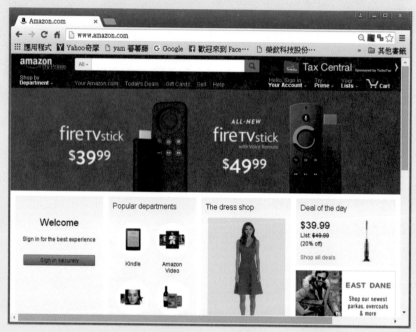

Web 3.0 時代，許多電商網站還能根據 FB 來提出產品建議

一、選擇題

(   )   1. 網誌清單可用來 (A) 加入註解文字   (B) 加入超連結網址   (C) 加入標題文字   (D) 加入回應文字。

(   )   2. Blog 空間的文字內容稱為 (A) 網誌   (B) 標題   (C) 註解   (D) 說明。

(   )   3. 頁面模組的功能可用於 (A) 調整頁面配置   (B) 設定頁面上的顯示項目   (C) 調整頁面風格   (D) 設定使用權限。

(   )   4. 假設我們想進入總統府的網站，卻不知道總統府網站的網址，下列哪一種服務可以最快幫我們找到網址？ (A) 搜尋引擎   (B) Archie   (C) FTP   (D) BBS。

二、問答題

1. 請列舉一項登入 BBS 站的方式。

2. 什麼是 Blog？

3. 試述 Google 的三種布林運算搜尋符號。

4. 試說明搜尋電腦書但不含博碩資料的搜尋語法。

5. 請介紹 BBS 的優點。

6. 何謂維基百科？

7. Blog 是 weblog 的簡稱，請問它的特色與功能為何？

8. 試簡述 Google 文件軟體（Google docs）。

9. 請說明 OneDrive 雲端硬碟的優點。

10. 請說明 Web 3.0 的特色。

MEMO

11 電子商務與網路行銷

　　蒸氣機的發明帶動了工業革命,網路的發明則帶動了知識經濟與商業革命。而自從網際網路應用於商業活動以來,改變了企業經營模式,也改變了大眾的消費模式,以無國界、零時差的優勢,提供全年無休的服務。尤其是市場上逐漸興起一股電子商務風潮,更期待在 Internet 上進行與建立有別於傳統型式的商業交易行為。

　　透過電子商務的技術,企業能夠快速地和產品設計及市場行銷等公司形成線上的商業關係。電子商務(Electronic Commerce, EC)就是一種在網際網路上所進行的交易行為,利用資訊網路所進行的商務活動,包括商品買賣、廣告推播、服務推廣與市場情報等。至於交易的標的物可能是實體的商品,例如:線上購物、書籍銷售,或是非實體的商品,例如:廣告、資訊販賣、遠距教學、網路銀行等。

圖片來源:http://www.toyota.com.tw

圖片來源:http://n11.iriver.co.kr

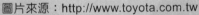
網站的多元化行銷內容呈現是吸引客群的關鍵因素

　　建構電子商務的主要目的,是期望將傳統的交易方式改以網際網路這類電子化的交易模式,來達到降低不必要的成本浪費及人事支出、加速交易流程、提昇營運績效、擴大交易市場、延長交易時間與提升顧客滿意度(Customer Satisfaction)等多項目的。

11-1 電子商務的特性

由於電子商務已經躍為今日現代商業活動的主流，不論是傳統產業或新興科技產業都深受電子商務這股潮流的影響，特別是在強調「顧客關係管理」（CRM）導向的現代企業文化中，透過電子商務與網頁技術，可以收集、分析、研究客戶的各種最新與及時資訊，快速調整行銷與產品策略。因此一個成功的電子商務模式，通常必須具備以下的特性。

11-1-1　24 小時營業的高互動性

一個線上交易的網站，沒有與消費者維持高度互動，就稱不上是一個完善的電子商務網站，互動的要素包括：線上瀏覽、搜尋、列出、結合、付款、主動廣告、信件交流及線上討論等，如何能夠在消費者有互動需求時得到最滿意的服務，往往成為廠商成敗的關鍵！廠商可隨時依買方的消費與瀏覽行為，即時調整或提供量身訂製的資訊或產品，買方也可以主動在線上傳遞服務要求與意見，透過網站的建構與運作，可以全年無休全天候 24 小時的提供商品資訊與交易服務。

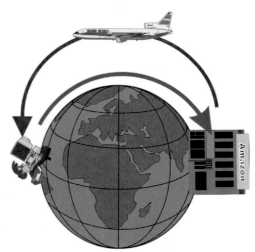

消費者可在任何時間地點透過 Internet 消費

11-1-2　網路與科技新技術的輔助

相對於傳統市場，電子商務提升了資訊在市場交易上的重要性，線上交易的好處，在於它對資料的收集、保留、整合、加值、再利用都十分方便。新技術的輔助是電子商務的一項發展利器，無論是動態網頁語言、多媒體展示、資料搜尋、虛擬實境、線上遊

戲等，都是傳統產業所達不到的，而創新技術更是不斷的在提出，更增加了使用者與商家在交易過程資訊的收集與整理，例如：以 XML 為基礎的資料庫、Web Service 等等。

天堂 II 台灣官方網站

此外，種種新科技除了讓使用者感到新奇感之外，也衍生出一些特殊的經濟模式，例如：在線上遊戲虛擬世界中，例如：虛擬貨幣、虛擬寶物等。這些商品都可以用新台幣來進行買賣兌換，更有人專門玩線上遊戲為生，目的在得到虛擬貨幣後再販賣給其他的玩家，這反應出電子商務的經營模式絕對充滿著一種無限想像空間的未來。

TIPS

虛擬實境技術（Virtual Reality Modeling Language, VRML）早於 90 年代初期就著手研發，VRML 是一種程式語法，主要是利用電腦模擬產生一個三度空間的虛擬世界，提供使用者關於視覺、聽覺、觸覺等感官的模擬，利用此種語法可以在網頁上建造出一個 3D 的立體模型與立體空間。VRML 最大特色在於其互動性及其即時反應，可讓設計者或參觀者在電腦中就獲得相同的感受，如同身處在真實世界一般，並且可以與場景產生互動，360 度全方位地觀看設計成品。

11-1-3 客製化低成本銷售通道

　　客製化（Customization）是廠商依據不同顧客的特性而提供量身訂製的產品與不同的服務，消費者可在任何時間和地點，透過網際網路進入購物網站購買到各種個人化商品。對業者而言，可讓商品縮短行銷通路、降低營運成本，並隨著網際網路的延伸而達到全球化銷售的規模，提供較具競爭性的價格給顧客。例如：蘭芝（LANEIGE）隸屬韓國 AMORE PACIFIC 集團，主打具有韓系特點的保濕商品，蘭芝粉絲團在電子商務的品牌經營策略就相當成功，主要目標是培養與顧客的長期關係，務求把它變成一個每天都必須跟客人或潛在客人聯繫與互動的平台，瞭解每個顧客真實的需求，包括每天都會有專人到粉絲頁去維護留言與檢視粉絲的狀況，或是宣傳即時性的活動推廣訊息。

蘭芝粉絲團成功打造了品牌知名度

11-2 電子商務類型

　　電子商務在網際網路上的經營模式極為廣泛，如果依照交易對象的差異性，大概可以區分為四種類型：企業對企業間（Business to Business, B2B）、企業對消費者間（Business to Customer, B2C）、消費者對消費者間（Customer to Customer, C2C）及消費者對企業間（Customer to Business, C2B）的電子商務，我們說明如下。

11-2-1　B2B 模式

　　企業對企業間（Business to Business, B2B）的電子商務指的是企業與企業間或企業內透過網際網路所進行的一切商業活動，也就是企業直接在網路上與另一企業進行交易活動，包括上下游企業的資訊整合、產品交易、貨物配送、線上交易、庫存管理等。

上下游企業　　電子郵件　　電子表單　　EDI　　採購與配送

企業對企業間的電子商務

11-2-2　B2C 模式

企業對消費者間（Business to Customer, B2C）的電子商務是指企業直接和消費者間的交易行為，亦即將傳統由實體店面所銷售的實體商品，改以透過網際網路直接面對消費者進行商品的交易活動。企業直接將產品或服務在網路上販售，這樣的概念整合了廣告、資訊取得、金流及物流，來達到直接將銷售商品送達消費者。例如：線上零售商店、網路書店、線上軟體下載服務等。

消費者　　商品配送、提供服務　　逛街、訂購、付款　　網路購物商城

商品配送　　EDI

物流業者

企業對個人間的電子商務

TIPS ↘

所謂 B2E 模式，就是讓企業的員工透過無線上網連結公司內部系統，並隨時隨地查詢各項商品資訊或更新客戶資料。若有需要，員工也可以在任何時間、任何地點進入公司的入口網站（EIP），檢閱最新的公司內部行事曆或更新個人行程。至於「企業資訊入口」（EIP），是指在 Internet 的環境下，將企業內部各種資源與應用系統，整合到企業資訊的單一入口中，以企業內部的員工為對象。

11-2-3　C2C 模式

消費者對消費者間（Customer to Customer, C2C）的電子商務是指透過網際網路交易的買賣雙方都是消費者，這類型的網站容易聚集人氣，且網站建置成本較低，如果所行銷的商品具有特點，也容易透過廣大的消費者族群，經口耳相傳或網際網路的快速傳播，容易形成頗具行銷張力的熱門話題，間接加大該網站的知名度。

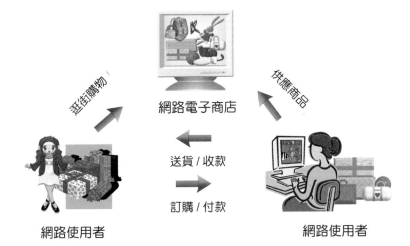

由於這類網站的交易模式是你情我願，一方願意賣，另一方願意買，所以較不會產生交易上的不公或損失，不過因為價高者得，且每次的交易對象會有很大的差異性，所以拍賣者比較不需要維持其忠誠度。

11-2-4　C2B 模式

消費者對企業間（Customer to Business, C2B）的電子商務是指聚集一群有消費能力的消費者共同消費某種商品，當這群消費者透過網路形成虛擬社群，這群消費者就擁有直接面對廠商議價的能力。因此這些社群是成為企業主積極爭取的銷售對象，同時提供有利該社群集體議價的空間，以期能充份掌握這群具有消費能力的社群。

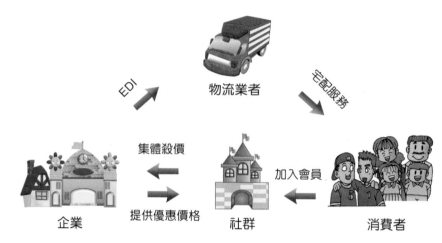

個人對企業間的電子商務

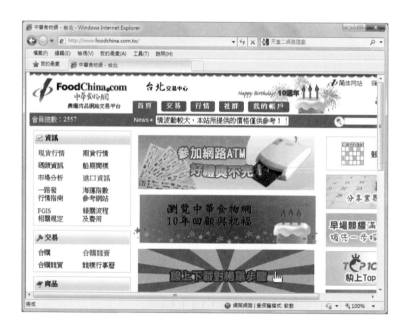

11-3　電子商務交易流程

　　整個電子商務的交易流程是由消費者、網路商店、金融單位與物流業者等四個組成單元，交易步驟包括了網路商店的建立、行銷廣告、瀏覽訂購、徵信過程、收付款過程、配送貨品。如下圖所示：

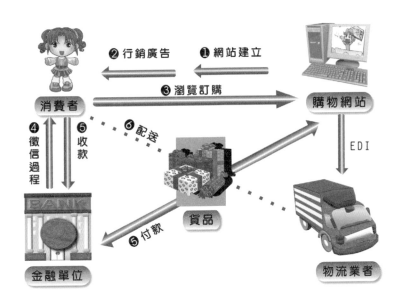

從電子商務交易流程的角度來說，可以區分為四種流（Flow），分述如下。

11-3-1　金流

金流就是網站與顧客間有關金錢往來與交易的流通過程，如何透過金融體系完成付款機制，強調完善的付款系統與安全性。簡單的說，就是有關電子商務中「錢」的處理流程，包含應收、應付、稅務、會計、匯款等。網路金流解決方案很多，沒有統一的模式，目前常見的方式有以下幾種：

貨到付款

由物流公司配送商品後代收貨款之付款方式，例如：郵局代收貨款、便利商店取貨付款，或者有些宅配公司都有提供貨到付款服務，甚至也提供消費者貨到當場刷卡的服務。

線上刷卡

信用卡為發卡銀行提供持卡人一定信用額度的購物信用憑證，線上刷卡是利用網站提供刷卡機制付款。

匯款、ATM 轉帳

特約商店將匯款或轉帳資訊提供給使用者，等使用者利用提款卡在自動櫃員機（ATM）轉帳，或是到銀行進行轉帳付款方式。

小額付款

　　許多電信業者與 ISP 都有提供小額付款服務，使用者進行消費之後，費用會列入下期帳單內收取，例如：HiNet 小額付款、遠傳電信小額付款等。

電子現金（e-Cash）

　　又稱為數位現金，就是以電子的方式來交易的電子貨幣，可將貨幣數值轉換成加密的數位資料，當消費者要使用電子現金付款時，必須先向網路銀行提領現金，使用時再將數位資料轉換為金額，目前區分為智慧卡型電子現金與可在網路使用的數位電子現金。由於電子現金具備匿名的特性，收款方無法由電子現金的使用追蹤到消費者的身份，使用者沒有申請條件的限制，交易成本較低，尤其適合小額付款。例如：7-ELEVEN 所提出的 icash 卡及許多台北人上下班搭乘捷運所使用的悠遊卡，都是採用電子錢包概念的儲值卡。

11-3-2　物流

　　物流就是交易完成後，廠商如何將產品利用運輸工具抵達目地的，最後遞送至消費者手上。常見的物流處理方式有郵寄、貨到付款、超商取貨、宅配等，目前也有專門的物流公司，幫商家處理商品運送的事宜，商家只要處理資訊流與金流部份，物流就交由專業的物流公司來處理。電子商務必須有現代化物流技術作基礎，才能在最大限度上使交易雙方得到便利。通常當經營網站事業進入成熟期，接單量越來越大時，物流配送是電子商務不可缺少的重要環節，常見的物流運送方式有郵寄、貨到付款、超商取貨、宅配等，目前也有專門的物流公司，專門幫商家處理商品運送的事宜。

11-3-3　資訊流

　　資訊流是指隨著商務交易的過程中收集的資訊，企業應注意維繫資訊暢通，以有效控管電子商務正常運作。通常還包括了網站的架構，一個線上購物網站最重要的就是整個網站規劃流程，能夠讓使用者快速找到自己需要的商品，網站上的商品不像真實的賣場可以親自感受商品或試用，因此商品的圖片、詳細說明與各式各樣的促銷活動就相當重要，規劃良好的資訊流是電子商務成功很重要的因素。

商店街網站設計必須有良好的資訊流

11-3-4　商流

　　電子商務的本質是商務，商務的核心就是商流，或是市場上所謂的「交易活動」，也就是買賣雙方順利溝通以利交易完成，而商流的內容則是將商品由生產者處傳送到批發商，再由批發商傳送到零售業者，最後則由零售商處傳送到消費者手中的商品販賣交易程序，包括如賣場管理、銷售管理、進出貨管理、商標建立與廣告行銷企劃等。

11-4　安全加密與評鑑機制

　　目前電子商務的發展受到最大的考驗，就是線上交易安全性。由於線上交易時，必須於網站上輸入個人機密的資料，例如：身分證字號、信用卡卡號等資料，為了讓消費者線上交易能得到一定程度的保障，以下將為您介紹目前較具有公信力的網路安全評鑑與安全機制。

11-4-1　安全插槽層協定（SSL）

　　安全插槽層協定（Secure Socket Layer, SSL）是一種 128 位元傳輸加密的安全機制，由網景公司於 1994 年提出，目的在於協助使用者在傳輸過程中保護資料安全。是目前網路上十分流行的資料安全傳輸加密協定。SSL 憑證包含一組公開及私密金鑰，以及已經通過驗證的識別資訊，並且使用 RSA 演算法及證書管理架構，它在用戶端與伺服器之間進行加密與解密的程序，由於採用公眾鑰匙技術識別對方身份，受驗證方須持有認證機構（CA）的證書，其中內含其持有者的公共鑰匙。不過必須注意的是，使用者的瀏覽器與伺服器都必須支援才能使用這項技術，目前最新的版本為 SSL 3.0，並使用 128

位元加密技術。由於 128 位元的加密演算法較為複雜，為避免處理時間過長，通常購物網站只會選擇幾個重要網頁設定 SSL 安全機制。當各位連結到具有 SSL 安全機制的網頁時，在瀏覽器下網址列右側會出現一個類似鎖頭的圖示，表示目前瀏覽器網頁與伺服器間的通訊資料均採用 SSL 安全機制：

例如：下圖是網際威信 HiTRUST 與 VeriSign 所簽發之「全球安全網站認證標章」，讓消費者可以相信該網站確實是合法成立之公司，並說明網站可啟動 SSL 加密機制，以保護雙方資料傳輸的安全，如圖所示：

11-4-2　安全電子交易協定

由於 SSL 並不是一個最安全的電子交易機制，為了達到更安全的標準，於是由信用卡國際大廠 VISA 及 MasterCard，於 1996 年共同制定並發表的「安全交易協定」（Secure Electronic Transaction, SET），並陸續獲得 IBM、Microsoft、HP 及 Compaq 等軟硬體大廠的支持，加上 SET 安全機制採用非對稱鍵值加密系統的編碼方式，並採用知名的 RSA 及 DES 演算法技術，讓傳輸於網路上的資料更具有安全性，將可以滿足身份確認、隱私權保密、資料完整和交易不可否認性的安全交易需求。SET 機制的運作方式是消費者網路商家並無法直接在網際網路上進行單獨交易，雙方都必須在進行交易前，預先向「憑證管理中心」（CA）取得各自的 SET 數位認證資料，進行電子交易時，持卡人和特約商店所使用的 SET 軟體會在電子資料交換前確認雙方的身份。

TIPS ↘

憑證管理中心（Certificate Authority, CA）：為一個具公信力的第三者身分，是由信用卡發卡單位所共同委派的公正代理組織，負責提供持卡人、特約商店以及參與銀行交易所需的電子證書（Certificate）、憑證簽發、廢止等等管理服務。國內知名的憑證管理中心如下：
- 政府憑證管理中心：http://www.pki.gov.tw
- 網際威信：http://www.hitrust.com.tw/

11-4-3　優良電子商店標章

「優良電子商店」標章是台北市消費者電子商務協會（Secure Online Shopping Association, SOSA）所設立，SOSA 審查委員會審核通過之業者，SOSA 就會頒予「優良電子商店」標章，商家必須將標章張貼於網站。

SOSA 將對使用「優良電子商店」標章之商家，做定期與不定期的查核，並公布相關資訊，讓消費者參考，以確保消費者的權益。當您在網站上看到「優良電子商店」標章時可以點選，瀏覽該商家的相關資訊。

11-4-4　電子錢包

電子錢包（Electronic Wallet）是一種符合安全電子交易 SET 標準的電腦軟體，就是你在網路上購買東西時，可直接用電子錢包付錢，而不會看到你的個人資料，將可有效解決網路購物的安全問題。以往的電子商務交易方式，都是直接透過信用卡交易，商家很可能攔截盜用個人的信用卡資料，現在有了電子錢包之後，在特約商店的電腦上，只能看到消費者選購物品的資訊，就不用再擔心信用資料可能外洩的問題了。

電子錢包通常區分為客戶端電子錢包與伺服端電子錢包，裡面儲存了持卡人的個人資料，如信用卡號、電子證書、信用卡有效期限等。如果要使用電子錢包購物，首先消費者要先向憑證中心申請取得「個人網路身分證」（即電子證書），消費者向銀行申請一組密碼，當進行交易時，只要輸入這組密碼，商店即會自動連線到發卡銀行查詢，它會將持卡者的信用資料加密之後再傳至特約商店的伺服器中，而信用卡的卡號及信用資料等機密內容，只有發卡銀行在處理帳務時將訊息解密後才能看得到。例如：只要有 Google 帳號就可以申請 Google Wallet 並綁定信用卡或是金融卡，透過信用卡的綁定，就可以針對 Google 自家的服務進行消費付款，簡單方便又快速。

11-5 交易安全議題研究

電子商務未來還是有相當的發展空間，但就如之前所討論的，許多交易方面的模式都尚未建立，若先不就經濟面的角度來看，單就使用者的角度與稅制法令等方面，就有許多尚未建立依據的模糊地帶，以下我們將分點加以討論：

11-5-1　付款方式

由於線上交易的方式尚在發展，付款方式也是正在發展的一環關鍵，以現在來說，線上交易的付款方式無非就是三種：劃撥轉帳付款、信用卡傳真付款與線上信用卡付款。前兩者是基於過去的電子商務付款方式而來（就廣義的電子商務而言，透過信用卡機制來付款的，也算是一種電子商務行為），如下圖所示：

ATM 匯款

信用卡　　　　　傳真

電子商務的三種常見付款方式

> **TIPS**
>
> 有別於傳統信用卡，虛擬信用卡本身並沒有一張實體卡片，只由發卡銀行提供消費者一組十六碼卡號與卡號有效期做為網路消費的支付工具，和實體信用卡最大的差別就在於虛擬信用卡發卡銀行會承擔虛擬信用卡可能被冒用的風險。虛擬信用卡的特性，是網路金融服務的延伸，並因應網路交易支付的工具，由於信用額度較低，只有 2 萬元上限，因此降低了線上交易的風險。

11-5-2　隱私權

隱私權一向是大家所重視的，使用者關心的莫過於自己的資料將會被如何處理，網站在收集使用者資料之前應該告知使用者，資料內容將如何被收集及如何進一步使用處理資訊，並且要求資料的隱密性與完整性，保證不被第三者擁有這個資訊。例如：當你

做下列事情時，有關你的個人資訊可能會被收集或加入一個資料庫：

- 填寫雜誌的訂購單
- 完成一份產品註冊卡
- 申請銀行帳號或信用卡
- 租或購買資產
- 建立一個線上帳號

　　網站目前來說最常使用來追蹤使用者行為的方式，就是使用 Cookie，它的中文意思是「小餅乾」，但其實它的作用是透過瀏覽器在使用者的電腦上紀錄使用者瀏覽網頁的行為。

TIPS ↘

Cookie 是網頁伺服器放置在電腦硬碟中的一小段資料，例如：用戶最近一次造訪網站的時間、用戶最喜愛的網站以及自訂資訊。當用戶造訪網站時，瀏覽器會檢查正在瀏覽的 URL 並查看用戶的 cookie 檔，如果瀏覽器發現和此 URL 相關的 cookie，會將此 cookie 資訊傳送給伺服器。這些資訊可用於追蹤人們上網的情形，並協助統計人們最喜歡造訪何種類型的網站。

11-5-3　盜刷與詐騙

　　交易安全的問題涉及相當廣的層面，交易安全不僅在保護消費者，另一方面也在保護網站主或銀行等單位。當您於線上利用信用卡交易購買一項商品或服務，卻在付款後發現所收到的商品與網站上所公佈的不符，另一方面，信用卡資料可能於中途遭到攔截，並馬上從事盜刷的動作，而消費者要等到收到帳單才會發現被盜刷了，例如：突然大量的金額或短時間內頻繁的消費。另一方面，銀行或商家也可能必須承受交易行為的風險，有人可能會持有擷取而來的信用卡資料購買高額商品，網站主收到信用卡資料後寄出貨品，而信用卡原主人發現信用卡遭盜刷而拒絕給付款項，最後不是銀行就是商家必須承受這項損失，而這也正是為什麼部份的網站還是較信任傳統式的匯款交易。

11-5-4　稅制與法令

　　網路的交易行為缺乏傳統物資交易中，清楚且固定的地理位置界限，因此就產生了一些稅制與法令的問題。例如：如果在網路上訂購的是實體的書籍，必須經由海運或空運來交付貨物，那要從中抽稅尚有可能。但是一些沒有實體的商品，例如：現在有許多軟體的販售已經完全在線上完成，使用者透過網路就可以收到程式檔案，要如何界定這樣稅款收入似乎並不容易，有不少國家曾經想課徵網路交易稅以增加收入。

　　另外，法令規範問題也尚未有一明確的標準來界定保障線上交易的安全，舊有的法令尚不足以涵蓋線上世界的行為，例如：線上遊戲的發展後來產生了虛擬貨幣，而可以與實體世界中的流通貨幣以一定的比率兌換，這種交易行為在過去從未發生過，另外偷取遊戲中的虛擬貨品或寶物，到底構不構成犯罪行為？刑罪的標準又該如何制定？這種種的問題都有待法律來解決。

11-5-5　第三方支付

　　近來隨著網路已經成為現代商業交易的潮流及趨勢，交易金額及數量不斷上升，例如：台灣也通過了第三方支付（Third-Party Payment）專法，由具有實力及公信力的「第三方」設立公開平台，做為銀行、商家及消費者間的服務管道模式孕育而生。

　　例如：對於廣受年輕人歡迎的線上遊戲產業而言，這樣的作法讓玩家可以直接在遊戲官網輕鬆使用第三方支付收款服務，隨著線上交易規模不斷擴大，將傳統便利超商的通路銷售行為，導引到線上支付，有效改善遊戲付費體驗，對遊戲業者點數卡的銷售通路造成結構性改變，過去業者透過傳統實體通路會被抽 30 至 40% 的費用，改採第三方支付可降至 10% 以下，這讓遊戲公司的獲利能力，更有機會大幅提升，對遊戲產業的生態也產生巨大的變化。

歐付寶 AllPay 是國內第一家專營第三方支付的機構

11-6 認識網路行銷

　　自從網際網路應用於商業活動以來，改變了企業經營模式，也改變了商業的行銷模式。通常在傳統的商品行銷策略中，大都是採取一般媒體廣告的方式來進行，例如：報紙、傳單、看板、廣播、電視等媒體來進行商品的宣傳，或者實際舉行所謂的「產品發表會」，來與消費者面對面的行銷。

　　這些行銷方法的範圍通常會有地域上的限制，而且所耗用的人力與物力的成本也相當高。現在則可透過網路通訊的數位性整合，使文字、聲音、影像與圖片可以整合在一起，讓行銷的標的變得更為生動與即時。

　　「行銷」（Marketing），基本上的定義就是將商品、服務等相關訊息傳達給消費者，而達到交易目的的一種方法或策略。行銷人員在推動行銷活動時，最常被使用的方法就是行銷組合的 4P 理論，就是指行銷活動的四大單元，包括產品（product）、價格（price）、通路（place）與促銷（promotion）。目前主流的行銷趨勢則是「顧客導向行銷」，包含顧客經驗、顧客關係、顧客溝通、顧客社群整體考量的行銷策略與方式。

　　由於網際網路的普及無遠弗屆的特性，使得它成為一種新興且強勢的行銷管道。1990 年美國行銷大師羅伯特·勞特朋（Robert Lauterborn）提出了與傳統行銷的 4P 相對應的 4Cs 行銷理論，分別為 Customer（顧客）、Cost（成本）、Convenience（便利）和 Communication（溝通）的 4C 理論。簡單來說，4P 行銷理論的目的在於引起顧客的注意，而 4C 理論的目的就在主動體貼客戶了。

　　由於網際網路是一個普及全球的商務虛擬世界，所有的網路使用者皆是商品的潛在客戶。只要透過多媒體及資料庫技術的輔助，這個管道的行銷方式就能真正達到「顧客導向行銷」的核心精神。

　　所謂網路行銷的定義，就是藉由行銷人員將創意、商品及服務等構想，利用通訊科技、廣告促銷、公關及活動方式在網路上執行。我們知道網路上的互動性是網路行銷最吸引人的因素，不但提高網路使用者的參與度，也大幅增加了網路廣告的效果，網路行銷必須著重理論與實務兼備，充份考量市場端、企業端及消費者端等三個面向的各自發展與互相影響，不但要推翻傳統行銷概念，更要結合網路數位化之思維，達到加乘之效果。

　　一般來說，傳統的廣告模式，不外乎利用報紙、雜誌、傳單、廣播或電視等媒體，來達到刺激消費者的購買慾望，進而達成實際的消費行為。但是在網際網路中的廣告方法，與一般傳媒的方式並不相同。例如：在商品販售的網頁中，還能夠利用「招牌廣告」，或稱「橫幅廣告」（Banner）的方式來廣告其他的商品或商家。當消費者點選此橫幅廣告時，瀏覽器呈現的內容就會連結到另一個網站中，如此就達到了廣告的效果。因為資源運用組合的不同，近幾年來隨著網路科技的發展，有以下幾種較為流行的網路行銷方式。

11-6-1　電子化行銷

　　隨著數位工具的普及，電子郵件行銷與電子報的行銷方式也蔚為風行。例如：將含有商品資訊的廣告內容，以電子郵件的方式寄給不特定的使用者，也算是一種「直效行銷」。當消費者看到廣告郵件內容後，如果對該商品有興趣，就能夠連結到販賣該商品的網站中來進行消費。例如：像是網友自製的有趣動畫、視訊、賀卡等形式，其實都是

商業網站的廣告作品，隨手轉寄或推薦的動作，正如同病毒一樣深入網友腦部系統的訊息，傳播速度之迅速，實在難以想像。

具有環保概念的電子賀卡

　　電子報行銷則多半是由使用者訂閱，再經由信件或網頁的方式來呈現行銷訴求。由於電子報費用相對低廉，這種作法將會大大的節省行銷時間，及提高成交率。電子報行銷的重點是搜尋與鎖定目標族群，缺點是並非所有收信者都會有興趣去閱讀電子報，因此所收到的效益往往不如預期。

11-6-2　部落格行銷

　　自從網路購物成為一種消費型態之後，有越來越多的企業已經開始逐步思考與建立企業的部落格行銷模式。傳統統一播放式的行銷模式，是代表由上而下、由商家至消費者的一貫運作機制，多注重於銷售者目標的達成與宣傳。這個以製造者或銷售者為出發點的理論，對於現在接受新事物程度較高的網路 e 世代消費者而言，強迫性的洗腦式廣告已經起不了作用。正如同電子商務大幅改變了傳統的零售業銷售方式，部落格的興起也掀起一波風起雲湧的企業網路行銷與宣傳模式。

　　目前最常被用來做企業部落格行銷的方式，是企業將商品或是產品活動，放到部落格上，並吸引消費者上來討論，讓部落格同時具備了商品的生產者與消費者的角色。部落格的情感行銷魅力，源自其背後進入的低門檻和網路無遠弗屆的影響力。好比正從提供網友分享個人日誌的「心情故事」，擴散成充滿無限商機的「行銷媒體」。

11-6-3　搜尋引擎最佳化

　　我們知道搜尋引擎的資訊來源主要有兩種，一種是使用者或網站管理員主動登錄，一種是撰寫程式主動搜尋網路上的資訊（例如：Google 的 Spider 程式，會主動經由網站上的超連結爬行到另一個網站，並收集該網站上的資訊），並收錄到資料庫中。

　　因此如果想增加網站曝光率，最簡便的方式可以在知名的搜尋網站中登錄該網站的基本資料，稱為「網站登錄」（Directory listing submission）。當消費者在搜尋引擎中尋找網站資料時，只要符合該網站的性質或設定的關鍵字，那麼就會出現在消費者的搜尋結果中。

　　搜尋引擎最佳化（Search Engine Optimization, SEO）就是一種讓您的網站在搜尋引擎排名優先的方式，經由關鍵字分析後，再利用搜索引擎的搜索規則、搜尋習慣、網站行銷目標來提高網站在搜索引擎內的排名順序。也就是讓網頁內容的可讀性和可用性，更能符合搜尋引擎的一種網站排名演算技巧，以便能在各搜尋引擎裡中被瀏覽者有效搜尋，及讓網站更容易被搜尋引擎接受。

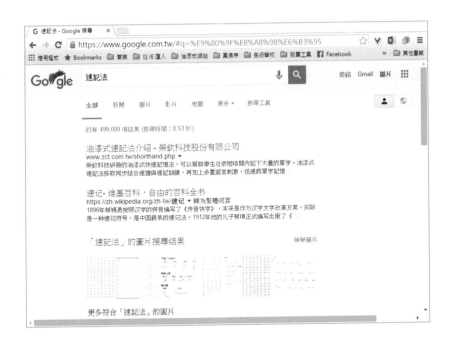

11-6-4　App 嵌入廣告

在智慧型手機、平板電腦逐漸成為現代人隨身不可或缺的設備時，功能上已從通訊功能昇華為社交、娛樂、遊戲等更多層次的運用，行動裝置應該就是遊戲行銷環境中的最後一哩，也逐漸備受重視，帶動了行動行銷的時代隆重來臨，已經有越來越多的遊戲開發商將會投入更多行銷預算在行動裝置上。

透過行動裝置 APP 來達到行銷宣傳的最大功臣莫過於免費 App 的百花爭鳴了，App 不但滿足使用者在生活各方面的需求外，全球 App 數量目前仍在增加中，而且多數的 App 都有其營收、獲利模式，幾乎有 80% 以上開發者選擇 App 嵌入廣告為單一營利方式。

　　例如：App 嵌入廣告在許多遊戲行銷方面也獲得了長足的發展，有些遊戲 app 動輒下載達百萬次，各種置入性廣告便急速成長。以眼花撩亂的手段吸引玩家注意，只差沒直接叫玩家付錢。以 Android 手機來說，廣告有內嵌式與全螢幕的推播廣告兩種，而 iPhone 手機則僅有內嵌式推播廣告。

App 嵌入廣告也是目前很熱門的遊戲行銷方式

11-6-5　App 品牌行銷

　　對於品牌行銷而言，現代人使用 APP 的時間比瀏覽網站的時間多，這也是一個不容忽視的管道，把行動 APP 當作自己品牌的搖錢樹，可以成功結合消費族群的購物需求，製作出一款富有實用價值的應用軟體。

　　優秀的品牌 App 首要任務是「服務」，App 具備連網與多媒體特性，除了更能跟消費者互動，還可置入產品宣傳。透過 App 滿足行動使用者的體驗與傳播需求之外，就品牌形象而言，推出顧客需要的訊息，懂得把顧客應該知道的需求，直接送到顧客手上。例如：使用者透過手機鏡頭，不單單提供最新型錄，還可搭配百變不同的造型與服裝款式，如果喜歡就直接透過 APP 購買。

UNIQLO 所推出的 app 鼓勵消費者將自己的圖片拍照上傳臉書給朋友分享

11-6-6 聯盟行銷

聯盟行銷（Affiliate Marketing）是一種相當新穎的網路行銷方式，在歐美各國已經廣為流行，在國外「亞馬遜書店」算是最早提供這種行銷模式的商家。在網路社群興盛的現在，網友口碑推薦效果將遠遠高於企業主推出的廣告。因為產品本身的擁有者透過網路讓許多網站或網友替自己銷售這些商品，無疑可以增加自己商品的銷售量和知名度，也讓沒有商品但又想在網路上銷售產品的人隨時都享有成交賺取獎錢的機會，只要有人從你推銷的網頁點擊進去並完成交易，合作廠商就會回饋交易金額的一定比例佣金給聯盟會員。

廠商與聯盟還會利用聯盟行銷平台建立合作夥伴關係，包括網站交換連結、交換廣告及數家結盟行銷的方式，共同促銷商品，以增加結盟企業雙方的產品曝光率與知名度，並利用各種的行銷方式，讓商品得到大量的曝光與口碑，將帶來無法想像的訂單績效。聯盟行銷有點類似三國演義中孔明的草船借箭概念，藉由無數的聯盟網民為自己招攬客人，這絕對比起自行花大錢打廣告衝人氣要來得有效率多了。

聯盟網是台灣第一個國際化的聯盟行銷平台

11-6-7　社群行銷

小米機因為社群行銷而爆紅

　　網路社群或稱虛擬社群（virtual community 或 Internet community）是網路獨有的生態，可聚集共同話題、興趣及嗜好的社群網友及特定族群討論共同的話題，達到交換意見的效果。從 Web 1.0 到 Web 3.0 的時代，隨著各類部落格及社群網站（SNS）的興起，網路傳遞的主控權已快速移轉到網友手上，以往免費經營的社群網站也成為最受矚目的集客網站，帶來無窮的商機。

　　社群的最大價值在於這群人共同建構了人際網路，創造了互動性與影響力強大的平台。根據最新的統計報告，有 2/3 美國消費者購買新產品時會先參考臉書上的評論，且有 1/2 以上受訪者會因為社群媒體上的推薦而嘗試全新品牌。

　　社群行銷（Social Media Marketing）就是透過各種社群媒體網站，讓企業吸引顧客注意而增加流量的方式。近年來越來越多各種不同的網路社群針對特定議題交流意見，形成一股新興流行，嘗試來提供企業更精準洞察消費者的需求，並帶動網站商品的行銷效益。

透過臉書的塗鴉牆，我們可以發佈行銷訊息

　　任何社群行銷的動作都離不開與人的互動，首先要清楚分享者和購買者間的差異，要作好社群行銷，首先就必須要用經營社群的態度，而不是廣告推銷的商業角度，企業如果重視社群的經營，除了能迅速傳達到消費族群，還能透過消費族群分享擴展到更多的目標族群裡。

1111 光棍節及淘寶風潮

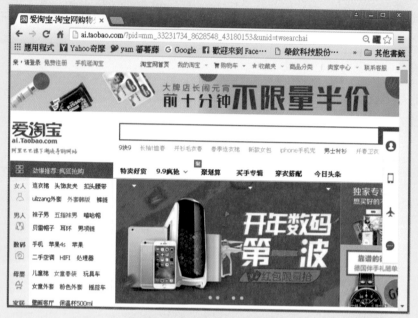

淘寶網為亞洲最大的網路商城

近幾年來，宅經濟這個名詞迅速火紅，這一片不景氣當中宅經濟（Stay at Home Economic）帶來的「宅」商機卻創造出另一個經濟奇蹟！未來不管是單身的年輕人或退休銀髮族，都得學習一個人自己打發時間的生活潮流，宅經濟訴求不必出門，一個人生活的選擇，一股靠著網路大量普及的宅經濟旋風趁勢而起，全球電子商務的產值突破預期，像是網購、線上遊戲、手機遊戲、電腦等，可讓人宅在家中的產業，業績更是大幅成長。

　　光棍節對中國大陸的網購業者來說是個大日子，這個大陸自創的 1111 光棍節是流傳於中國大陸年輕人的娛樂性節日，隨著今天晚婚、抱獨身主義人數越來越多，形成單身貴族大量崛起，造就一股網購消費新勢力，淘寶（低價便宜商品 C2C 為主）及其子品牌天貓（相對高價產品 B2C 為主）為首的商家特別將該日宣傳為「單身狂歡購物節」，成了男男女女都為之瘋狂的購物狂歡日。這個節日讓各大網購業者無不推出超值優惠活動加入戰局搶食大餅，吸引消費者上網血拼。

　　「淘寶網」（taobao.com）作為亞洲最大的網路商圈，具有極豐富的商品與賣家資料庫，十一月十一日「光棍節」的宅經濟業績總是繳出驚人成績，2015 年光棍節旗下的購物網站交易統計在「光棍節」開始 1 小時就已接近 300 億人民幣，超過美國人當年度「黑色星期五」和「網購星期一」的紀錄，儼然成為目前全球最大網路購物節，光棍節因此成為海峽兩岸眾多網購業者的豐收月，並於國際市場引爆不少話題。

課後評量

一、選擇題

( ) 1. 針對網路上的商務交易，下列敘述何者有誤？ (A) SET 是目前網路上用以付款交易的規範 (B) SET 成員須取得認證核發之憑證 (C) SSL 可保障客戶的信用卡資料不被商家盜用 (D) Https://www.taian.com.tw/ 其中「s」指的就是 SSL 安全機制。

( ) 2. 下列哪種技術是 Netscape 公司開發，主要目的是確保網路交易雙方，在交易過程中的安全機制，避免交易訊息在網路上傳遞時遭到竊取、竄改或偽造？ (A) SSL (B) SET (C) TCP (D) IP。

( ) 3. 目前電子商務網站較常採用下列哪一種安全機制？ (A) DES（Data Encryption） (B) IPSec（Internet Protocol Security） (C) SET（Secure Electronic Transaction） (D) SSL（Secure Socket Layer）。

( ) 4. 下列何者不是常見的「Web 安全協定」之一？ (A) 私人通訊技術（PCT）協定 (B) 安全超文字傳輸協定（S-HTTP） (C) 電子佈告欄（BBS）傳輸協定 (D) 安全電子交易（SET）協定。

( ) 5. 下列何者是兩大國際信用卡發卡機構 Visa 及 MasterCard 聯合制定的網路信用卡安全交易標準？ (A) 私人通訊技術（PCT）協定 (B) 安全超文字傳輸協定（S-HTTP） (C) 電子佈告欄（BBS）傳輸協定 (D) 安全電子交易（SET）協定。

( ) 6. 安全電子交易（SET）是一個用來保護信用卡持卡人在網際網路消費的開放式規格，透過密碼加密技術（Encryption）可確保網路交易，下列何者不是 SET 所要提供的？ (A) 輸入資料的私密性 (B) 訊息傳送的完整性 (C) 交易雙方的真實性 (D) 訊息傳送的轉接性。

( ) 7. 下列何者不是一個完整的安全電子交易（SET）架構所包括的成員之一？ (A) 電子錢包 (B) 商店伺服器 (C) 商品轉運站 (D) 認證中心。

( ) 8. SSL 和 SET 最大的不同點在於？ (A) SET 交易前必須先向第三方 CA 取得憑證 (B) SET 是透過郵局的交易機制 (C) SET 在網路傳送資料的時候由特殊線路傳送故不用加密 (D) SET 比較省事。

二、問答題

1. 請舉出 4 種電子商務的類型有哪些？

2. 請列出常見兩種安全加密機制。

3. 請舉出三種線上交易的付款方式。

4. Cookies 的作用為何？請說明之。

5. 請舉出至少三種電子商務的成功因素。

6. 請說明 SET 與 SSL 的最大差異在何處？

7. 何謂「虛擬社群」？

8. 請舉一個實際的網站經營為例，並分析其特質（可以就獲利方式、互動性、使用技術等方面進行討論）。

9. 簡述電子商務的特質。

10. 請說明行動部落格（Moblog）的內容。

11. 請說明憑證管理中心的功能及角色。

12. 電子商務的交易流程是由哪些單元組合而成。

13. 請介紹資訊流的意義。

14. 搜尋引擎最佳化的功用為何？

15. 搜尋引擎的資訊來源有幾種？試說明之。

16. 網路社群的特色為何？

17. 虛擬實境技術（Virtual Reality Modeling Language, VRML）的功用為何？

18. 試簡述「行銷」（Marketing）的意義與趨勢。

19. 網路行銷的定義為何？

20. 電子報行銷的優點為何？

21. 請問在 Internet Explorer 瀏覽器 Cookie 的設定視窗圖中，有標示第一方 Cookie 與第三方 Cookie 的文字，請說明兩者間的差異性。

22. 為何 App 嵌入廣告目前相當流行？

23. 請簡述如何做好 App 品牌行銷。

24. 請簡述社群行銷（Social Media Marketing）。

12 資訊安全實務

CHAPTER

　　網際網路的設計目的是為了提供最自由的資訊、資料和檔案交換,網路交易風險存在很多風險,但是如果過度強化電子商務安全機制又可能造成購物上的許多不便,正因為網際網路的成功也超乎設計者的預期,除了帶給人們許多的便利外,也帶來許多安全上的問題,例如:駭客、電腦病毒、網路竊聽、隱私權困擾等。本章著眼於各種和安全性有關的議題,各位可以瞭解各種工具如何讓線上交易更為安全,同時協助企業保護公司的敏感資料。

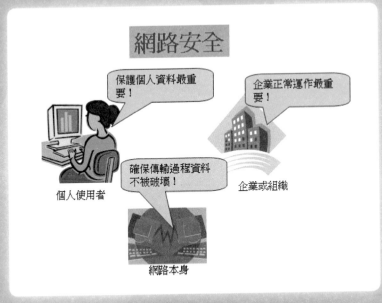

網路安全示意圖

12-1　網路安全與犯罪模式

　　對於網路安全定義而言,很難有一個十分嚴謹而明確的定義或標準,但內容包含了網路設備與資訊安全。例如:就個人使用者來說,可能只是代表在網際網路上瀏覽時,個人資料或自己的電腦不被竊取或破壞。

　　然而相對於企業組織而言,可能就代表著進行電子商務時的安全考量、網路系統正常運作與不法駭客的入侵等。從廣義的角度來看,網路安全所涉及的範圍包含軟體與硬體兩種層面,例如:網路線的損壞、資料加密技術的問題、伺服器病毒感染、隱私權保護與傳送資料的完整性等。

　　所謂「網路犯罪(cybercrime)」是電腦犯罪之延伸,為電腦系統與通訊網路互相結合之犯罪,通常分為非技術性犯罪與技術性犯罪兩種。非技術性攻擊是指使用詭騙或假的表單來騙取使用者的機密資料,技術性攻擊則是利用軟硬體的專業知識來進行攻擊。而如果從更實務面的角度來看,網路安全所涵蓋的範圍就包括了駭客問題、隱私權侵犯、網路交易安全、網路詐欺與電腦病毒等問題。

12-1-1　駭客與怪客

　　只要是常上網的人,一定都聽過駭客這個名詞。不是某某網站遭駭客入侵,便是某某網站遭受駭客攻擊,也因此駭客便成了所有人敬畏的對象。最早期的駭客是一群狂熱的程式設計師,以編寫程式及玩弄各種程式寫作技巧為樂。雖然這群駭客們會入侵網路系統,但對於那些破壞行為通常都是相當的排斥,成功入侵後會以系統管理者的身份發信給管理員建議該如何進行漏洞修補等等。

駭客藉由 Internet 隨時可能入侵電腦系統

　　至於那些擁有「駭客」般高超電腦技能，但是心懷不軌的電腦玩家們，它們利用專業電腦技能來入侵網路主機，透過竄改他人資料來獲取不法利益，這些人就稱為「怪客」（Cracker）。但是目前大家已經將「怪客」的行徑認為是「駭客」所為，而不知道其中的差別在於是否會破壞或竊取他人電腦上的資料，所以「駭客」也逐漸成為入侵電腦的不速之客統稱。

　　駭客不僅攻擊大型的網站和公司，也會攻擊家庭或企業中的個人電腦。駭客會使用各種方法破壞和使用用戶的電腦。駭客在開始攻擊之前，必須先能夠存取用戶的電腦，其中一個最常見的方法就是使用名為「特洛伊式木馬」的程式。駭客在使用此程式之前，必須先將其植入用戶的電腦，然後伺機執行如格式化磁碟、刪除檔案、竊取密碼等惡意行為，此種病毒模式多半是 E-mail 的附件檔。

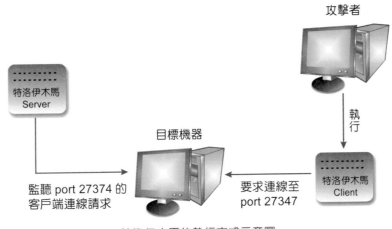

特洛伊木馬的執行方式示意圖

12-1-2　密碼與心理學

　　由於網路的盛行，目前許多上網族都至少擁有一個以上的 E-Mail 或網站帳號。雖然存取這些網路資源時，都需要提供正確的帳號及密碼，但有些粗心的使用者，卻將密碼設定的太過簡單，例如：與帳號名稱相同、用生日當密碼、使用有意義的英文單字之類的密碼。

　　因此入侵者就抓住了這個人性心理上的弱點，透過一些密碼破解工具，即可成功地將密碼破解。入侵使用者帳號最常用的方式是使用「暴力式密碼猜測工具」並搭配字典檔，在不斷地重複嘗試與組合下，很快得就能夠找出正確的帳號與密碼。因此當各位在設定密碼時，建議您依照下列幾項原則來建立：

- 密碼長度儘量大於 5 位數。

- 最好是英數字夾雜，以增加破解時的難度。

- 不定期要更換密碼。

- 密碼不要與帳號相同。

- 儘量避免使用有意義的英文單字做為密碼。

12-1-3　服務拒絕攻擊

間斷服務（Denial of Service, DoS）攻擊方式乃是利用送出許多的需求去轟炸一個系統，讓系統癱瘓或不能回應服務需求。DoS 阻斷攻擊是單憑一方的力量對 ISP 的攻擊之一，若被攻擊者的網路頻寬小於攻擊者，DoS 攻擊往往可在兩三分鐘內見效。但若攻擊的是頻寬比攻擊者還大的網站，那就有如以每秒 10 公升的水量注入水池，但水池裡的水卻以每秒 30 公升的速度流失，不管再怎麼攻擊都無法成功。

例如：駭客使用大量的垃圾封包塞滿 ISP 的可用頻寬，進而讓 ISP 的客戶將無法傳送或接收資料、使用電子郵件、瀏覽網頁和其他網際網路服務。至於殭屍網路（botnet）攻擊方式乃是利用一群在網路上受到控制的電腦轉送垃圾郵件，被感染的個人電腦就會被當成執行 DoS 攻擊的工具。後來又發展出 DDoS（Distributed DoS）分散式阻斷攻擊。這種攻擊方式是由許多不同來源的攻擊端，共同協調合作於同一時間對特定目標展開的攻擊方式。與傳統的 DoS 阻斷攻擊相比較，效果可說是十分驚人。

12-1-4　網路竊聽

在「分封交換網路」（Packet Switch）上，當封包從一個網路傳遞到另一個網路時，在所建立的網路連線路徑中，包含了私人網路區段（例如：使用者電話線路、網站伺服器所在區域網路等）及公眾網路區段（例如：ISP 網路及所有 Internet 中的站台）。而資料在這些網路區段中進行傳輸時，大部分都是採取廣播方式來進行，因此有心竊聽者不但可能擷取網路上的封包進行分析（這類竊取程式稱為 Sniffer），也可以直接在網路閘道口的路由器設個竊聽程式，來尋找例如：IP 位址、帳號、密碼、信用卡卡號等私密性質的內容，並利用這些進行系統的破壞或取得不法利益。

12-1-5　網路釣魚

Phishing 一詞其實是「Fishing」和「Phone」的組合，中文稱為「網路釣魚」，網路釣魚的目的就在於竊取消費者或公司的認證資料，而網路釣魚透過不同的技術持續竊取使用者資料，已成為網路交易上重大的威脅。網路釣魚主要是讓受害者自己送出個人資料，輕者導致個人資料外洩，侵犯資訊隱私權，重則危及財務損失，最常見的伎倆有兩種：

- 偽造某些公司的網站或是電子郵件，然後修改程式碼，誘使使用者點選並騙取使用者資料，傳送到詐騙者手中。
- 修改網頁程式，更改瀏覽器網址列所顯示的網址，將原本連往官方網站的網址轉移到假冒的網站網址上，如果使用者依其指示輸入帳號、密碼，那麼可就上鉤了。

　　想要防範網路釣魚首要方法，必須能分辨網頁是否安全，一般而言有安全機制的網站網址通訊協定必須是 https://，而不是 http://，https 是組合了 SSL 和 http 的通訊協定，另一個方式是在網址列左側或右側，會顯示 SSL 安全保護的標記，在標記上快按兩下滑鼠左鍵就會顯示安全憑證資訊。

12-1-6　網路成癮與交友陷阱

網路成癮（Internet addiction）是指過度使用與高度依賴網路的使用者，當想要上網時卻沒有辦法上網，就會變得不安、易怒、沮喪或是暴躁的情緒，特別是一些長期待在網咖的人士。心理學家研究認為，內向敏感、現實人際交往困難的人，特別容易沉迷於網路，尤其長期沉溺於電腦，而不留心於現實世界，也將造成人際關係的疏離，嚴重者甚至產生人格障礙，無法面對真實的社會。

自從網際網路開始盛行之後，網路聊天與交友一直是上網者的熱門話題，不管男女都希望能尋覓感情的寄託，尤其是隱匿在網路上的陌生人更有著令人好奇的美好幻想，因此許多的聊天室、交友網站應運而生，然而虛幻且匿名的網路世界，卻也提供了不法之徒犯罪的好機會，近來網路交友問題頻傳，包括網友變強盜、網友變惡狼甚至與網友見面遭綁架撕票…等等，網路陷阱多，網友們必須為自身的安全多把關。

12-2 電腦病毒

電腦病毒是一種入侵電腦的惡意程式，會造成許多不同種類的損壞，當某程式被電腦病毒傳染後，它也成一個帶原的程式了，會直接或間接地傳染至其他程式。例如：刪除資料檔案、移除程式或摧毀在硬碟中發現的任何東西，不過並非所有的病毒都會造成損壞，有些只是顯示某些特定的討厭訊息。這個程式具有特定的邏輯，且具有自我複製、潛伏、破壞電腦系統等特性，這些行為與生物界中的病毒之行為模式確實極為類似，因此稱這類的程式碼為電腦病毒。

病毒會在某個時間點發作與從事破壞行為

12-2-1　電腦中毒徵兆

　　病毒是會感染其他合法程式的寄生程式。該合法程式有時候被稱為寄主（host）。為了感染寄主程式，許多病毒被設計成當一被感染，就會對受害者的系統造成傷害。如果電腦出現以下症狀，可能就是不幸中毒：

1　電腦速度突然變慢，甚至經常莫名其妙的當機。
2　螢幕上突然顯示亂碼，或出現一些古怪的畫面與播放奇怪的音樂聲。
3　資料檔無故消失或破壞。
4　檔案的長度、日期異常或 I/O 動作改變等。

早期的電腦病毒傳染主要是透過磁碟片

12-2-2　電腦病毒種類

　　大部份的電腦病毒沒什麼殺傷力，目的是在干擾受害者，而不是想造成明確的傷害，不同的資料來源描述不同類型的病毒可能不盡相同。對於電腦病毒的分類，並沒有一個特定的標準，只不過會依發病的特徵、依附的宿主類型、傳染的方式、攻擊的對象等各種方式來加以區分，可以將病毒分類如下：

開機型病毒

　　開機型病毒（Boot Strap Sector Virus）又稱系統型病毒，這類型的病毒會潛伏在硬碟的開機磁區，也就是硬碟的第 0 軌第 1 磁區處，它會在開機後系統載入之前先行進入記憶體之中，有的會干擾您的系統而導致無法正常開機，有的則會讓您的系統正常執行，然而在開機後於背景從事傳染或破壞行為。早期常見的開機型病毒有 STONE、Brain、DISK KILLER、MUSICBUG 等等。

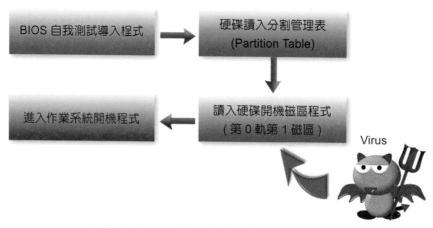

開機型病毒會在作業系統載入前先行進入記憶體

檔案型病毒

　　檔案型病毒（File Infector Virus）又稱寄生病毒。運行於記憶體中，通常感染執行檔案，如 .com、.exe、.dll 等檔案。早期通常寄生於可執行檔之中，執行受感染的檔案時，病毒便會啟動，除了將自己複製到其他執行檔案外，也會長駐在記憶體中伺機發作。不過隨著電腦技術的演進、程式、語言新工具等的提出，使得檔案型病毒的種類也越來越趨多樣化，甚至連文件檔案也會感染病毒，一般會將檔案型病毒依傳染方式的不同，分為「長駐型病毒」（Memory Resident Virus）與「非長駐型病毒」（Non-memory Resident Virus），分別說明如下：

病毒名稱	說明與介紹
長駐型病毒	又稱一般檔案型病毒，當您執行了感染病毒的檔案，病毒就會進入記憶體中長駐，它可以取得系統的中斷控制，只要有其他的可執行檔被執行，它就會感染這些檔案；長駐型病毒通常會有一段潛伏期，利用系統的計時器等待適當時機發作並進行破壞行為，「黑色星期五」、「兩隻老虎」等都是屬於這類型的病毒。
非長駐型病毒	這類型的病毒在尚未執行程式之前，就會試圖去感染其他的檔案，由於一旦感染這種病毒，其他所有的檔案皆無一倖免，傳染的威力很強。最典型的例子為 CIH 病毒，會試圖把一些隨機資料複寫在系統的硬碟上，令該硬碟無法讀取原有資料。

混合型病毒

　　混合型病毒（Multi-Partite Virus）具有開機型病毒與檔案型病毒的特性，它一方面會感染其他的檔案，一方面也會傳染系統的記憶體與開機磁區，感染的途徑通常是執行了含有病毒的程式，當程式關閉後，病毒程式仍然長駐於記憶體中不出來，當其他的磁片與此台電腦有存取的動作時，病毒就會伺機感染磁片中的檔案與開機磁區。

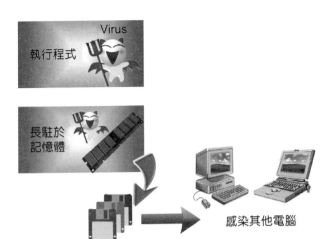

混合型病毒會依附檔案中,也會潛伏於開機磁區

千面人病毒

千面人病毒(Polymorphic/Mutation Virus)正如它的名稱上所表明的,擁有各種不同的面貌,它每複製一次,所產生的病毒程式碼就會有所不同,因此對於那些使用病毒碼比對的防毒軟體來說,是頭號頭痛的人物,就像是帶著面具的病毒,例如:Whale 病毒、Flip 病毒就是這類型的病毒。

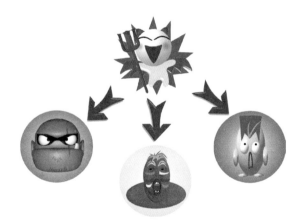

有如面具怪客的千面人病毒

巨集病毒

巨集病毒專門針對特定的應用軟體,感染依附於應用軟體內的巨集指令,如 Microsoft Word 和 Excel 巨集病毒。所謂巨集是一些指令的集合,可以協助文書處理者或應用程式使用者將一些經常性的指令加以組合,以完成特定的批次動作。然而今日的巨集病毒大都是以微軟的 Word 文書處理軟體中之巨集來設計的,由於在 Word 中可以使

用程式碼來編輯巨集，雖然其所使用的 VBA（Visual Basic for Applications）十分簡單，然而具有程式語言編輯的特性，就足以構成有心人士用來設計病毒的條件，例如：最著名的 Taiwan No.1、美女拳病毒等。

蠕蟲

蠕蟲（Worm）病毒就如其名稱上所表明的，它會從一台電腦「爬行」至另一台電腦，電腦蠕蟲不需附在別的程式內，不需使用者介入操作也能自我複製或執行，未必會直接破壞被感染的系統，卻可能對網路有害。今日的蠕蟲病毒主要是以網路為傳播的媒介，電腦蠕蟲會自行複製到許多網際網路上的主機電腦，最後讓網際網路癱瘓。在二十一世紀初曾經造成了許多重大的網路災害，其攻擊的方式多為主動式的攻擊，可能會執行垃圾程式碼來發動分散式阻斷服務攻擊，也可能損毀或修改電腦的檔案或是浪費頻寬。特徵是在背景執行，使用者不易發現它的存在，在這邊依傳播的途徑可分為郵件蠕蟲與網路漏洞蠕蟲。

特洛伊式病毒

特洛伊式病毒也稱之為木馬病毒，是一種後門程式，被用來盜取其他使用者的個人資訊，甚至是遠程控制他人電腦的程式。嚴格來說它並不算是病毒，基本上它不具有傳染或特別的破壞方式，而是有心人士特意撰寫的程式，也許是包裝為一封電子賀卡，也許是一個有趣的小遊戲，完整的特洛伊木馬程式包含了兩部分：伺服端和用戶端；植入電腦的是伺服端，而入侵者則是利用用戶端進入執行伺服端的電腦，總之目的就是在引誘使用者開啟該程式，一旦執行了該程式，它就會在系統中長駐，並在系統上開啟一些漏洞，將使用者的資料送回至有心人士的手中，或是作為有心人士入侵系統的管道。防禦特洛伊木馬病毒最好的方法，就是對安裝新的軟體採取嚴格的政策與程序。

殭屍網路病毒

基本上，特洛伊木馬程式通常只會攻擊特定目標，還有一種殭屍網路病毒程式，侵入方式與木馬程式雷同，不但會藉由網路來攻擊其他電腦，只要遇到主機或伺服器有漏洞，就會開始展開攻擊。當中毒的電腦越來越多時，就形成由放毒者所控制的殭屍網路。

Autorun 病毒

Autorun 病毒屬於一種隨身碟病毒，也有人稱為 KAVO 病毒，可以透過寫入 autorun.inf 讓病毒或木馬自動發作，會感染給所有插過這個隨身碟的設備，中毒之後可以讓系統無法開機，或者無法開啟隨身碟。如果隨身碟接上電腦後，各位使用滑鼠左鍵雙按隨身碟圖示沒有反應，就可能已經感染該病毒。

12-3 防毒軟體簡介

　　檢查病毒需要防毒軟體，這些軟體可以掃描磁碟和程式，尋找已知的病毒並清除它們。防毒軟體安裝在系統上並啟動後，有效的防毒程式在你每次插入任何種類隨身碟或使用你的數據機擷取檔案時，都會自動檢查以尋找受感染的檔案。此外，新型病毒幾乎每天隨時發佈，所以並沒有任何程式能提供絕對的保護。因此病毒碼必須定期加以更新。防毒軟體可以透過網路連接上伺服器，並自行判斷有無更新版本的病毒碼，如果有的話就會自行下載、安裝，以完成病毒碼的更新動作。

> **TIPS**
>
> 防毒軟體有時也必須進行「掃描引擎」(Scan Engine)的更新，在一個新種病毒產生時，防毒軟體並不知道如何去檢測它，例如：巨集病毒在剛出來的時候，防毒軟體對於巨集病毒根本沒有定義，在這種情況下，就必須更新防毒軟體的掃描引擎，讓防毒軟體能認得新種類的病毒。

病毒碼就有如電腦病毒指紋

更新掃描引擎才能讓防毒軟體認識新病毒

　　預防病毒最有效的方法就是使用防毒軟體。以下來介紹一些著名的防毒軟體及其公司背景。

12-3-1 諾頓防毒

　　諾頓防毒（Norton AntiVirus）是由賽門鐵克（Symantec）公司所研發的個人電腦防毒軟體，賽門鐵克公司總部位於美國加州 Cupertino，其最方便的功能莫過於線上病毒碼的更新作業，讓使用者可以直接透過程式進行病毒碼的更新。除了防毒軟體之外，該公司尚開發有電腦系統維護、防火牆、系統備份等相關的電腦安全程式，在世界各地都保有一定數量的使用者，賽門鐵克公司的網頁位址為：http://www.symantec.com/index.jsp，中文網頁位址為 http://www.symantec.com/zh/tw/index.jsp。

賽門鐵克的中文網頁

12-3-2　趨勢 PC-cillin

在電腦防毒軟體的世界中，趨勢科技可說為華人打下了一片天地。趨勢科技一開始將公司的產品鎖定於電腦保全與病毒的防治之上。防毒軟體 PC-cillin 在近幾年來大放異彩，與賽門鐵克的諾頓防毒軟體足以並駕齊驅，近來趨勢科技更跨足網路安全服務，為使用者與網站提供防火牆等各式安全服務，趨勢科技的網頁位址為 http://www.trend.com，在趨勢的網站上提供有詳細的電腦病毒基本常識，您可以自行連上該網站以取得更詳細的資訊：

趨勢科技中文網頁

12-3-3　免費防毒軟體大放送

在「史萊姆的第一個家」（http://www.slime.com.tw/）收錄許多實用的軟體資訊及下載路徑，並以完整分類的方式，簡介了各種軟體的優劣，以防毒軟體為例，在這個網站中可以找到許多實用的防毒軟體，有的完全免費，有的個人版免費但商業版需要收費，每套防毒軟體都有其特殊的防禦能力，就以「avast! Antivirus」這套軟體為例，就是一種個人使用免費的授權類型（但需至官方網站免費註冊取得註冊碼，否則只可使用 60 天），且支援的語系包括繁體中文，它擁有極佳的掃毒能力與執行效能，以及極佳的木馬偵測能力，同時還可以可掃瞄壓縮檔與 EXE 執行檔，並且能自動進行郵件掃瞄。

12-4　電腦防毒措施

早期電腦網路尚不發達時，只要不要隨意使用來路不明的磁片，通常可以防堵大部分的電腦病毒進入個人電腦中。不過由於網路的快速普及與發展，電腦病毒可以很輕易地透過網路連線來侵入使用者的電腦。目前來說，並沒有百分之百可以防堵電腦病毒的方法，最好的方法就是「預防甚於治療」。在此為各位介紹五種基本的電腦防毒措施：

12-4-1　不隨意下載檔案

病毒程式可能藏身於一般程式中，使用者透過 FTP 或網頁將含有病毒的程式下載到電腦中，並且執行該程式，結果就會導致電腦系統及其他程式感染病毒。因此對於來路不明的程式不要隨意下載或開啟，以免遭受病毒的侵害。

下載程式或軟體，請儘量選擇信用良好的網站來下載，以免下載到含有病毒的程式或軟體

12-4-2　不使用來路不明的儲存媒體

如果各位使用來路不明的儲存媒體（用 CD-R 系統製作的 CD、隨身碟等、外接式硬碟），病毒可能藏在儲存媒體的開機區或可執行檔中，也會將病毒感染到使用者電腦中的檔案或程式。

12-4-3　不輕易開啟電子郵件附加檔案

有些電腦病毒會藏身於電子郵件的附加檔案中，並且使用聳動、吸引人的標題來引誘使用者點選郵件，並開啟附加檔案。藏有病毒的附加檔案看起來可能僅是一般的文件檔案，例如：Word 文件檔，但實際上此份文件中卻是包含了「巨集病毒」。 由於 e-mail 病毒使得使用者可能自中毒的訊息感染病毒，為了避免電子郵件病毒，應該設定電子郵件程式不要接收由 HTML 格式所編碼的信件，除非知道送件者，否則避免打開附件檔案。甚至在還沒有經過掃毒軟體掃瞄是否感染前，千萬不要開啟郵件附件。

12-4-4　安裝防毒軟體

安裝防毒軟體，並養成時常更新病毒碼與定期掃毒的習慣。這個動作相當的重要，防毒軟體雖然無法防堵所有的病毒，但是它可以為您建立起一道最基本的防線，在最低的限度上，至少可以少受一些舊病毒的侵擾。除了購買防毒軟體之外，各位也可以直接連線到中華電信所提供的 HiNet 掃毒網頁。當然定期作好檔案備份工作，最好是將它儲存於可移動式儲存媒介中，若不幸發生中毒事件，至少還可以將資料損失傷害降至最低。

12-5　防火牆簡介

在古時候，人們為了防止火災發生時，火勢往往會蔓延到其他的住所去，因此常在住所之間砌一道磚牆用來阻擋火勢，而這道牆就稱為「防火牆」。而今防火牆的觀念延伸到了網路安全應用之上，在接下來的這一節裡，我們將帶您來認識防火牆的作用及種類。

12-5-1　認識防火牆

防火牆最早是以硬體的形態出現，但是要架設防火牆需要投入相當大的硬體資金，且主要是用於保護由許多計算機所組成的大型網路。然而隨著網路的快速發展，連接到網際網路的用戶不斷增加，防駭觀念開始受到重視，因此開始出現了以軟體形態為主的防火牆。

建立防火牆的主要目的是保護屬於我們自己的網路不受外來網路上的攻擊。也就是說，我們所要防備的是外部網路，因為可能會有人從外部網路對我們發起攻擊。所以我們需要在內部網路，與不安全的非信任網路之間築起一道防火牆。

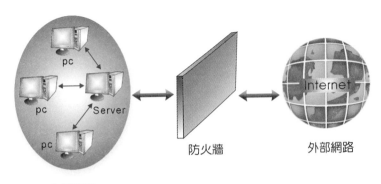

內部網路　　　　　　　防火牆　　　　外部網路

用防火牆阻擋非法的外部網路存取

12-5-2　防火牆運作原理

雖然防火牆是介於內部網路與外部網路之間，並保護內部網路不受外界不信任網路的威脅，但它並不是完全將外部的連線要求阻擋在外，因為這樣一來便失去了連接到 Internet 的目的了。就某些觀點來看，防火牆實際上代表了一個網路的存取原則。每個防火牆都代表一個單一進入點，所有進入網路的存取行為都會被檢查、並賦予授權及認證。防火牆會根據一套設定好的規則來過濾可疑的網路存取行為並發出警告。意即確定哪些類型的資訊封包可以進出防火牆，而什麼類型的資訊封包則不能通過防火牆。

12-6　防火牆的分類

公司防火牆是使用路由器、伺服器以及各種軟體建立的硬體和軟體組合。防火牆會設置在公司網路和網際網路之間最容易受到攻擊的地方，並且可以由系統管理者設定為簡單或複雜。防火牆大致可劃分為「封包過濾型」與「代理伺服器型」兩種。底下就這兩種類型的防火牆來做個介紹。

12-6-1　封包過濾型

在封包過濾（packet filtering）中，監控路由器會檢測在網際網路和公司網路之間傳輸的每個資料封包的標頭。封包標頭內含傳送者和接收者的 IP 位址、傳送封包所使用的協定等資訊。當這些封包被送到網際網路上時，路由器會根據目的 IP 位置來選擇一條適當的路徑傳送。在此情況下，封包可能會經由不同的路徑送到目的 IP，當所有的封包抵達後，便會進行組合還原的動作。封包過濾型防火牆會檢查所有收到封包內的來源 IP 位置，並依照系統管理者事先設定好的規則加以過濾。若封包內的來源 IP 在過濾規則內為禁止存取的話，則防火牆便會將所有來自這個 IP 位置的封包丟棄。這種封包過濾型的防火牆，大部份都是由路由器來擔任，例如：路由器可以阻擋除了電子郵件之外的任何封包；同時還可以阻擋通往和來自可疑位置以及來自特定用戶的流量。

12-6-2　代理伺服器型

代理伺服器型（proxy server）的防火牆又稱為「應用層閘道防火牆」（Application Gateway Firewall），它的安全性比封包過濾型來得高，但只適用於特定的網路服務存取，例如：HTTP、FTP 或是 Telnet 等等。事實上，此類型的防火牆就是透過代理伺服器來進行存取管制。代理伺服器是客戶端與伺服端之間的一個中介服務者。當代理伺服

收到客戶端 A 對某網站 B 的連線要求時,代理伺服器會先判斷該要求是否符合規則。若通過判斷,則伺服器便會去站台 B 將資料取回,並傳回客戶端 A。

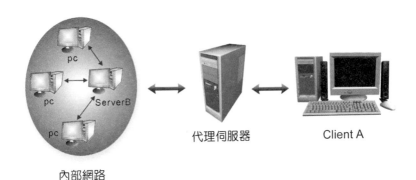

使用代理伺服器保護內部網路

因為只有單一部代理伺服器(取代網路中許多個別的電腦)和網際網路互動,所以可以確保安全性。由此可知,外部網路只能看見代理伺服器,而無法窺知內部網路的資源分佈狀況。

12-6-3　軟體防火牆

由於硬體防火牆的建置成本高,並不是所有的人都能負擔的起,加上個人網路使用者的崛起,以及個人網路安全意識的高漲,硬體防火牆對他們而言顯然並不適合,於是便有了軟體防火牆的出現。個人防火牆是設置在家用電腦的軟體,可以像公司防火牆保護公司網路一樣保護家用電腦。軟體防火牆所採用的技術與封包過濾型如出一轍,但它包括了來源 IP 位置限制,與連接埠號限制等功能。例如:Windows 作業系統本身也有內建防火牆功能,如下所示:

12-7　資料加密簡介

　　未經加密處理的商業資料或文字資料在網路上進行傳輸時，任何有心人士都能夠隨手取得，並且一覽無遺。因此在資料傳送前必須先將原始的資料內容，以事先定義好的演算法、運算式或編碼方法，將資料轉換成不具任何意義的代碼，而這個處理過程就是「加密」（Encrypt）。資料在加密前稱為「明文」（Plaintext），經過加密後則稱為「密文」（Ciphertext）。

　　經過加密的資料在送抵目的端後，必須經過「解密」（Decrypt）的程序，才能將資料還原成原來的內容，而這個加／解密的機制則稱為「金鑰」（Key）。至於資料加密及解密的流程如下圖所示：

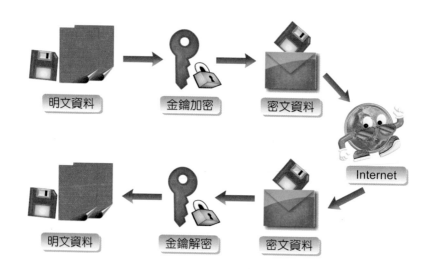

12-7-1　對稱鍵值加密系統

　　「對稱鍵值加密系統」（Symmetrical Key Encryption）又稱為「單一鍵值加密系統」（Single Key Encryption）或「秘密金鑰系統」（Secret Key）。這種加密系統的運作方式，是由資料傳送者利用「秘密金鑰」（Secret Key）將文件加密，使文件成為一堆的亂碼後，再加以傳送。而接收者收到這個經過加密的密文後，再使用相同的「秘密金鑰」，將文件還原成原來的模樣。因為如果使用者 B 能用這一組密碼解開文件，那麼就能確定這份文件是由使用者 A 加密後傳送過去，如下圖所示：

　　這種加密系統的運作方式較為單純，因此不論在加密及解密上的處理速度都相當快速。常見的對稱鍵值加密系統演算法有 DES（Data Encryption Standard，資料加密標準）、Triple DES、IDEA（International Data Encryption Algorithm，國際資料加密演算法）等。

12-7-2　非對稱鍵值加密系統

　　「非對稱性加密系統」是目前較為普遍，也是金融界應用上最安全的加密系統，或稱為「雙鍵加密系統」（Double key Encryption）。此種加密系統主要的運作方式，是以兩把不同的金鑰（Key）來對文件進行加 / 解密。例如：使用者 A 要傳送一份新的文件給使用者 B，使用者 A 會利用使用者 B 的公開金鑰來加密，並將密文傳送給使用者 B。當使用者 B 收到密文後，再利用自己的私密金鑰解密。過程如下圖所示：

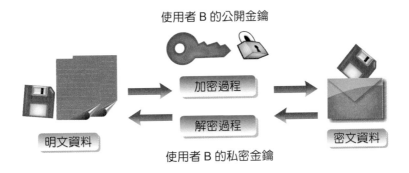

　　目前普遍使用的非對稱性加密法為 RSA 加密法，它是由 Rivest、Shamir 及 Adleman 所發明。RSA 加密法的鑰匙長度不固定，鑰匙的長度約在 40 個位元到 1024 位元間。如果考慮安全性，可用長度較長的鑰匙；若考量到效率問題，則選擇長度較短的鑰匙。

12-7-3　認證

在資料傳輸過程中，為了避免使用者 A 發送資料後卻否認，或是有人冒用使用者 A 的名義傳送資料而不自知，我們需要對資料進行認證的工作。後來又衍生出了第三種加密方式，它是結合了上述兩種加密方式。

首先是以使用者 B 的公開鑰匙加密，接著再利用使用者 A 的私有鑰匙做第二次加密。使用者 B 在收到密文後，先以 A 的公開鑰匙進行解密，此舉可確認訊息是由 A 所送出。接著再以 B 的私有鑰匙解密，若能解密成功，則可確保訊息傳遞的私密性，這就是所謂的「認證」。認證的機制看似完美，但是使用公開鑰匙作加解密動作時，計算過程卻是十分複雜，對傳輸工作而言不啻是個沈重的負擔。

12-7-4　數位簽章

數位簽章是藉由使用密碼編譯演算法，協助驗證數位資訊建立者的身分，是認證中心所發行的身分識別檢查器，類似於在非電子環境中使用標準身分識別文件的方式。運作方式是以公開金鑰及雜湊函式互相搭配使用，使用者 A 先將明文的 M 以雜湊函數計算出雜湊值 H，接著再用自己的私有鑰匙對雜湊值 H 加密，加密後的內容即為「數位簽章」。想要使用數位簽章，當然第一步必須先向認證中心（CA）申請電子證書（Digital Certificate），它可用來認證公開金鑰為某人所有及訊息發送者的不可否認性，而認證中心所核發的數位簽章則包含在電子證書上。通常每一家認證中心的申請過程都不相同，只要各位跟著網頁上的指引步驟去做，即可完成。

個人資料保護法

隨著科技與網路的不斷發展，資訊得以快速流通，存取也更加容易，特別是在享受網路交易帶來的便利與榮景時，也必須承擔個人資訊容易外洩、甚至被不當利用的風險。例如：某知名拍賣網站曾經被證實資料庫遭到入侵，導致全球有 1 億多筆的個資外洩，對於這些有大量會員的網購及社群網站在個資方面的投資與防護必須要再加強。

在台灣一般民眾對於個人資料安全的警覺度還不夠，對於個資的蒐集與使用，總認為理所當然，過去台灣企業對個資保護一直著墨不多，導致民眾個資取得容易，造成詐騙事件頻傳，因此近年來個人資料保護的議題也就越來越受到各界的重視。經過各界不斷的呼籲與努力，法務部組成修法專案小組於 93 年間完成修正草案，歷經數年審議，終於 99 年 4 月 27 日完成三讀，同年 5 月 26 日總統公布「個人資料保護法」，其餘條文行政院指定於 101 年 10 月 1 日施行。

個人資料保護法，簡稱「個資法」，所規範範圍幾乎已經觸及到生活的各個層面，尤其新版個資法上路後，無論是公務機關、企業或自然人，對於個人資訊的蒐集、處理或利用，都必須遵循該法規的規範，應當採取適當安全措施，以防止個人資料被竊取、竄改或洩漏。個資法所規範個資的使用範圍，不論是電腦中的數位資料，或者是寫在紙張上的個人資料，全都一體適用，不僅有嚴格規範，而且制定嚴厲罰則，若是造成資料外洩或不法侵害，企業或負責人可得負擔高額的金錢賠償或刑事責任，並讓網站營運及商譽遭受重大損失，對於企業而言，肯定是巨大挑戰。

個資法立法目的為規範個人資料之蒐集、處理及利用，個資法的核心是為了避免人格權受侵害，並促進個人資料合理利用。這是對台灣的個人資料保護邁向新里程碑的肯定，不過相對的我們卻也可能在不經意的情況下，觸犯了個資法的規定。關於個人資料保護法的詳細條文，可以參考全國法規資料庫：（http://law.moj.gov.tw/LawClass/LawAll.aspx?PCode=I0050021）。

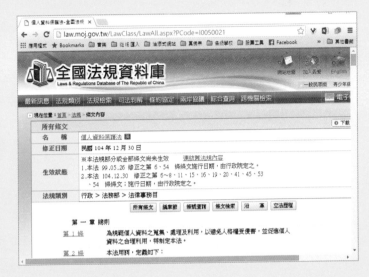

一、選擇題

(　) 1. 不停的寄信給某人，使對方的電子信箱塞滿郵件，這種攻擊方式是 (A) 電腦病毒 (B) 阻絕服務　(C) 郵件炸彈　(D) 特洛伊木馬。

(　) 2. 前幾年導致 eBay、Yahoo 等著名的商業網站一時之間無法服務大眾交易而關閉，這遭受駭客何種手法攻擊？(A) 電腦病毒　(B) 阻絕服務　(C) 郵件炸彈　(D) 特洛伊木馬。

(　) 3. 2001 年 6 月以來，流竄於 Internet 之 Code Red 病毒，不具下列哪一種特性？(A) 植入後門程式　(B) 癱瘓網路系統　(C) 利用 MP3 檔案感染　(D) 入侵具 IIS 功能之主機。

(　) 4. 不停的發封包給某網站，導致該網站無法處理其他服務，這是 (A) 電腦病毒　(B) 阻絕服務　(C) 郵件炸彈　(D) 特洛伊木馬。

(　) 5. 下列何者不屬於電腦犯罪？(A) 公司員工在上班時間，依主管指示更換網路線，致使公司的電腦當機　(B) 公司員工利用電腦網路更改自己在公司電腦中的服務紀錄　(C) 公司員工複製公司的電腦軟體，帶回家給親人使用　(D) 公司員工在上班時間，利用公司的電腦經營自己個人的事業。

(　) 6. 關於「電腦犯罪」的敘述中，下列何者不正確？(A) 犯罪容易察覺　(B) 採用手法較隱藏　(C) 高技術性的犯罪活動　(D) 與一般傳統犯罪活動不同。

(　) 7. 下列何者對於預防電腦犯罪最有效？(A) 裝設空調設備　(B) 裝設不斷電設置　(C) 定期保養電腦　(D) 建置資訊安全管制系統。

(　) 8. 下列何者對於預防電腦犯罪無效？(A) 設定使用權限　(B) 設定密碼　(C) 設置防火牆　(D) 裝設空調設備。

(　) 9. 下列何者不是電腦病毒的特性？(A) 駐留在主記憶體中　(B) 具特殊的隱秘攻擊技術　(C) 關機或重開機後會自動消失　(D) 具自我拷貝的能力。

(　) 10. 除了經由軟碟機外，感染病毒可能的途徑還有？(A) 鍵盤　(B) 網路　(C) 螢幕　(D) 印表機。

(　) 11. 下列何者不是電腦病毒的特性？(A) 病毒一旦病發就一定無法解毒　(B) 病毒會寄生在正常程式中，伺機將自己複製並感染給其他正常程式　(C) 有些病毒發作時會降低 CPU 的執行速度　(D) 當病毒感染正常程式中，並不一定會立即發作，有時須條件成立時，才會發病。

(　) 12. "AntiVirus"、"PC-cillin" 是屬於？(A) 系統軟體　(B) 防毒及掃毒軟體　(C) 簡報軟體　(D) 文書編輯軟體。

(　) 13. 下列何者敘述對於電腦防毒措施有誤？(A) 系統安裝防毒軟體　(B) 可合法拷貝他人軟體　(C) 不下載來路不明的軟體　(D) 定期更新病毒碼。

(　) 14. 程式若已中毒，則在執行時，病毒會被載入記憶體中發作，稱為何種病毒？(A) 混合型病毒　(B) 開機型病毒　(C) 網路型病毒　(D) 檔案型病毒。

( ) 15. 比作業系統先一步被讀入記憶體中，並伺機對其他欲做讀寫動作的磁片感染病毒，此種是屬於下列哪一型病毒的特徵？ (A) 檔案非長駐型病毒 (B) 開機型病毒 (C) 檔案長駐型病毒 (D) 木馬型病毒。

( ) 16. 著名的電腦病毒「I Love You」是經由下列何者傳送的？ (A) 電子郵件 (B) 傳真 (C) 電子佈告欄（BBS） (D) 磁片。

( ) 17. 下列何者是預防病毒感染的最佳選擇？ (A) 使用拷貝軟體 (B) 使用原版軟體 (C) 使用軟碟開機 (D) 使用光碟片開機。

( ) 18. 關於「預防電腦病毒的措施」之敘述中，下列何種方式較不適用？ (A) 常用掃毒程式檢查，有毒即將之清除 (B) 常與他人交流各種軟體磁片 (C) 常做備份 (D) 開機時執行偵毒程式。

( ) 19. 在這瞬息萬變，電腦病毒種類日益更新的時代中，為避免電腦病毒災害的發生，與其過分依賴一些市售防毒程式，倒不如反求諸己，來做好保全防毒之道，下列防毒觀念中，何者為非？ (A) 平常應養成將資料備份的習慣 (B) 重要之磁片由於經常需要讀寫，所以不必調成防寫狀態 (C) 儘量不要使用非法軟體，尊重智慧財產權，支持合法軟體 (D) 時時注意電腦之運作情形是否有異常之現象。

( ) 20. 下列有關網路防火牆之敘述何者為誤？ (A) 外部防火牆無法防止內賊對內部的侵害 (B) 防火牆能管制封包的流向 (C) 防火牆可以阻隔外部網路進入內部系統 (D) 防火牆可以防止任何病毒的入侵。

( ) 21. 一部專門用來過濾內部網路間通訊的電腦稱為？ (A) 中繼站 (B) 路由器 (C) 防毒軟體 (D) 防火牆。

( ) 22. 下列何者不是網路防火牆的建置區域？ (A) 交通網路 (B) 內部網路 (C) 外部網路 (D) 網際網路。

( ) 23. 下列何者不是網路防火牆的管理功能？ (A) 支援遠端管理 (B) 存取控制 (C) 日誌紀錄 (D) 價格管理。

( ) 24. 資訊安全中，網際網路主機為避免被攻擊，對外系統要加裝以下哪一個設備？ (A) 路由器 (B) 防火牆 (C) 監視器 (D) 錄影機。

( ) 25. 為了避免文字檔案被任何人讀出，可進行加密（Encrypt）的動作。在加密時一般是給予該檔案？ (A) 存檔的空間 (B) 個人所有權 (C) Key (D) Userid。

二、問答題

1. 試說明密碼設置的原則。
2. 您知道防火牆有哪些分類嗎？

3. 請說明如何防止駭客入侵的方法，至少提供四點建議。

4. 請簡述伺服器漏洞的原因。

5. 試說明防火牆的缺點。

6. 請舉出三種病毒感染途徑。

7. 請簡述防毒軟體的常見實用功能？

8. 請簡述「加密」(Encrypt)與「解密」(Decrypt)。

9. 請說明「對稱性加密法」與「非對稱性加密法」間的差異性。

10. 試簡述數位簽章的內容。

11. 何謂開機型病毒？

12. 請說明網路成癮 (Internet addiction)的現象。

13. 建立防火牆的主要目的為何？

14. 請簡述個人資料保護法的內容。

13 雲端時代的資訊倫理與著作權探討

CHAPTER

　　隨著網際網路的快速興起，不論是一般民眾的生活型態，企業經營模式或政府機關的行政服務，均朝向網路電子化方向漸進發展，智慧財產權所牽涉的範圍也越來越廣，這時許多前所未有的操作與交易模式產生，例如：線上交易、線上金融、網路銀行、隱私權保護、電子憑證、數位簽章、消費者保護等課題。

　　例如：曾經在網路上十分盛行部落格文化，除了作為個人日記抒發心情、宣洩情緒或分享快樂，也能專注在特定的議題上提供評論。甚至以悅耳的背景音樂來吸引瀏覽者，讓瀏覽者能親身享受版本的音樂饗宴。有一位部落格版主只是用 HTML 語法的框架將音樂播放器嵌入他的部落格網頁中，以為未涉商業利益，但還是被檢察官以侵害音樂著作權人之公開傳輸權而加以起訴。事實上，雖然網路是一個虛擬的世界，但仍然要受到相關法令的限制，網路著作權必須受到著作權法的保護與規範。

部落格或臉書上的作品發表，必須小心侵犯別人的著作權

13-1 資訊素養與倫理

　　近年來不斷推陳出新的科技新模式，電腦的使用已不再只是單純的考慮到個人封閉的主機，許多前所未有的資訊操作模式，徹底顛覆了傳統電腦與使用者間人機互動關係。加上網路通訊技術的普及，一方面為生活帶來空前便利與改善，但另一方面也衍生了許多過去未曾發生的複雜問題。網際網路架構協會（Internet Architecture Board, IAB）主要的工作是國際上負責網際網路間的行政和技術事務監督與網路標準和長期發展，就曾經將以下網路行為視為不道德：

- 在未經任何授權情況下，故意竊用網路資源。
- 干擾正常的網際網路使用。
- 以不嚴謹的態度在網路上進行實驗。
- 侵犯別人的隱私權。
- 故意浪費網路上的人力、運算與頻寬等資源。
- 破壞電腦資訊的完整性。

　　例如：前幾年某大學經人以匿名信檢舉，有學生從網際網路重製流行音樂並盜拷光碟，遭到檢察官大舉搜索該校校園，十四名學生的電腦內因為有 MP3 軟體，而遭檢方認為學生觸犯著作權法重製罪，當場查扣學生個人電腦。而引起社會上相當大的震撼，使得 MP3 音樂再度被社會大眾拿出來討論。有人覺得警方並沒有持搜索票就逕行進入校園及檢察官手段合理性的爭議，但另一方說法，則是不論是私下以光碟燒錄機拷貝盜版音樂 CD 或將網路上的音樂著作製成 MP3 音樂檔，學生都有涉及重製侵權之嫌。

KKBOX 的歌曲都是取得唱片公司的合法授權

圖片來源：https://www.kkbox.com/tw/tc/index.html

13-1-1　認識資訊素養

　　所謂「水能載舟，亦能覆舟」，資訊網路科技雖然能夠造福人類，例如：消防救災可藉由衛星監測地面環境與各種災害的發生。不過也帶來新的危機，例如：僱主任意監看員工的電子郵件，當然構成網路通訊隱私權之侵害。二十一世紀資訊技術將帶動全球資訊環境的變革，隨著知識經濟時代的來臨與多元文化的社會發展，除了人文素養訴求外，資訊素養的訓練與資訊倫理的養成，也越來越受到重視。

13-1-2　資訊素養的定義

　　素養一詞是指對某種知識領域的感知與判斷能力，例如：英文素養，指的就是對英國語文的聽、說、讀、寫綜合能力。而資訊素養（Information Literacy）可以看成是個人對於資訊工具與網路資源價值的瞭解與執行能力，更是未來資訊社會生活中必備的基本能力。

　　資訊素養的核心精神是在訓練國民，在符合資訊社會的道德規範下應用資訊科技，對所需要的資訊能利用專業的資訊工具，有效地查詢、組織、評估與利用。McClure 教授於 1994 年時，首度清楚將資訊素養的範圍劃分為傳統素養（traditional literacy）、媒體素養（media literacy）、電腦素養（computer literacy）與網路素養（network literacy）等數種資訊能力的總合，分述如下：

- 傳統素養（traditional literacy）：個人的基本學識，包括聽說讀寫及一般的計算能力。
- 媒體素養（media literacy）：在目前這種媒體充斥的年代，個人使用媒體與還要善用媒體的一種綜合能力，包括分析、評估、分辨、理解與判斷各種媒體的能力。
- 電腦素養（computer literacy）：在資訊化時代中，指個人可以用電腦軟硬體來處理基本工作的能力，包括文書處理、試算表、影像繪圖等。
- 網路素養（network literacy）：認識、使用與處理通訊網路的能力，但必須包含遵守網路禮節的態度。

　　而其中項目以電腦素養與網路素養尤為重要，除了與時俱進的吸收最新資訊科技之外，還必須考量包括資訊倫理、電腦安全、智慧財產權、隱私權及電腦犯罪等問題。

13-2　資訊倫理的重要

　　網路駭客多半具有優秀的資訊使用能力，更包含了良好的資訊素養，有些只是把侵入他人的電腦系統當成是一種自我挑戰。但在目前的資訊社會及法律規範下，不論是有無破壞行為，都已構成了侵權的舉動。之前曾發生有人入侵政府機關網站，並將網頁圖片換成色情圖片，或者有學生入侵學校網站竄改成績。這樣的行為其實都已經構成刑法「入侵電腦罪」、「破壞電磁紀錄罪」、「干擾電腦罪」等，應該依相關規定處分或接受罰則。

　　在今天傳統社會倫理道德規範日漸薄弱下，由於網路的特性，具有公開分享、快速、匿名等因素，在網路社會中產生了越來越多的上倫理價值改變與偏差行為。除了資訊素養的訓練外，如何在一定的行為準則與價值要求下，從事資訊相關活動時該遵守的規範，就有待於資訊倫理體系的建立。

13-2-1　資訊倫理的定義

　　倫理，可視為是一些社會所能共同接受的行為與概念，往往配合其適用對象與範圍來約定並推行。如同我們討論醫生對病人必須有醫德，律師與他的訴訟人有某些保密的職業道德一樣，對於擁有龐大人口的電腦相關族群，當然也須有一定的道德標準來加以規範，這就是「資訊倫理」所將要討論的範疇。

　　簡單來說，「資訊倫理」就是探究人類使用資訊行為對與錯之問題，適用的對象則包含了廣大的資訊從業人員與使用者，範圍則涵蓋了使用資訊與網路科技的價值觀與行為準則。

　　例如：目前最常用來追蹤使用者行為的方式，就是使用 Cookie 這樣的小型文字檔，透過瀏覽器紀錄使用者的個人資料與瀏覽網頁的行為，但也同樣可能有資料外洩的機會。而網站管理者是否能夠遵守約定，不輕易洩露客戶機密，或者追蹤客戶的個人行為，資訊倫理就顯得格外重要。

上網過程中 Cookie 文字檔，透過瀏覽器紀錄使用者的個人資料

圖片來源：http://shopping.pchome.com.tw/

也就是說，除了考量經濟利益外，還有使用者在設計、操作及管理資訊系統時的倫理，另外必須考量到如何保護社會大眾的基本權利，這也是邁入知識經濟時代中必備的素養。例如：不可使用電腦傷害他人、不可非法拷貝軟體、不可偷看他人檔案等都是現代資訊倫理最基本的要求，最直接的解釋就是與資訊利用和資訊科技相關的價值觀。

13-2-2　資訊倫理的標準

我們將引用 Richard O. Mason 在 1986 年時提出以資訊隱私權（Privacy）、資訊正確性（Accuracy）、資訊所有權（Property）、資訊使用權（Access）等四類議題，稱為 PAPA 理論，來討論資訊倫理的標準所在。

資訊隱私權

在今天的高速資訊化環境中，不論是電腦或網路中所流通的資訊，都已是一種數位化資料，透過電腦硬碟或網路上資料庫的儲存，因此其取得與散佈機會也相對容易，間接也造成隱私權被侵害的潛在威脅相對提高。「資訊隱私權」主要就是討論有關個人資訊的保密或予以公開的權利，也就是什麼樣的資訊使用行為，會可能侵害別人的隱私和自由。

例如：有些人喜歡未經當事人的同意，而將寄來的 e-mail 轉寄給其他人，這可能侵犯到別人的資訊隱私權。如果是未經網頁主人同意，就將該網頁中的文章或圖片轉寄出去，就有侵犯重製權的可能。美國科技大廠 Google 也十分注重使用者的隱私權與安全，當 Google 地圖小組在收集街景服務影像時會進行模糊化處理，讓使用者無法認出影像中行人的臉部和車牌，以保障個人的資訊隱私權，避免透露入鏡者的身分與資料。

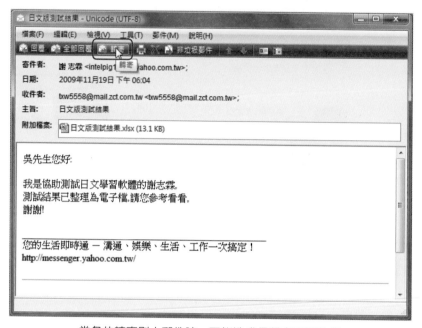

當各位轉寄別人郵件時，可能造成侵犯資訊隱私權

資訊精確性

資訊精確性的精神就在討論資訊使用者擁有正確資訊的權利或資訊提供者提供正確資訊的責任，也就是除了確保資訊的正確性、真實性及可靠性外，還要規範提供者如果提供錯誤的資訊，所必須負擔的責任。

例如：有人謊稱哪遭到核彈衝突，甚至造成股市大跌，更有人提供錯誤的美容小偏方，讓許多相信的網友深受其害，但卻是求訴無門。更有些人喜歡惡作劇，常喜歡將附有血腥、恐怖圖片的電子郵件，假借靈異現象之名轉寄他人，導致收件人受驚嚇而情緒失控，因為寄發這種恐怖的錯誤資訊，因而造成該人精神因此受到損害，都可能觸犯過失傷害罪或普通傷害罪。

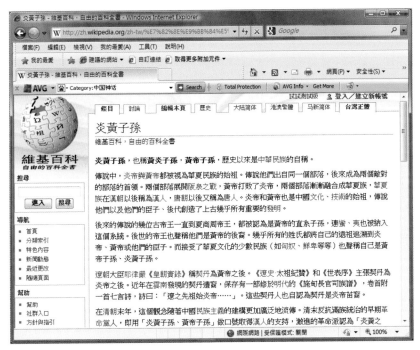

維基百科上也經常發現不夠精確的資訊

資訊財產權

　　資訊財產權，是指資訊資源的擁有者對於該資源所具有的相關附屬權利。簡單來說，就是要定義出什麼樣的資訊使用行為算是侵害別人的著作權，並承擔哪些責任。例如：將網路上所收集的圖片燒成 1 張光碟、拷貝電腦遊戲程式送給同學、將大補帖的軟體灌到個人電腦上、電腦掃描或電腦列印等行為都是侵犯到資訊財產權。或者你去旅遊時拍了一系列的風景照片，同學向你要了幾張留作紀念，但他如果未經你同意就把相片放在部落格上當作內容時，不管展示的是原件還是重製物，也是侵犯了你的資訊財產權。

　　有些線上遊戲玩家運用自己豐富的電腦知識，利用特殊軟體（如特洛依木馬程式）進入電腦暫存檔獲取其他玩家的帳號及密碼，或用外掛程式洗劫對方的虛擬寶物，再把那些玩家的裝備轉到自己的帳號來。這到底構不構成犯罪行為？由於線上寶物目前一般已認為具有財產價值，這已構成了意圖為自己或第三人不法之所有或無故取得、竊盜與刪除或變更他人電腦或其相關設備之電磁紀錄的罪責。

資訊使用權

　　資訊使用權最直接的目的，就是在探討維護資訊使用的公平性，與在哪個情況下，組織或個人所能取用資訊的合法範圍。例如：企業監看員工電子郵件內容，在於僱主與員工對電子郵件的性質認知不同，也將同時涉及企業的資訊使用權與員工隱私權的爭議性。

就僱主角度言，員工使用公司的電腦資源，本應該執行公司的相關業務，商業上的確有需要調查來往通訊的必要性，當然應有權對員工執行職務的品質加以監控。但如此廣泛的授權卻可能被濫用，因為員工會認為他們的電子郵件內容是屬於個人的隱私，任何監看私人電子郵件的舉動，都會構成侵害資訊隱私權的事實。目前對於國內外法律的見解，雙方的平衡點應是企業最好事先在勞動契約中載明表示將採取監看員工電子郵件的動作，那監看行為就不會構成侵害員工隱私權。

此外，我們知道 P2P（Peer to Peer）是一種點對點分散式網路架構，可讓兩台以上的電腦，藉由系統間直接交換來進行電腦檔案和服務分享的網路傳輸型態。雖然伺服器本身只提供使用者連線的檔案資訊，並不提供檔案下載的服務，可是凡事有利必有其弊，如今的 P2P 軟體儼然成為非法軟體、影音內容及資訊文件下載的溫床。雖然在使用上有其便利性、高品質與低價的優勢，不過也帶來了病毒攻擊、商業機密洩漏、非法軟體下載等問題。在此特別提醒讀者，要注意所下載軟體的合法資訊使用權，不要因為方便且取得容易，就造成侵權的行為。

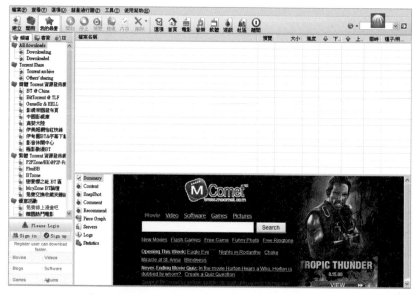

使用 BitComet 來下載軟體容易造成侵權的爭議

13-3　智慧財產權簡介

網際網路是全世界最大的資訊交流平台，在各位輕易及快速取得所需資訊的同時，是否想過可能涉及「智慧財產權」的相關問題，加上資訊科技與網路的快速發展，「智慧財產權」所牽涉的範圍也越來越廣，都使得所謂資訊智慧財產權的問題越顯複雜。

我國目前將「智慧財產權」（Intellectual Property Rights, IPR）劃分為著作權、專利權、商標權等三個範疇進行保護規範，這三種領域保護的智慧財產權並不相同，在制度的設計上也有所差異，權利的內容涵蓋人類思想、創作等智慧的無形財產，並由法律所創設之一種權利。

或者可以看成是在一定期間內有效的「知識資本」（Intellectual capital）專有權，例如：發明專利、文學和藝術作品、表演、錄音、廣播、標誌、圖像、產業模式、商業設計等等。說明如下：

著作權

指政府授予著作人、發明人、原創者一種排他性的權利。著作權是在著作完成時立即發生的權利，也就是說著作人享有著作權，不需要經由任何程序，當然也不必登記。

專利權

專利權是指專利權人在法律規定的期限內，對保護其發明創造所享有的一種獨佔權或排他權，並具有創造性、專有性、地域性和時間性。但必須向經濟部智慧財產局提出申請，經過審查認為符合專利法之規定，而授與專利權。

例如：以下是榮欽科技所發明的油漆式速記法，目前以「具有系統性之重複式記憶法與軟體/The method and software of systematic repeating-memory」名稱進行專利權審理中。

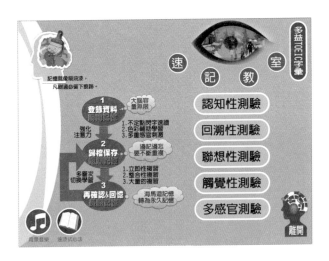

商標權

　　「商標」是指企業或組織用以區別自己與他人商品或服務的標誌，自註冊之日起，由註冊人取得「商標專用權」，他人不得以同一或近似之商標圖樣，指定使用於同一或類似商品或服務。

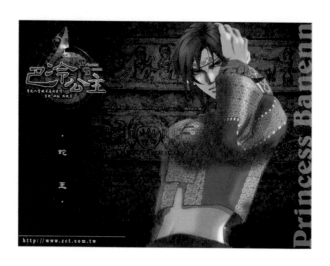

13-3-1　著作權的內容

　　著作權則是屬於智慧財產權的一種，我國也在保護著作人權益，調和社會利益，促進國家文化發展，制定著作權法，而著作權內容則是指因著作完成，就立即享有這項著作著作權，而受到著作權法的保護。我國著作權法對著作的保護，採用「創作保護主義」，而非「註冊保護主義」。不需要經由任何程序，當然也不必登記。著作財產權的存續期間，於著作人之生存期間及其死後五十年。至於著作權的內容則包括以下兩項：

　　「著作人格權」及「著作財產權」，分述如下：

著作權內容	說明與介紹
著作人格權	■ 姓名表示權：著作人對其著作有公開發表、出具本名、別名與不具名之權利。 ■ 禁止不當修改權：著作人就此享有禁止他人以歪曲、割裂、竄改或其他方法改變其著作之內容、形式或名目致損害其名譽之權利。例如：要將金庸的小說改編成電影，金庸就能要求是否必須忠於原著，能否省略或容許不同的情節。 ■ 公開發表權：著作人有權決定他的著作要不要對外發表，如果要發表的話，決定什麼時候發表，以及用什麼方式來發表，但一經發表這個權利就消失了。
著作財產權	包括重製、公開口述、公開播放、公開上映、公開演出、公開展示、公開傳輸權、改作權、編輯權、出租權、散布權等。

13-3-2　合理使用原則

基於公益理由與基於促進文化、藝術與科技之進步，為避免著作權過度之保護，且為鼓勵學術研究與交流，法律上乃有合理使用原則。著作權法第一條開宗明義就規定：「為保障著作人著作權益，調和社會公共利益，促進國家文化發展，特制定本法。本法未規定者，適用其他法律之規定。」

國內著作權法目前廣泛規範的刑責，已經造成資訊數位內容產業發展上的瓶頸，任意地下載、傳送、修改等行為，都可能構成侵害著作權，也造成相關業者很大的困擾。因此保護作者是著作權法中很重要的目的之一，但這絕不是著作權法所宣示的唯一政策。還必須考慮到要「促進國家文化發展」，也就是為了公益考量，又以「合理使用」規定，限制著作財產權可能無限上綱之行使。

所謂著作權法的「合理使用原則」，就是即使未經著作權人之允許而重製、改編及散布仍是在合法範圍內。其中的判斷標準包括使用的目的、著作的性質、佔原著作比例原則與利用結果對市場潛在影響等。例如：對於教育、研究、評論、報導或個人非營利使用等目的，在法律所允許的條件下，得於適當範圍內逕行利用他人著作，不經著作權人同意，而不會構成侵害著作權。

著作權政策一直在作者的私利與公共利益間努力維繫平衡，並無具體之法律定義與界線，其平衡關鍵即在於如何促進國家文化的發展，希望不但能達到著作權人僅享有著作權法上所規範的一定權利，至於著作權法未規範者，均屬社會大眾所共同享有。在著作的合理使用原則下，也就是法律上不構成著作權侵害的個人使用型態，即使某些合理使用的情形，最好必須明示出處，而且要以合理方式表明著作人的姓名或名稱。當然最佳的方式是在使用他人著作之前，能事先取得著作人的合法授權。

13-3-3　校園的影印文化

目前國內的大專院校中，學生們最苦惱的就是每學期要購買的原文教科書籍，一本書動輒數千元以上，對於目前許多要靠助學貸款及打工度日的年輕人來說，真的是蠻重的負擔。所以有許多人就採取取巧的方式，跟有正版書的同學借來影印，希望能節省一些開支，立意本來是為了讀書，但極有可能就因此觸犯了著作權法。影印是重製的方法之一，因為書籍屬於文字著作，為著作權法保護的標的，因此未經著作權人的同意，原則上是不能影印，應該先取得著作財產人之同意或授權，否則即屬於侵害重製之行為。

不當的影印書籍就有可能觸法

　　不過我國著作權法的保障，並非單向保護著作權人，也同時重視文化知識的傳承，如果是在著作之合理使用，並不構成著作財產權之侵害。依照著作權法第四十六條規定，學校和老師都可以在合理範圍內，影印書籍作為上課的教材。所謂合理範圍，是指佔整本教科書的比例不大，對市場銷售影響有限，例如：學生可以要求學校圖書館影印教科書裡面的一部分，另外也可以印期刊裡的單篇著作，每人以一份為限。不過如果影印整本教科書，那肯定就會構成侵害著作權。

　　對於學生非法影印的行為與提供影印機的圖書館或自助影印店，如果影印整本或大部份的書籍內容，都已超出著作權法所規定之合理使用範圍，都屬侵害重製權之行為，如遭權利人依法追訴，須負擔刑事及民事之法律責任。

13-3-4　著作權常識 FAQ

　　身為資訊社會現代人的一份子，對於經常使用電腦的同時，也必須對著作權有一定的瞭解與認識。我們將電腦族必備的著作權常識以 Q&A 整理如下：

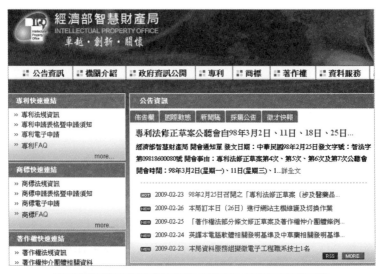

經濟部智慧財產局網站有許多寶貴的智慧財產權案例
圖片來源：http://www.tipo.gov.tw/ch/

1. 如果在禮堂或電視、電臺等大眾媒體，公開朗讀或演說著作內容，像是如果有人公開朗讀某知名小說，是否有侵權之嫌？

    解答 有，因為著作權人擁有公開口述權，任何利用言詞或其他方法向公眾傳達著作內容的行為都必須取得原著作財產權人的同意。

2. 當著作人死亡後，能再享受多長年限的著作權保護，如遇侵權行為，試說明賠償的優先權。

   解答 著作人死亡後，著作財產權存續期間是著作人的生存期間加上其死後 50 年。對於侵害著作權之行為，除遺囑另有指定之外，以配偶請求救濟的優先權最高，子女次之。

3. 小明為在網路上經營手機產品的網拍業務，他認為產品使用說明書只是該手機的操作程序和規格說明，因此分別將其放在自己的部落格上，這樣是否有侵權的行為？

   解答 手機產品使用說明書，內容雖然只有操作程序和規格說明，但仍為語文著作的一樣，而享有著作權保護，小明的動作已屬侵權。

4. 一般違反著作權的條款是告訴乃論，但有哪兩項卻是公訴罪？

   解答 「著作權法部分條文修正案」，大幅從嚴修正，將製造及販賣盜版光碟者改列為公訴罪。

5. 小華購買了一套正式版單機作業系統軟體，灌進自己和姐姐的電腦中，這有侵權的問題嗎？

   解答 因為單機版的作業系統程式，只限 1 台機器使用，如將該作業系統安裝在一台以上電腦內使用，則是侵害重製權的行為。

6. 某一唱片公司將旗下歌手的歌曲，編輯成 2009 年度的排行榜精選曲，重新錄製販賣，這樣的行為是否侵權？

   解答 可能侵犯著作人的編輯權，因為消費者可能只要買一張 CD，就可以把所有最好的歌曲都聽完，可能會影響原本收錄這些歌曲的原 CD 銷售，當然應該給予著作權人決定是否同意他人編輯自己著作的權利。

7. 請問電腦程式合法持有人擁有的權利為何？

   解答 電腦程式合法持有人擁有該軟體得使用權，而非著作權，可以修改程式與備份存檔，但僅限於自己使用，並且一套軟體不得安裝於多台電腦。

8. 如果直接從網路直接下載圖片，然後在上面修正成自己喜歡的圖形或加上文字做成海報，是否造成侵權？

   解答 如果事前未經著作財產權人同意或授權，都可能侵害到著作財產權的重製權或改作權。至於自行列印網頁內容或圖片，如果只供個人自行使用，並無侵權問題，不過最好還是必須取得著作權人的同意。

9.　部落格版主在未經著作權人同意，將音樂、歌曲、文章或圖片將其著作刊載於部落格上，使網路上的瀏覽者可以自行選定的時間或地點來收取此著作，這就違反了著作財產權中哪項權利？試說明之。

　　解答　違反了公開傳輸權，公開傳輸權是指以有線電、無線電之網路或其他通訊方法，藉聲音或影像向公眾提供或傳達著作內容，包括使公眾得於其各自選定之時間或地點。

10.　家中租用的港劇影片，可否在電影院、大廈大廳、活動中心、旅館房間等供公眾使用的進出場所播放供人觀賞？

　　解答　不行，侵犯到原著作人的公開上映權。

11.　合法軟體如果已經轉售給他人，原軟體的所有人是否能把先前的「備份檔」軟體拿來繼續使用？

　　解答　因為已轉售他人，當然就喪失該軟體的重製權，除經著作財產權人同意外，不得再繼續使用原備份檔軟體。

12.　網路使用者瀏覽網頁內容時的資料暫存或傳輸過程中必要的暫時性重製，是否算是侵權的行為？

　　解答　日前行政院所通過的「著作權法」修正草案，已將暫時性重製明列為著作權法重製的範圍，但為讓使用人有合理使用的空間，增列重製權的排除規定，單純上網瀏覽網頁內容，收聽音樂或觀賞電影，都是先透過機器之作用而「重製儲存」在電腦或影音光碟機內部的 RAM 後，再顯示在電視螢幕上，這些並不會構成著作權侵害。

13.　P2P（Peer to Peer），就是一種點對點分散式網路架構，可能衍生的問題為何？

　　解答　雖然 P2P 軟體建構出一個新的資訊交流環境，可是凡事有利必有其弊，如今的 P2P 軟體儼然成為非法軟體、影音內容及資訊文件下載的溫床，更帶來了病毒攻擊、商業機密洩漏、非法軟體下載等問題。

14.　某出版社與一作者簽約，請問是否可以買斷這作者的新書巴冷公主一書的著作權？

　　解答　著作人格權是保護著作人之人格利益的權利，為永久存續，專屬於著作人本身，不得讓與或繼承，但著作財產權可以買斷。

創用 CC 授權

　　隨著數位化作品透過網路的快速分享與廣泛流通，各位應該都有這樣的經驗，就是有時因為學業或工作需要到網路上找素材（文章、音樂與圖片），不免都會有著作權的疑慮，一般人因為害怕造成侵權行為，卻也不敢任意利用。由於現代人觀念的改變，多數人也樂於分享，總覺得獨樂樂不如眾樂樂，也有越來越多人喜歡將生活點滴以影像或文字紀錄下來，並透過許多社群來分享給普羅大眾。這時對於網路上著作權問題開始產生了一些解套的方法，就是目前相當流行的「創用 CC」授權模式。基本上，創用 CC 授權的主要精神是來自於善意換取善意的良性循環，不僅不會減少對著作人的保護，同時也讓使用者在特定條件下能自由使用這些作品，讓大眾都有機會共享智慧成果，並激發出更多的創作理念。

　　所謂創用 CC（Creative Commons）授權是源自著名法律學者美國史丹佛大學 Lawrence Lessig 教授 於 2001 年在美國成立 Creative Commons 非營利性組織，目的在提供一套簡單、彈性的「保留部分權利」（Some Rights Reserved）著作權授權機制。「創用 CC 授權條款」分別由四種核心授權要素（「姓名標示」、「非商業性」、「禁止改作」以及「相同方式分享」），組合設計了六種核心授權條款（姓名標示、姓名標示─禁止改作、姓名標示─相同方式分享、姓名標示─非商業性、姓名標示─非商業性─禁止改作、姓名標示─非商業性─相同方式分享），讓著作權人可以透過簡單的圖示，針對自己所同意的範圍進行授權。創用 CC 的 4 大授權要素說明如下：

標誌	意義	說明
（i）	姓名標示	允許使用者重製、散佈、傳輸、展示以及修改著作，不過必須按照作者或授權人所指定的方式，標示出原著作人的姓名。
（$）	禁止改作	僅可重製、散佈、展示作品，不得改變、轉變或進行任何部份的修改與產生衍生作品。
（=）	非商業性	允許使用者重製、散佈、傳輸以及修改著作，但不可以為商業性目的或利益而使用此著作。
（↻）	相同方式分享	可以改變作品，但必須與原著作人採用與相同的創用 CC 授權條款來授權或分享給其他人使用。也就是改作後的衍生著作必須採用相同的授權條款才能對外散布。

透過創用 CC 的授權模式，藉由標示於作品上的創用 CC 授權標章，無論是個人或團體的創作者都能夠在相關平臺進行作品發表及分享。對使用者而言：可以很清楚知道創作人對該作品的使用要求與限制，只要遵守著作人選用的授權條款來利用這些著作，所有人都可以自由重製、散布與利用這項著作，不必再另行取得著作權人的同意。當然最好能夠完整保留這些授權條款聲明，日後如有紛爭便可作為該著作確實採用創用 CC 授權的證明。從另一方面來看，對著作人而言，採用創用 CC 授權，不但可以減少個別授權他人所要花費的成本，同時也能讓其他使用者清楚地瞭解使用你的著作所該遵守的條件與規定。

台灣創用 CC 的官網

一、選擇題

(　　) 1. 市面上有一種收集各種盜版軟體，集結成光碟片出售圖利，稱之為？(A) 泡麵　(B) 大補帖　(C) 共享軟體　(D) 免費軟體。

(　　) 2. 著作人死亡後，對於侵害著作人格權之行為，除遺囑另有指定之外，下列何者請求救濟的優先權最高？(A) 配偶　(B) 股東　(C) 債主　(D) 兄弟。

(　　) 3. 成功大學學生因電腦有 MP3 類型的檔案，因此檢察觀察扣其電腦，請問這些學生觸犯何種法令？(A) 智慧財產權　(B) 商事法　(C) 竊盜商業機密法　(D) 刑法。

(　　) 4. 依著作權法之規定，電腦程式的著作財產權存續至著作公開發表後多少年？(A) 15 年　(B) 30 年　(C) 50 年　(D) 100 年。

(　　) 5. 電腦程式在下列哪一條法律條款中被列舉為保護對象之一？(A) 民事訴訟法　(B) 著作權法　(C) 商標法　(D) 電腦處理個人資料保護法。

(　　) 6. 以下哪一種軟體具有著作權，但使用者不必付費即可複製和使用？(A) Freeware　(B) Shareware　(C) Proprietary Software　(D) Public Domain Software。

(　　) 7. 下列何者提供使用者免費使用一段時間，期限過後必須付費才能合法繼續使用？(A) 免費軟體　(B) 共享軟體　(C) 商業軟體　(D) 系統軟體。

(　　) 8. 下列有關著作權的敘述，何者正確？(A) 不知情情形下代為重製未經授權的他人著作物是無罪　(B) 知情情形下代為重製未經授權的他人著作物是無罪　(C) 不知情情形下代為重製未經授權的他人著作物不一定有罪　(D) 不知情情形下代為重製未經授權的他人著作物是有罪。

(　　) 9. 有關著作權法中的「重製」，下列何種敘述最完整？(A) 印刷、複印　(B) 錄音、筆錄　(C) 錄影、攝影　(D) 印刷、複印、錄音、錄影、攝影、筆錄或其他方法有形之重複製作。

(　　) 10. 下列何者為守法行為？(A) 某電視台未付權利金，就逕自播放歌曲　(B) 阿雄將近年來流行排行榜歌曲剪接翻錄作精選集出售　(C) 阿貴在夜市販賣仿冒的勞力士錶　(D) 阿櫻在電腦專賣店購買一套有版權的遊戲軟體。

(　　) 11. 下列何者正確？(A) 為研究所需可盜版軟體　(B) 為節省經費可盜版軟體　(C) 為營利可盜版軟體　(D) 任何情況皆不可盜版軟體。

(　　) 12. 關於電腦軟體的使用，下列何者不正確？(A) 購買正版軟體，只是取得該軟體所附著磁片的所有權，該電腦程式的著作權仍歸程式的著作權人所有　(B) 正版軟體的買受人可以為備用存檔的需要拷貝該軟體，不需先徵得程式著作權人的同意　(C) 公司或學校機關團體有數台電腦時，每台電腦上都必須配置一套合法軟體，不能只購一套軟體而拷貝到數台機器的硬碟中　(D) 將電腦軟體單機版安裝在一個伺服器上，供多數人使用。

( ) 13. 智慧財產法要保護的是？(A) 一般人知的權利　(B) 人類腦力辛勤創作的結晶　(C) 國家　(D) 消費者消費的樂趣。

( ) 14. 發現製作或販賣盜版光碟時，下列何者正確？(A) 通知警調單位　(B) 大量購買　(C) 通知親朋好友購買　(D) 向其學習製作技術。

( ) 15. 某位學者為研究之用，發現某著名書刊並無中文譯本，為便於學生研究，下列行為何者合法？(A) 逕行翻譯、發行即可　(B) 將著作權為著作權人所有之書籍，透過原出版商同意再翻譯　(C) 買回原版，然後供學生整本翻印後，作為上課教材　(D) 經過版權所有人同意再翻譯。

( ) 16. 下列何者為「美國特別301」（Special 301）的正確解釋？(A) 是目前最新的一種電玩　(B) 是美國用來報復其他國家未就智慧財產權提供妥善保護時的法律規定　(C) 是新進口的一種減肥產品　(D) 是美國福特汽車新推出的車型。

( ) 17. 大學教授可否將他人著作用在自己的教科書中？(A) 只要付錢給著作權委員會就可以　(B) 只要是為教育目的必要，在合理範圍內就可以　(C) 只要是為教育目的之下有其必要性，且在合理範圍內引用，並且是經教育行政機關審定為教科書之著作內容才可　(D) 只要憑良心即可。

( ) 18. 非法複製網路作業系統，係違反下列何種法規？(A) 隱私權　(B) 公平交易法　(C) 災害防治法　(D) 著作權法。

( ) 19. 下列何者之敘述不正確？(A) 著作人在著作完成時即享有著作權　(B) 沒有申請著作權登記，不影響著作權的取得　(C) 沒有申請著作權註冊，會影響著作權的取得　(D) 是否享有著作權，權利人應自負舉證的責任。

( ) 20. 著作人死亡後，除其遺囑另有指定外，對於侵害其著作人格權的請求救濟，下列何者的優先權最高？(A) 父母　(B) 子女　(C) 配偶　(D) 祖父母。

二、問答題

1. 何謂禁止不當修改權？試說明之。

2. 試說明出租權的內容。

3. 何謂共享軟體（Shareware）？

4. 試說明資訊精確性的精神所在。

5. 何謂著作權法的「合理使用原則」？

6. 試簡述重製權的內容與刑責。

7. 著作人格權包含哪些權利？

8. 在公開場所播放或演唱別人的音樂或錄音著作，應徵得著作權人的同意或授權，至於同意或授權的條件，該找誰談？

9. 試闡述資訊素養（Information Literacy）的定義。

10. 大學教授可否將他人著作用在自己的教科書中？

11. 一個小說的作者，什麼時候能夠取得他所創作小說的著作權？

12.「資訊隱私權」討論的內容為何？

13. 試簡述專利權。

14. 有些玩家運用自己豐富的電腦知識，利用特殊軟體進入電腦暫存檔獲取其他玩家的虛擬寶物，可能觸犯哪些法律？

15. 某知名歌手小豬，受記者陳小雲邀請採訪出版個人自傳，試探討著作權如何歸屬？

16. 請簡述創用 CC 的 4 大授權要素。

17. 請簡介創用 CC 授權的主要精神。

MEMO

讀者回函

讀者回函

感謝您購買本公司出版的書，您的意見對我們非常重要！由於您寶貴的建議，我們才得以不斷地推陳出新，繼續出版更實用、精緻的圖書。因此，請填妥下列資料(也可直接貼上名片)，寄回本公司(免貼郵票)，您將不定期收到最新的圖書資料！

購買書號：   **書名**：

姓　　名：＿＿＿＿＿＿＿＿＿＿＿＿＿＿＿＿＿＿＿

職　　業：□上班族　　□教師　　□學生　　□工程師　　□其它

學　　歷：□研究所　　□大學　　□專科　　□高中職　　□其它

年　　齡：□ 10~20　　□ 20~30　　□ 30~40　　□ 40~50　　□ 50~

單　　位：＿＿＿＿＿＿＿＿＿＿＿　部門科系：＿＿＿＿＿＿＿＿＿＿＿

職　　稱：＿＿＿＿＿＿＿＿＿＿＿　聯絡電話：＿＿＿＿＿＿＿＿＿＿＿

電子郵件：＿＿＿＿＿＿＿＿＿＿＿＿＿＿＿＿＿＿＿

通訊住址：□□□ ＿＿＿＿＿＿＿＿＿＿＿＿＿＿＿＿＿

＿＿＿＿＿＿＿＿＿＿＿＿＿＿＿＿＿＿＿＿＿＿＿＿＿

您從何處購買此書：

□書局 ＿＿＿＿＿　□電腦店 ＿＿＿＿＿　□展覽 ＿＿＿＿＿　□其他 ＿＿＿＿＿

您覺得本書的品質：

內容方面：□很好　　　　□好　　　　□尚可　　　　□差

排版方面：□很好　　　　□好　　　　□尚可　　　　□差

印刷方面：□很好　　　　□好　　　　□尚可　　　　□差

紙張方面：□很好　　　　□好　　　　□尚可　　　　□差

您最喜歡本書的地方：＿＿＿＿＿＿＿＿＿＿＿＿＿＿＿＿＿＿＿

您最不喜歡本書的地方：＿＿＿＿＿＿＿＿＿＿＿＿＿＿＿＿＿

假如請您對本書評分，您會給(0~100分)： ＿＿ 分

您最希望我們出版那些電腦書籍：

請將您對本書的意見告訴我們：

＿＿＿＿＿＿＿＿＿＿＿＿＿

您有寫作的點子嗎？□無　□有　專長領域：

博碩文化網站　　http://www.drmaster.com.tw

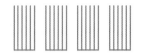

廣 告 回 函
台灣北區郵政管理局登記證
北台字第4647號
印刷品．免貼郵票

221

博碩文化股份有限公司　讀者服務部

新北市汐止區新台五路一段112號10樓A棟

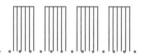

如何購買博碩書籍

全 省書局

請至全省各大書局、連鎖書店、電腦書專賣店直接選購。

（書店地圖可至博碩文化網站查詢，若遇書店架上缺書，可向書店申請代訂）

劃 撥訂單（優惠折扣85折，折扣後未滿1,000元請加運費80元）

請於劃撥單備註欄註明欲購之書名、數量、金額、運費，劃撥至

帳號：17484299　戶名：博碩文化股份有限公司，並將收據及訂購人聯絡方式

傳真至　(02)2696-2867。

線 上訂購

請連線至「博碩文化網站 http://www.drmaster.com.tw」，於網站上查詢

優惠折扣訊息並訂購即可。